·四川大学精品立项教材·

材料成型及控制工程专业实验教程

CAILIAO CHENGXING JI KONGZHI GONGCHENG ZHUANYE SHIYAN JIAOCHENG

主　编　郭智兴（四川大学）

副主编　鲜　广（四川大学）　曹建国（四川大学）

孙　兰（四川大学）　杨　梅（成都理工大学）

编　委（以姓氏笔画为序）

万维财（西华大学）　龙剑平（成都理工大学）

杜　昊（贵州大学）　李海丰（湖北汽车工业学院）

吝　楠（湖南大学）　张　瑞（新疆大学）

金永中（四川理工学院）　周　杰（重庆大学）

罗征志（西南交通大学）　董志红（成都大学）

薛　松（西南科技大学）

U0251875

四川大学出版社

SICHUAN UNIVERSITY PRESS

责任编辑:唐　飞
责任校对:蒋　玙
封面设计:墨创文化
责任印制:王　炜

图书在版编目(CIP)数据

材料成型及控制工程专业实验教程／郭智兴主编.
—成都:四川大学出版社,2017.12(2024.7重印)
ISBN 978-7-5690-1525-6

Ⅰ.①材…　Ⅱ.①郭…　Ⅲ.①工程材料－成型－实验
－教材　Ⅳ.①TB302

中国版本图书馆 CIP 数据核字(2018)第 001312 号

书名	材料成型及控制工程专业实验教程	

主　　编	郭智兴	
出　　版	四川大学出版社	
地　　址	成都市一环路南一段 24 号 (610065)	
发　　行	四川大学出版社	
书　　号	ISBN 978-7-5690-1525-6	
印　　刷	四川永先数码印刷有限公司	
成品尺寸	185 mm×260 mm	
印　　张	14.5	
字　　数	353 千字	
版　　次	2018 年 1 月第 1 版	
印　　次	2024 年 7 月第 5 次印刷	
定　　价	48.00 元	

◆读者邮购本书,请与本社发行科联系。
电话:(028)85408408/(028)85401670/
(028)85408023　邮政编码:610065
◆本社图书如有印装质量问题,请
寄回出版社调换。
◆网址:http://press.scu.edu.cn

前　言

　　材料成型及控制工程专业是材料科学、成型工艺与自动控制技术的综合与交叉，是一个实践性很强的专业。材料成型技术在冶金、机械制造、轨道交通、航空航天等各个方面得到了广泛的应用，是先进制造技术的重要组成部分。

　　实验教学不仅是理论教学的重要补充，更是培养学生实践与创新能力的重要支撑。本书基于编者多年实践教学经验并参考国内其他教材编写而成，其目的是为本专业的实验教学提供参考。本书主要内容包括实验室安全与实验教学、材料科学基础实验、工程材料实验、粉末冶金实验、铸造综合实验、塑性成型实验、冶金工程实验、表面工程实验、材料的组织性能检测与控制实验，可作为"材料科学基础""工程材料""材料检测与控制""材料成型原理""粉末冶金工程""焊接工程学""铸件形成理论""表面工程""传热与传质""材料力学性能""材料检测与控制"等材料成型及控制工程专业理论课程配套的实验教学教材。本书既有材料科学的实验，也包含了多种成型技术相关实验；既有基础性实验，也有综合性和设计性实验；既有实验内容，也有实验安全和实验教学规范介绍。除包含必要的基础性实验外，还设置了多个综合性或设计性实验，要求学生查阅相关文献，撰写实验设计报告，根据实验条件和实验学时自主地完成实验，以此培养学生的实践能力、综合运用知识的能力和创新精神。

　　本书能满足国内不同高校材料成型及控制工程专业不同专业的实验教学需求，也可供材料科学与工程、材料工程、机械工程等相关专业技术人员参考。

　　本书第1、2、3、4、6、8、10章由郭智兴编写，第5、9章由鲜广编写，第7章由曹建国与孙兰编写，全书由郭智兴统稿。

　　本书的出版得到了2016年四川大学立项教材建设项目资助。在编写过程中，本书参考了国内兄弟院校出版的实验教材和理论著作，也有部分内容来源于设备和试样供应商的说明书、官方网站，文玉华教授、彭华备副教授对本书的编写提出了许多建议，在编写过程中研究生李体军、陈诚、李深厚、孙磊、叶俊镠、刘俊波等参与了书稿整理工作，在此一并致谢。

　　由于编者水平有限，经验不足，书中难免存在许多不当之处，恳请各位读者批评指正。

编　者
2017年9月

目　录

第 1 章　实验室安全与实验教学

1.1　实验室安全注意事项

实验室潜藏着各种危险因素，这些潜在因素可能引发各种事故，造成环境污染或人体伤害，甚至可能危及人的生命安全。材料成型及控制工程实验室情况复杂，涉及机械类、高温类、高压类、化学试剂等方面的安全问题，在实验教学中首先应对学生进行安全教育，让师生重视安全，防患于未然。

1.1.1　机械类设备安全

实验室内的抛光机、液压机、万能试验机、磨损试验机、球磨机、切割机、线切割机床等机械类设备在运行过程中，工作部分将发生相对运动，大部分为旋转运动，试样或碎片有可能被甩出，并伴随不同程度的机械力，使用者应着装整洁，将长发盘起，不得穿高跟鞋或拖鞋，应将身体控制在安全区域内，注意防止机械伤害。若设备仪器运转中出现异常现象或声音，须及时停机检查，一切正常后方能重新开机。传动设备外露转动部分必须安装防护罩。

1.1.2　高温类设备安全

实验室内的热处理炉、高温烧结炉、钎焊炉、熔炼炉等高温类设备使用温度最高可达 1000 多摄氏度，使用者不得触碰设备上的高温区域，取样时应确保冷却充分，注意防止烫害，使用过程中不得将易燃物质放在设备机身上和靠近设备处位置。

1.1.3　高压类设备安全

实验室内的高压釜、钢瓶等高压类装置在使用过程中，禁止受到冲击，避免引发爆炸。钢瓶搬运时旋上钢瓶帽，轻拿轻放，钢瓶应存放在阴凉、干燥、远离热源的地方，使用时应装减压阀和压力表，开启总阀门时，不要将头或身体正对总阀门，防止阀门或压力表冲出伤人。

1.1.4　腐蚀类相关仪器安全

实验室内的盐雾腐蚀箱、电化学工作站等腐蚀类测试仪器，在使用过程中容器内盛放有腐蚀液体，应当防止溶液发生泄露。在配制腐蚀液时须小心谨慎，避免试液溅洒和与身体直接接触。

1.1.5　设备仪器通用安全

实验室内的金相显微镜系统、激光粒度仪、精密电子天平、显微硬度计等通用精密仪器，使用时放置试样应轻拿轻放，试样的状态、操作使用应严格按要求进行，避免对仪器的关键部件造成损坏，影响测试的清晰度、准确度，设备仪器使用完毕后必须将其恢复到原有状态。

1.1.6　化学试剂安全

在进行金相腐蚀或表面工程实验时，会涉及各种化学试剂，有许多具有腐蚀性、毒性、易燃性和不稳定性，属化学危险物品。实验室内使用化学危险物品，应格外小心，使用前应当了解化学危险物品使用安全与注意事项。

（1）在使用化学危险物品时，须穿戴围裙、眼罩、手套和口罩等其他个人防护装备；特别是液体类腐蚀药品，使用时需谨慎，避免溅洒在身上发生腐蚀，也防止洒倒在实验台、实验仪器上造成腐蚀；接触有机试剂时，不能戴隐形眼镜。

（2）称取药品试剂应按操作规程进行，用后盖好，必要时可封口或用黑纸包裹，不得使用过期或变质药品。所有药品、标样、溶液都应有标签，绝对不要在容器内装入与标签不相符的药品。

（3）强酸、强碱、强氧化剂、溴、磷、钠、钾、苯酚、冰醋酸等其他具有强烈腐蚀性的化学药品都会腐蚀皮肤，特别要防止溅入眼内。使用浓硝酸、盐酸、硫酸、高氯酸、氨水时，均应在通风橱或在通风情况下操作，如不小心溅到皮肤或眼内，应立即用水冲洗，然后用 5％碳酸氢钠溶液（酸腐蚀时采用）或 5％硼酸溶液（碱腐蚀时采用）冲洗，最后用水冲洗。液氧、液氮等低温也会严重灼伤皮肤，使用时要小心。万一灼伤应及时治疗。

（4）在实验室内使用浓盐酸、氢氧酸、硫化氢等有毒气体和易挥发性腐蚀物时，都必须在通风橱或通风的空间内进行，戴上防护口罩，避免吸入。氰化物、可溶性钡盐、重金属盐、三氧化二砷、高汞盐等剧毒药品，应妥善保管，使用时要特别小心。禁止在实验过程中喝水、吃东西，离开实验室及饭前要洗净双手。

（5）丙酮、乙醇、苯等有机溶剂非常容易燃烧，大量使用时室内不能有明火、电火花或静电放电。实验室内不可存放过多，用后还要及时回收处理，不可倒入下水道，以免聚集引起火灾。易燃溶剂加热时，必须在水浴或沙浴中进行，避免使用明火。切忌将热电炉放入实验柜中，以免发生火灾。

（6）磷、金属钠、钾、电石及金属氢化物等，在空气中易氧化自燃，还有一些金属如铁、锌、铝等粉末，比表面大也易在空气中氧化自燃。这些物质要隔绝空气保存，使用时要特别小心，避免引发火灾。

（7）装过强腐蚀性、可燃性、有毒或易爆物品的器皿，应由操作者亲手洗净。空试剂瓶要统一处理，不可乱扔，以免发生意外事故。

（8）使用易燃易爆物品的实验，要严禁烟火，不准吸烟或动用明火。使用酒精喷灯时，应先将气孔调小，再点燃。酒精不能加得太多，用后应及时熄灭酒精灯。

（9）拿取正在沸腾的溶液时，应用瓶夹先轻摇动以后取下，以免溅出伤人。

（10）将玻璃棒、玻璃管、温度计等插入或拔出胶塞、胶布时，应垫有棉布，两手都要靠近塞子，或用甘油甚至水，都可以将玻璃导管很容易插入或拔出塞孔，切不可强行插入或拔出，以免折断而刺伤人。

（11）开启高压气瓶时应缓慢，不得将出口对着人。

（12）移动、开启大瓶液体药品时，不能将瓶直接放在水泥地板上，最好用橡皮布或草垫垫好，若为石膏包封的，可用水泡软后开启，严禁用锤砸、打，以防破裂。

（13）实验产生的废弃物按液体和固体分别存放在指定的位置和容器内。对于不能确定性质的化学废弃物均按危险物品处理。

1.1.7　用水用电安全

实验室内的各种仪器设备均需用电，部分大型设备的用电功率很大，部分大型设备还需有冷却水。违章用电、水路故障可致使仪器设备损坏，造成人身伤亡、火灾等严重事故。实验室要注意安全用电、合理用水，防止触电，防止短路，防止引起火灾。

（1）大型设备的用电必须由厂家或专业电工现场安装，其他人员不得擅自更改线路。电器设备必须接地或用双层绝缘。电线、电源插座、插头必须完整无损。在潮湿环境的电器设备，要安装接地故障断流器。实验室内尽量避免在插座上接其他多用插座和避免拖拉过多的电线。对设备存在的潜在用电危险，须在醒目位置进行安全警示说明。

（2）使用用电仪器设备时，应先了解其性能，按操作规程操作，若电器设备发生过热现象或出现糊焦味时，应立即切断电源。

（3）箱式电阻炉、硅碳棒箱或炉的棒端，均应设安全罩。应加接地线的设备，要妥善接地，以防止触电事故。

（4）注意保持电线和电器设备的干燥，防止线路和设备受潮漏电。

（5）实验室内不应有裸露的电线头；电源开关箱内，不准堆放物品，以免触电或燃烧。

（6）要警惕实验室内发生电火花或静电，尤其在使用可能构成爆炸混合物的可燃性气体时，更需注意。如遇电线走火，切勿用水或导电的酸碱泡沫灭火器灭火，应切断电源，用沙或二氧化碳灭火器灭火。

（7）各种仪器设备（冰箱、温箱除外），使用完毕后要立即切断电源，旋钮复原归位，待仔细检查后方可离开。实验者较长时间离开房间或电源中断时，要切断电源开关，尤其是要注意切断加热电器设备的电源开关。

（8）实验室建筑物的电力系统、配电箱、保险丝、断路器的维修工作必须由专业维修人员进行。大型高功率设备的校准和维修，原则上由专业电工进行。对常规用电设备的维修，可由实验技术人员自行解决。维修时要确保手干燥，谨慎操作。除校准仪器外，仪器不得接电维修。严禁用湿手去开启电闸和电器开关，凡漏电仪器不要使用，以免触电。

（9）有人触电时，应立即切断电源，或用绝缘物体将电线与人体分离后，再实施抢救。

（10）实验室内真空烧结炉、钎焊炉、熔炼炉等大型高温设备运行时配有冷却水，设备运行前应确保水路畅通，设备运行过程中设备使用者中途不得长时间离开，避免中途发生水管爆漏、停水等意外情况。

（11）对于需要实时冷却的设备，其冷却水路须根据设备用水要求进行单独布置，不得影响洗手池自来水的正常供水。利用实验室内的蓄水池循环供水时，禁止将蓄水池内的冷却水再接入自来水管网中。

1.2　意外事故应急处理措施

1.2.1　实验室常用急救工具

（1）消防器材：干粉灭火器、消防沙等。

（2）急救药箱：碘酒、红汞、紫药水、甘油、凡士林、烫伤药膏、70％酒精、3％的双氧水、1％的乙酸溶液、1％的硼酸溶液、1％的饱和碳酸钠溶液、绷带、纱布、药棉、棉花签、创口贴、医用镊子、剪刀等。

1.2.2　火灾事故

一旦发生火灾，发现的师生应立即切断起火点现场的电源（开关），并尽可能利用现有消防设备进行扑救，将火灾控制在最小危害，避免火情的进一步蔓延。若使用现场消防设备难以扑灭或无法控制火势时，应立即拨打119电话报警求助，同时向学校保卫处报告，并安排人员引导消防车辆进入现场。报警的同时，应在保证人身安全的条件下迅速赶往火灾现场投入灭火救助工作。发生火灾时，如有人员被火围困，要立即组织力量抢救，坚持"救人第一，救人重于救火"的原则，同时拨打120急救电话求助抢救伤员。应当根据火场的具体情况，按照事先选定的路线迅速组织师生撤离。火灾扑灭后，要注意保护好现场，接受事故调查，如实提供火灾情况，同时将事故情况上报。

1.2.3　触电事故

发现人员触电应迅速采取措施使触电者脱离电源，并迅速切断电源，可用干竹竿、干木棍、木椅（凳）等绝缘器具使触电者脱离电源，不可赤手直接与触电者的身体接触。

立即进行临时急救，患者呼吸停止或心脏停搏时应立即施行人工呼吸或心脏按压。

特别注意出现假死现象时，千万不能放弃抢救，应尽快送往医院救治。疏散围观人员，保证现场空气流通，避免再次发生触电事故。

1.2.4　化学危险物品事故

（1）氰化钾、氰化钠污染，将硫代硫酸钠（高锰酸钾、次氯酸钠、硫酸亚铁）溶液浇在污染处后，用热水冲，再用冷水冲。

硫、磷及其他有机磷剧毒农药，如苯硫磷、敌死通污染，可先用石灰将撒泼的药液吸去，继而用碱液透湿污染处，然后用热水及冷水冲洗干净。

硫酸二甲酯撒漏后，先用氨水洒在污染处，使其起中和作用；也可用漂白粉加五倍水后浸湿污染处，再用碱水浸湿，最后用热水和冷水各冲一遍。

甲醛撒漏后，可用漂白粉加五倍水后浸湿污染处，使甲醛遇漂白粉氧化成甲酸，再用水冲洗干净。

汞撒漏后，可先行收集，尽可能不使其泻入地下缝隙，并用硫黄粉盖在洒落的地方，使汞转换成不挥发的硫化汞。

苯胺撒漏后，可用稀盐酸溶液浸湿污染处，再用水冲洗。因为苯胺呈碱性，能与盐酸反应生成盐酸盐，如用硫酸溶液，可生成硫酸盐。

盛磷容器破裂，一旦脱水将产生自燃，故切勿直接接触，应用工具将磷迅速移入盛水容器中。污染处先用石灰乳浸湿，再用水冲，被黄磷污染过的工具可用5%硫酸铜溶液冲洗。

砷撒漏，可用碱水和氢氧化铁解毒，再用水冲洗。

溴撒漏，可用氨水使之生成铵盐，再用水冲洗干净。

（2）浓酸流到实验台上，加氢氧化钠溶液，水冲洗，抹布擦干。

浓碱流到实验台上，加稀醋酸，水冲洗，抹布擦干。

（3）浓酸沾到皮肤或衣物上，衣物立即用较多的水冲洗（皮肤不慎沾上浓硫酸，应立即用布拭去，再用大量的水冲洗），再涂上3%～5%的氢氧化钠溶液。

浓碱沾到皮肤或衣物上，用较多的水冲洗，再涂上硼酸溶液。

（4）眼睛里溅入酸或碱溶液，立即用水冲洗，切不可用手揉眼睛，洗的时候要眨眼睛，必要时请医生治疗。

（5）中毒时，对中毒者的急救主要在于把患者送往医院或医生到达之前，尽快将患者从中毒物质区域移出，并尽量弄清致毒物质，以便协助医生排除中毒者体内毒物。如遇中毒者呼吸停止、心脏停搏时，应立即施行人工呼吸、心脏按压，直至医生到达或送到医院为止。同时拨打120急救电话进行求助，同时向医生提供中毒情况。

1.2.5　灼伤、创伤、烧伤、烫伤事故

（1）灼伤：一般用大量自来水冲洗，再用高锰酸钾浸润伤处；或用苏打水洗，再擦烫伤膏或者凡士林。

（2）创伤：小的创伤可用消毒镊子或消毒纱布把伤口清洗干净，并用3.5%的碘酒

涂在伤口周围，包起来。若出血较多，可用压迫法止血，同时处理好伤口，扑上止血消炎粉等药物，较紧地包扎起来即可。较大的创伤或者动、静脉出血，甚至骨折时，应立即用急救绷带在伤口出血部上方扎紧止血，用消毒纱布盖住伤口，立即送医务室或医院救治。当止血时间较长时，应注意每隔 1～2 小时适当放松一次，以免肢体缺血坏死。同时拨打 120 急救电话。

（3）烧伤：普通轻度烧伤，可擦用清凉乳剂于创伤处，并包扎好；略重的烧伤，可视烧伤情况立即送医院处理；遇有休克的伤员应立即通知医院前来抢救、处理。化学烧伤时，应迅速解脱衣服，首先清除残存在皮肤上的化学药品，用水多次冲洗，同时视烧伤情况立即送医院救治或通知医院前来救治。眼睛受到任何伤害时，应立即请眼科医生诊断。当化学灼伤眼睛时，应分秒必争，在医生到来前即抓紧时间，立即用蒸馏水冲洗眼睛，冲洗时须用细水流，而且不能直射眼球。

（4）烫伤：勿用水冲洗，若皮肤未破，可用碳酸氢钠粉调成浆状敷于伤处，或在伤处抹一些黄色苦味酸溶液、烫伤药膏、万花油等；若伤处已破，可涂些紫药水或者 0.1% 的高锰酸钾溶液。

1.3　实验教学

（1）实验准备：实验指导教师与实验技术人员应共同准备实验所需仪器设备、试样及其他实验用品。

（2）实验试做：实验指导教师应对实验进行试做，确保实验教学能顺利开展，并填写试做记录。

（3）实验教案：实验指导教师应认真备课，编写实验教学教案；必要时还应编写实验课讲义。

（4）实验指导：实验开始时，实验指导教师要进行必要的安全教育，考察学生预习情况；实验中以学生为主，但教师应给予必要的指导（特别是大型精密设备）并进行巡视，以确保学生的实验操作符合安全环保要求；实验结束时，教师应对学生的实验记录和结果进行评价并签字。

（5）实验考核：实验教学中应制定包括预习、实验态度与操作、实验数据与结果、实验报告等环节的综合考核标准。

参考文献

[1] 邹建新. 材料科学与工程实验指导教程［M］. 成都：西南交通大学出版社，2010.

第2章 材料科学基础实验

2.1 实验1 金相显微镜的基本原理、金相试样制备与观察

2.1.1 实验目的

（1）熟悉金相显微镜的原理、构造、使用和维护，为掌握金相显微分析方法打下理论和实践基础。

（2）掌握金相试样制备技术，并利用金相显微镜进行组织观察。

2.1.2 实验原理

金相显微分析是用金相显微镜观察金属内部组织以及微小夹杂物、微裂纹和微小缺陷（这些都是用肉眼、放大镜看不见的，至少是看不清楚的），以分析判断金属材料的冶炼、加工工艺的正确性和金属材料性能的优劣。金相显微分析是材料科学中的主要研究手段之一，金相显微镜是金相分析的主要工具。

2.1.2.1 金相显微镜的构造

金相显微镜的种类和形式有很多，按光路设计的形式，金相显微镜有直立式和倒立式两种。凡样品磨面向上、物镜向下的为直立式，而样品磨面向下、物镜向上的为倒立式。金相显微镜通常由光学系统、照明系统和机械系统三大部分组成。目前，金相显微镜与计算机及相关分析系统连接能更方便、更快速地进行金相分析研究工作。

1. 光学系统

光学系统的主要构件是物镜和目镜，它们主要起放大作用，并获得清晰的图像。物镜的优劣直接影响成像的质量，而目镜是将物镜放大的像再次放大。物镜的标志一般包括如下几项：①物镜类别。国产物镜，用物镜类别的汉语拼音字头标注，如平面消色差物镜标以"PC"（平场）。西欧各国产物镜多标有物镜类别的英文名称或字头，如平面消色差物镜标以"Planachromatic"或"P"，消色差物镜标以"Achromatic"，复消色差物镜标以"Apochromatic"。②物镜的放大倍数和数值孔径。标在镜筒中央位置，并以斜线分开，如"10×/0.30""45×/0.63"。斜线前，如"10×""45×"为放大倍数；其后为物镜的数值孔径，如"0.30""0.63"。③适用的机械镜筒长度。如"170""190""∞/0"分别表示机

械镜筒长度（即物镜座面到目镜筒顶面的距离）为 170、190、无限长。"0"表示无盖玻片。④油浸物镜标有特别标注，刻以"HI""oil"，国产物镜标有"油"或"Y"。

2. 照明系统

照明系统主要包括光源、照明器，以及其他主要附件。

光源包括白炽灯（钨丝灯）、卤钨灯、碳弧灯、氙灯和水银灯等。常用的是白炽灯和氙灯。一般白炽灯适合作为中、小型显微镜上的光源使用，电压为 6~12 V，功率为 15~30 W。而氙灯通过瞬间脉冲高压点燃，一般正常工作电压为 18 V，功率为 150 W，适合作为特殊功能的观察和摄影之用。光源的照明方式主要有 4 种：①临界照明：光源的像聚焦在样品表面上，虽然可得到很高的亮度，但对光源本身亮度的均匀性要求很高，目前很少使用。②科勒照明：特点是光源的一次像聚焦在孔径光栏上，视场光栏和光源一次像同时聚焦在样品表面上，提供了一个很均匀的照明场，目前广泛使用。③散光照明：特点是照明效率低，只在投射型钨丝灯作光源时，才用这种照明方式。④平行光照明：照明的效果较差，主要用于暗场照明，各类光源均可用此照明方式。

附件主要包括孔径光栏、视场光栏和滤色片。孔径光栏位于光源附近，用于调节入射光束的粗细，以改变图像的质量。缩小孔径光栏可减少球差和轴外像差，加大衬度，使图像清晰，但会使物镜的分辨率降低。视场光栏位于另一个支架上，调节视场光栏的大小可改变视域的大小。视场光栏越小，图像衬度越佳。观察时应将视场光栏调至与目镜视域同样大小。滤色片用于吸收白光中不需要的部分，只让一定波长的光线通过，以获得优良的图像。滤色片一般有黄色、绿色和蓝色等。

3. 机械系统

机械系统主要包括载物台、镜筒、调节螺丝和底座。载物台用于放置金相样品；镜筒用于联结物镜、目镜等部件；调节螺丝有粗调和细调螺丝，用于图像的聚焦调节；底座起支承镜体的作用。

2.1.2.2 光学显微镜成像原理

光学显微镜的成像放大部分主要由物镜和目镜两组透镜组成，通过物镜和目镜的两次放大，就能将物体放大到较高的倍数。图 2-1 为光学显微镜的放大光学原理图。物体 AB 置于物镜前，离其焦点略远处，物体的反射光线穿过物镜折射后，得到了一个放大的实像 A_1B_1，若此像处于目镜的焦距之内，通过目镜观察到的图像是目镜放大了的虚像 A_2B_2。

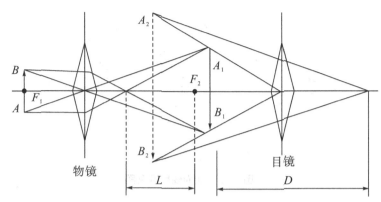

图 2-1　光学显微镜的放大光学原理图

AB-物体；A_1B_1-物镜放大图像；A_2B_2-目镜放大图像；F_1-物镜的焦距；

F_2-目镜的焦距；L-光学镜筒的长度（即物镜后焦点与目镜前焦点之间的距离）；

D-明视距离（人眼的正常明视距离为 250 mm）

2.1.2.3　光学显微镜的放大倍数

物镜的放大倍数 $M_物 = A_1B_1/AB \approx L/F_1$，目镜的放大倍数 $M_目 = A_2B_2/A_1B_1 \approx D/F_2$，光学显微镜总的放大倍数等于物镜的放大倍数和目镜的放大倍数的乘积：

$$M_总 = M_物 \times M_目 = (L/F_1) \times (D/F_2) = (L \times 250)/(F_1 \times F_2)$$

一般金相显微镜的放大倍数最高可达 1600~2000 倍。由此可看出，因为光学镜筒长度 L 为定值，物镜的放大倍数越大，其焦距越短。在光学显微镜设计时，目镜的焦点位置与物镜放大所成的实像位置接近，并使目镜所成的最终倒立虚像在距眼睛 250 mm 处成像，这样使所成的图像看得很清楚。

光学显微镜的主要放大倍数一般通过物镜来保证，物镜的最高放大倍数可达 100 倍，目镜的最高放大倍数可达 25 倍。放大倍数分别标注在物镜和目镜的镜筒上。在用金相显微镜观察组织时，应根据组织的粗细情况，选择适当的放大倍效，以使组织细节部分能观察清楚为准，不要只追求过高的放大倍数，因为放大倍数与透镜的焦距有关，放大倍数越高，焦距越小，会带来许多缺陷。

2.1.2.4　透镜像差

透镜像差就是透镜在成像过程中，由于本身几何光学条件的限制，图像会产生变形及模糊不清的现象。透镜像差有多种，其中对图像影响最大的是球面像差、色像差和像域弯曲 3 种。显微镜成像系统的主要部件为物镜和目镜，它们都是由多片透镜按设计要求组合而成的，而物镜的质量优劣对显微镜的成像质量有很大影响。虽然在显微镜的物镜、目镜及光路系统等设计制造过程中，已将像差减少到很小的范围，但其依然存在。

（1）球面像差。球面像差是由于透镜的表面呈球曲形，来自一点的单色光线通过透镜折射以后，中心和边缘的光线不能交于一点，靠近中心部分的光线折射角度小，在离透镜较远的位置聚焦；而靠近边缘处的光线偏折角度大，在离透镜较近的位置聚焦。所以形成了沿光轴分布的一系列的像，使图像模糊不清。这种像差称为球面像差，如图 2-2 所示。

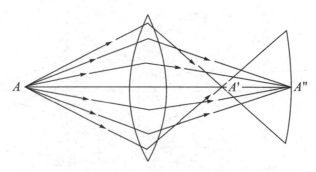

图 2-2　球面像差示意图

采用多片透镜组成透镜组，即将凸透镜与凹透镜组合形成复合透镜，产生性质相反的球面像差来减小这种像差。还可以通过加光栏的办法，缩小透镜的成像范围。因球面像差与光通过透镜的面积大小有关，在金相显微镜中，球面像差可通过改变孔径光栏的大小来减小。孔径光栏越大，通过透镜边缘的光线越多，球面像差越严重；而缩小光栏，限制边缘光线的射入，可减少球面像差；但光栏太小，显微镜的分辨能力降低，也使图像模糊。因此，应将孔径光栏调节到合适的大小。

（2）色像差。色像差的产生是由于白光是由多种不同波长的单色光组成的，当白光通过透镜时，波长越短的光，折射率越大，其焦点越近；而波长越长，折射率越小，其焦点越远。这样一来，使不同波长的光线形成的像不能在同一点聚焦，使图像模糊，从而引起像差，即色像差，如图 2-3 所示。可采用单色光源或加有色片或使用复合透镜组来减小色像差。

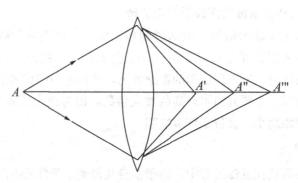

图 2-3　色像差示意图

（3）像域弯曲。垂直于光轴的平面，通过透镜所形成的像，不是平面而是凹形的弯曲像面，称为像域弯曲，如图 2-4 所示。像域弯曲的产生，是由于各种像差综合作用的结果。一般的物镜或多或少地存在像域弯曲，只有校正极佳的物镜才能达到趋于平坦的像域。

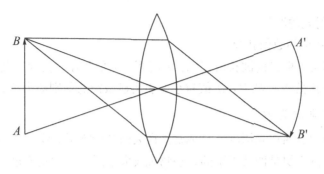

图 2-4　像域弯曲示意图

2.1.2.5　物镜的数值孔径

物镜的数值孔径用 NA 表示（即 Numerical Aperture），表示物镜的聚光能力。数值孔径大的物镜，聚光能力强，即能吸收更多的光线，使图像更加清晰。物镜的数值孔径 NA 可用公式表示为

$$NA = n \cdot \sin\varphi$$

式中　n——物镜与样品间介质的折射率；

　　　φ——通过物镜边缘的光线与物镜轴线所成的角度，即孔径半角。

可见，数值孔径的大小与物镜和样品间介质的折射率 n 的大小，以及孔径角的大小有关。

以空气为介质的称为干系物镜或干物镜，以油为介质的称为油浸系物镜或油物镜。干物镜的 $n=1$，$\sin\varphi$ 总小于 1，故数值孔径 NA 小于 1；油物镜如松柏油物镜的 $n=1.52$，故数值孔径 NA 可大于 1。物镜的数值孔径的大小，标志着物镜分辨率的高低，即决定了显微镜分辨率的高低。

2.1.2.6　显微镜的鉴别能力（分辨率）

显微镜的鉴别能力是指显微镜对样品上最细微部分能够清晰分辨而获得图像的能力，如图 2-5 所示，它主要取决于物镜的数值孔径 NA 值大小，是显微镜的一个重要特性。通常用可辨别的样品上的两点间的最小距离 d 来表示，d 越小，表示显微镜的鉴别能力越高。

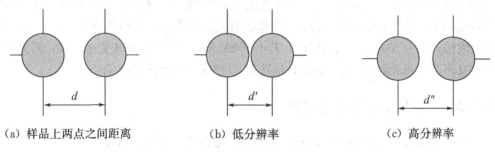

（a）样品上两点之间距离　　　（b）低分辨率　　　（c）高分辨率

图 2-5　显微镜的分辨率

显微镜的鉴别能力可用下式表示：

$$d = \lambda/2NA$$

式中 λ——入射光的波长；

NA——物镜的数值孔径。

可见分辨率与入射光的波长成正比，λ 越短，d 值越小，分辨率越高；其与数值孔径成反比，数值孔径 NA 越大，d 值越小，表明显微镜的鉴别能力越高。

2.1.2.7 垂直鉴别能力

垂直鉴别能力也叫作景深度，是观察试样表面高低不平组织的能力。经腐蚀后的金相试样表面的显微组织是凹凸不平的，经物镜放大之后，它的映像也会落在一个理想的平面上。为了使显微组织中各点都能清晰成像，要求物镜有一定的垂直鉴别能力。物镜的垂直鉴别能力与其数值孔径和放大倍数成反比。数值孔径越大，垂直鉴别能力越低。为了获得较好的垂直鉴别能力，常缩小照明系统的孔径光栏，但缩小孔径光栏会使物镜的数值孔径缩小，降低了物镜的鉴别率，所以应注意它们之间的适度调节范围。

2.1.2.8 有效放大倍数

用显微镜能否看清组织细节，不仅与物镜的分辨率有关，还与人眼的实际分辨率有关。若物镜分辨率很高，形成清晰的实像，而配用的目镜倍数过低，也会使观察者难以看清，这称为放大不足。若选用的目镜倍数过高，即总放大倍数越大，也并非看得越清晰。实践表明，超出一定的范围，放得越大越模糊，这称为虚伪放大。显微镜的有效放大倍数取决于物镜的数值孔径。有效放大倍数是指物镜分辨清晰，同样也被人眼分辨清晰所必需的放大倍数，用 M_g 表示：

$$M_g = d_1/d = 2d_1NA/\lambda$$

式中 d_1——人眼的分辨率；

d——物镜的分辨率。

在明视距离 250 mm 处，正常人眼的分辨率为 0.15～0.30 mm，若取绿光 $\lambda = 5500 \times 10^{-7}$ mm，则

$$M_{gmin} = (2 \times 0.15 \times NA)/(5500 \times 10^{-7}) \approx 550NA$$

$$M_{gmax} = = (2 \times 0.30 \times NA)/(5500 \times 10^{-7}) \approx 1000NA$$

这说明在 $550NA$～$1000NA$ 范围内的放大倍数均为有效放大倍数。但随着光学零件设计的完善与照明方式的不断改进，以上范围并非严格限制。有效放大倍数的范围，对物镜和目镜的正确选择十分重要。例如，物镜的放大倍数是 10，数值孔径为 $NA=0.4$，即有效放大倍数应为 200～400 倍范围内，若小于 200 倍，物镜的作用未完全发挥；若大于 400 倍，又不能得到清晰的映像。因此，应选用 20 倍或 40 倍的目镜才合适。

2.1.3 实验仪器、设备与材料

(1) 实验仪器、设备：砂轮机、抛光机、镶嵌机、金相显微镜。

(2) 实验材料：待磨试样：碳钢（45 钢、T12 钢）；金相砂纸：01 号、02 号、03 号、04 号、05 号、06 号；抛光磨料：氧化铝粉、Cr_2O_3 或人造金刚石研磨膏；抛光织物：呢子布；腐蚀剂：4% HNO_3+96% 无水乙醇。

2.1.4　实验内容与步骤

（1）指导教师讲解金相试样的制备与基本操作，学生每人 1～2 块试样，分别进行试样制备全过程的练习，制备出合格的金相试样并进行观察。

金相显微分析必须制备试样，金属零件无法直接在显微镜下观察其组织。因为金属零件无法在显微镜上固定相对位置，整体零件无法磨平抛光，未经磨平、抛光、浸蚀的零件在显微镜下不能确切、清楚地观察到金属内部的显微组织，所以金属试样必须进行精心的制备。试样制备过程包括取样、倒角、镶样、磨制、抛光、浸蚀等工序。现简要叙述如下：

①取样。

取样部位及观察面的选择，必须根据被分析材料或零件的失效特点、加工工艺的性质以及研究的目的等因素来确定。例如，研究铸造合金时，由于它的组织不均匀，应从铸件表面、中心等典型区域分别切取试样，全面地进行金相观察。研究零件的失效原因时，应在失效的部位和完好的部位取样，以便作对比性的分析。对于轧材，如研究材料表层的缺陷和非金属夹杂物的分布时，应在垂直轧制方向上切取横向试样；研究夹杂物的类型、形状，材料的变形程度，晶粒被拉长的程度，带状组织，等等，应在平行于轧制方向切取纵向试样。研究热处理后的零件时，因为组织较均匀可自由选取断面试样。对于表面热处理后的零件，要注意观察表面情况，如氧化层、脱碳层、渗碳层等。

取样时，要注意取样方法，应保证不使试样被观察面的金相组织发生变化。对于软材料，可用锯、车等方法；对于硬材料，可用水冷砂轮切片机切取或电火花线切割；对于硬而脆的材料（如白口铸铁），则可用锤击；对于大件材料，可用氧气切割；等等。试样尺寸不要太大，一般以高度为 10～15 mm，观察面的边长或直径为 15～25 mm 的方形或圆柱形较为例行。

②倒角。

将切下的试样在砂轮上磨成一个倒角，45°为宜。以防止在用砂纸打磨过程中由于试样的边缘过于锋利而划破手指或刮伤砂纸而将试样飞出伤到人。

③镶样。

一般试样不需镶样。尺寸过于细小（如细丝、薄片、细管）、形状不规则，以及有特殊要求（如要求观察表层组织）的试样，制备时比较困难，则必须把它镶嵌起来。

镶样的方法有很多，如低熔点合金的镶嵌、电木粉镶嵌、环氧树脂镶嵌、夹具夹持等。目前一般多用电木粉镶嵌，采用专门的镶样机。用电木粉镶嵌时要加一定的温度和压力，这可能会使马氏体回火和软金属产生塑性变形等，在这种情况下，可改用夹具夹持。

镶嵌的试样应形状复杂、硬度不高，可承受微热。常用材料为低熔点合金、电木粉、酚醛塑料、自凝牙托水和牙托粉。热压温度为 110℃～130（150）℃，热压压力为 180 kg/cm^2。对于不能承受热压力的试样，采用室温下凝固的镶样材料，经常是将牙托粉和牙托水调成均匀的稠糊状，把要镶嵌的试样先放在圆环中，浇注后便自行凝固。还可以用环氧树脂加凝固剂来镶嵌试样，其配方为环氧树脂 100 g、磷苯二甲二丁酯 20 g、乙二胺 20 g，必须保留 7～8 h 后方可使用。

④磨制。

试样的磨制一般分为粗磨和细磨两道工序。粗磨的目的是获得一个平整的表面。试样截取后，将试样的磨面用砂轮或锉刀制成平面，同时尖角倒圆。在砂轮上磨制时，应握紧试样，压力不宜过大，并随时用水冷却，以防受热引起金属组织变化。经粗磨后的试样表面虽较平整，但仍存在较深的磨痕。细磨的目的就是消除这些磨痕，以得到平整而光滑的磨面，并为进一步的抛光做好准备。先将粗磨好的试样用水冲洗并擦干，随即依次用由粗到细的各号金相砂纸将磨面磨光。常用的砂纸为 01号、02 号、03 号、04 号、05 号、06 号，其磨粒由粗到细。磨制时砂纸应平铺于厚玻璃板上，左手按住砂纸，右手握住试样，使磨面朝下并与砂纸接触，在轻微压力作用下向前推行磨制。用力要均匀，务求平稳，否则会使磨痕过深，而且造成磨面的变形。试样退回时不能与砂纸接触，以保证磨痕平整不产生弧度。这样"单程单向"地反复进行，直至磨面上旧的磨痕被去掉，新的磨痕均匀一致时为止。在调换下一号更细砂纸时，应将试样上磨屑和砂轮清除干净，并转动 90°，即与上一道磨痕方向垂直。为了加快磨制速度，除手工磨制外，还可以将不同型号的砂纸贴在带有旋转圆盘的预磨机上，实现机械磨制。对于不好握持的小试样，如薄片、带、管等，可用钢板、铝板做的夹子夹持进行磨制。

⑤抛光。

细磨后的试样还需进行抛光，目的是去除细磨时遗留下的磨痕，以获得光亮而无磨痕的镜面。试样的抛光有机械抛光、电解抛光和化学抛光等方法。

机械抛光在专用抛光机上进行。抛光机主要由一个电动机和被带动的一个或两个抛光盘组成，转速为 200～600 转/分。抛光盘上辅以不同材料的抛光布。抛光时常用帆布、细呢或丝绸。抛光时在抛光盘上不断滴注抛光液，抛光液一般采用 Al_2O_3，MgO 或 Cr_2O_3 等细粉末（粒度为 $0.3～10^{-6}$）在水中的悬浮液（每升水中加入 Al_2O_3 $0.5～10$ g），或在抛光盘上涂以由极细钻石粉制成的膏状抛光剂。抛光时应将试样磨面均匀、平正地压在旋转的抛光盘上。压力不宜过大，并沿盘的边缘到中心不断作径向往复移动。抛光时间不宜过长，试样表面磨痕全部消除而呈光亮的镜面后，抛光即可停止。试样用水冲洗干净，然后进行浸蚀，或直接在显微镜下观察。

电解抛光时把磨光的试样浸入电解液中，接通试样（阳极）与阴极之间的电源（直流电源）。阴极为不锈钢或铅板，与试样抛光面保持一定的距离。当电流密度足够大时，试样磨面即产生选择性垢溶解，靠近阳极的电解液在试样表面上形成一层厚度不均的薄膜。由于凹陷部分的薄膜厚度薄些，因此突出部分电流密度较大，溶解较快，于是，试样最后形成平坦光滑的表面。电解抛光用的电解液一般由以下三种成分组成：①氧化性酸，是电解液的主要成分，如过氯酸、铬酸和正磷酸等。②溶媒，用以冲淡酸液，并能溶解在抛光过程中磨面所产生的薄膜中，如酒精、醋酸酐和醋酸等。③一定数量的水。电解抛光液的种类很多，钢铁材料常用的电解液成分为过氯酸（70%）50 mL、含 3%乙醚的酒精 800 mL、水 150 mL。抛光时的参考技术条件：电流密度 3～60 A/cm^2，电压 30～50 V，使用温度 20℃～30℃，抛光时间 30～60 s。

化学抛光的实质与电解抛光类似，也是一个表层溶解过程，但它完全是靠化学溶剂对不均匀表面所产生的选择性溶解来获得光亮的抛光面。化学抛光操作简便，抛光时将试样浸在抛光液中，或用棉花蘸取抛光液，在试样磨面上来回擦洗。化学抛光兼有化学浸蚀的作用，能显示金相组织。因此，试样经化学抛光后可直接在显微镜下观察。普通钢铁材料，可采用以下抛光液配方：草酸 6 g，过氧化氢（双氧水）100 mL，蒸馏水100 mL，氢氟酸40滴。

⑥浸蚀。

抛光后的试样磨面是一光滑镜面，若直接放在显微镜下观察，只能看到一片亮光，除某些非金属夹杂物、石墨、孔洞、裂纹外，无法辨别出各种组成物及其形态特征。必须经过适当的浸蚀，才能使显微组织正确地显示出来。目前，最常用的浸蚀方法是化学浸蚀法。化学浸蚀是将抛光好的试样磨面在化学浸蚀剂（常用酸、碱、盐的酒精或水溶液）中浸蚀或擦拭一定时间。由于金属材料中各相的化学成分和结构不同，故具有不同的电极电势，在浸蚀剂中就构成了许多微电池，电极电势低的相为阳极而被溶解，电极电势高的相为阴极而保持不变，故在浸蚀后就形成了凹凸不平的表面，在显微镜下，由于光线在各处的反射情况不同，就能观察到金属的组织特征。纯金属及单相合金浸蚀时，由于晶界原子排列较乱，缺陷及杂质较多，具有较高的能量，故晶界易被浸蚀而呈凹沟，在显微镜下观察时，使光线在晶界处被漫反射而不能进入物镜，因此显示出一条条黑色的晶界。对于两相合金，由于电极电势不同，负电势的一相被腐蚀形成凹沟，当光线照射到凹凸不平的试样表面时，就能看到不同的组成相。另外，金属中各个晶粒的成分虽然相同，但由于其原子排列位向不同，也会使磨面上各晶粒的浸蚀程度不一致，在垂直光线照射下，各个晶位就呈现出明暗不一的颜色。

化学浸蚀剂的种类有很多，应按金属材料的种类和浸蚀的目的，选择恰当的浸蚀剂。常见浸蚀剂如表 2-1 所示。配制浸蚀剂溶液所用试剂分为两类：一是溶剂，即水和乙醇等，用来溶解溶质；二是溶质，即溶入溶剂中的试剂，起浸蚀作用，常用的有硝酸、盐酸、苦味酸、氢氧化钠、硫酸铜。溶质大多数对皮肤、衣物有强烈的腐蚀作用，配制和使用时要十分注意。配制浸蚀剂时，先倒溶剂，后加入溶质，否则容易发生喷溅或爆炸事故；装碱的玻璃瓶不要用磨口的，不然时间过长后会打不开。浸蚀剂应存放在安全的地方，避免高温和阳光暴晒。浸蚀时，应将试样磨面向下浸入盛有浸蚀剂的容器内，并不断地轻微晃动（或用棉花签蘸上浸蚀剂擦拭表面），待浸蚀适度后取出试样，迅速用水冲洗，接着用酒精冲洗，最后用吹风机吹干，其表面需严格保持清洁。浸蚀时间要适当，一般当试样表面发暗时就可停止，其时间取决于金属的性质、浸蚀剂的浓度以及显微镜下观察时的放大倍数。总之，浸蚀时间以在显微镜下能清晰地显示出组织的细节为准。若浸蚀不足，可再重复进行浸蚀，但一旦浸蚀过头，试样需要重新抛光，甚至还需在最后一号细砂纸上进行磨光再抛光。

表 2-1 常见浸蚀剂

材料名称	浸蚀剂成分
钢、铁	1.2%~4%硝酸酒精溶液
	2.2%~4%苦味酸酒精溶液
铝合金	1.05% HF（浓）水溶液
	2.1% NaOH 水溶液
	3.1% HF+2.5% HNO_3+1.5% HCl+95% H_2O
铜合金	1.8% $CuCl_2$溶液
	2.3% $FeCl_2$+10% HCl 溶液
轴承合金	1.2%~4%硝酸酒精溶液
	2.2 份 CH_3COOH+1 份 HNO_3混合溶液

（2）实验指导教师讲解，使学生熟悉金相显微镜的构造、原理和使用方法，学生使用显微镜进行观察。

金相显微镜是一种贵重的精密仪器，因此在使用前，必须对其基本构造及原理有所了解，然后按照其操作规程进行实验。操作步骤主要有以下几点：

①根据需要选择好物镜和目镜并安装，在装卸镜头时，动作要轻、慢且稳妥。

②将制备好的试样放在载物台上，金相试样要干净，严禁用湿手操作或把带水和残留酒精和浸蚀剂的试样放在载物台上，以免腐蚀物镜的透镜；使用时不能用手触摸透镜，擦镜头要用镜头纸。

③操作要细心，不得有粗暴和剧烈的动作。安装、更换镜头及其他附件时要细心，安装后接通电源。

④转动粗调螺旋，使物镜头尽量与试样磨面相接近（以不接触上为限，此时可从侧面注视、缓慢转动），然后使镜头与试样缓慢离开，从目镜观察，慢慢旋转粗调螺旋，直至看到组织为止。事前应根据所用显微镜是直立式还是倒立式的，来了解使镜筒及载物台上升或下降的粗调螺旋的转动方向。使用高倍物镜时，不要盲目上下调动，以免使物镜头压在试样上，造成镜头的损坏。

⑤缓慢转动微调螺旋，使组织完全清晰为止。

⑥调整孔径光栏和视场光栏至正确位置和大小。

⑦左、右、前、后移动载物台，以便全面观察组织，并完成实验记录。

⑧使用完毕，取下试样，关闭电源，将镜头与附件放回附件盒，将显微镜恢复到使用前状态，经实验指导教师检查无误后，盖好防尘罩。

（3）实验指导教师对学生金相试样制备和观察过程进行评定。评定标准参照全国大学生金相技能大赛要求，见表 2-2。

表 2-2　金相实验结果评定标准

序号	评分项目	要求	类别	得分
1	判断样品类别（30 分）	正确判断所磨试样的类别（30 分）	准确判断试样的类别，钢还是铸铁	20 分
			正确判断试样的型号	10 分
2	金相图像质量（50 分）	组织正确与清晰度（30 分）	几乎看不清组织	0~5 分
			可以辨别组织，组织较正确	6~20 分
			组织比较清晰，组织正确	20~25 分
			组织很清晰，组织正确	26~30 分
		划痕（15 分）	划痕粗大且很多	0~5 分
			划痕数量中等	6~10 分
			划痕很少或没有	10~15 分
		假象（5 分）	假象严重程度	0~5 分
3	样品清洁程度（7 分，包括宏观划痕）	视污迹、坑点多少情况给分	污迹、坑点多	0~2 分
			污迹、坑点数量中等	3~5 分
			污迹、坑点少或没有	6~7 分
4	样品观察面平整度（7 分）	目测，视平整度给分，越平整，分数越高	有明显坡面	0~2 分
			坡面小，基本平整	3~5 分
			很平整	6~7 分
5	操作习惯（6 分）	引导学生良好实验习惯	样品磨面倒角	0~1 分
			浸蚀后不乱扔药棉等	0~1 分
			整理砂纸、清洁场地	0~1 分
			合理节约使用耗材	0~1 分
			规范使用显微镜	0~2 分

2.1.5　实验记录与数据处理

在直径为 40 mm 的圆内绘出组织示意图，或提供金相照片，注明材料、放大倍数、浸蚀剂并标注组织特征。

2.1.6　实验思考题

（1）金相观察中使用松柏油可以达到何种观察效果？

（2）分析试样制备过程中产生划痕的原因。

参考文献

[1] 席生岐. 工程材料基础实验指导书 [M]. 西安：西安交通大学出版社，2005.

[2] 姜江. 机械工程材料实验教程 [M]. 哈尔滨：哈尔滨工业大学出版社，2003.

[3] 丁桦. 材料成型及控制工程专业实验指导书 [M]. 沈阳：东北大学出版社，2013.

2.2 实验 2 铁碳合金平衡组织观察

2.2.1 实验目的

(1) 观察和分析铁碳合金（碳钢和白口铸铁）在平衡状态下的显微组织。

(2) 了解含碳量对铁碳合金中的相及组织组成物的本质、形态和相对量的影响。

(3) 熟悉金相显微镜的使用。

2.2.2 实验原理

2.2.2.1 铁碳合金平衡组织

铁碳合金平衡组织一般是指合金在极为缓慢冷却的条件下（如退火状态）所得到组织。铁碳合金在平衡状态下的显微组织可以根据 $Fe—Fe_3C$ 相图来分析，从相图可知，所有碳钢和白口铸铁在室温时的显微组织均由铁素体（F）和渗碳体（Fe_3C）所组成。但是，由于含碳量的不同，结晶条件的差别，铁素体和渗碳体的相对数量、形态、分布和混合情况均不一样，因而呈现各种不同特征的组织组成物。碳钢和白口铸铁在室温下的显微组织见表 2-3。

表 2-3 各种铁碳合金在室温下的显微组织

合金分类		含碳量	显微组织
碳钢	工业纯铁	<0.0218%	铁素体（F）
	亚共析钢	0.0218%~0.77%	铁素体+珠光体
	共析钢	0.77%	珠光体（P）
	过共析钢	0.77%~2.11%	珠光体+二次渗碳体（Fe_3C_{II}）
白口铸铁	亚共晶白口铸铁	2.11%~4.3%	珠光体+二次渗碳体+莱氏体
	共晶白口铸铁	4.3%	莱氏体（Ld'）
	过共晶白口铸铁	4.3%~6.69%	莱氏体+一次渗碳体（Fe_3C_I）

2.2.2.2 铁碳合金各种组成相或组织组成物的特征

(1) 铁素体（F）是碳溶于 $\alpha-Fe$ 中的间隙固溶体，铁素体为体心立方晶格，具有磁性及良好的塑性，硬度较低，一般 HB 80~120，经 3%~5%硝酸酒精溶液浸蚀后，在显微镜下观察呈白色晶粒。随着钢中含碳量的增加，铁素体量减少。铁素体量较多时呈块状分布。当钢中含碳量接近共析成分时，铁素体往往呈断续的网状分布于珠光体的周围。

(2) 渗碳体（Fe_3C）是铁与碳形成的化合物，它的含碳量为 6.69%，抗浸蚀能力较强，经 3%~5%硝酸酒精溶液浸蚀后呈白亮色，若用苦味酸钠溶液热浸蚀，则被染成黑褐色（而铁素体仍为白色）。由此可以区别铁素体与渗碳体。

一次渗碳体（Fe_3C_I）是直接从液相中析出的，呈长白条状，分布在莱氏体之间；二次渗碳体（Fe_3C_{II}）是由奥氏体（A）中析出的，数量较少，皆沿奥氏体晶界析出，在奥氏体转变成珠光体后，它呈网状分布在珠光体的边界上。另外，经不同的热处理后，渗碳体可以呈片状、粒状或断续网状。

渗碳体的硬度很高，可达 HB 800 以上，它是一种硬而脆的相，强度和塑性都很差。

（3）珠光体（P）是铁素体和渗碳体的共析机械混合物，在不同的缓冷条件下经浸蚀后再观察到两种不同的组织形态：片状珠光体和球状珠光体。

①片状珠光体在一般的退火条件下得到，它是由铁素体和渗碳体片相互交替排列形成的层状组织，经 3%～5% 硝酸酒精溶液浸蚀后，试样磨面上的条状铁素体和渗碳体因边界被浸蚀呈黑色线条，在不同放大倍数的显微镜下观察时，具有不大一样的特征。

在 600 倍以上的高倍观察时，每个珠光体团中是平行相间的宽条铁素体和细条渗碳体，它们都呈白亮色，而其边界呈黑色。

在 400 倍左右的中倍观察时，白亮的渗碳体细条被两边黑色的边界所"吞食"，而变成黑条，这时所看到的珠光体是宽白条的铁素体和细黑条的渗碳相间的混合物。

在 200 倍以下的低倍观察时，由于显微镜的鉴别率较低，宽白条的铁素体和细黑条的渗碳体也很难分辨，这时的珠光体是一片暗黑，成为黑块的组织。黑块即是珠光体组织。

②球状珠光体在特殊缓冷的条件（球化退火）下得到。球状珠光体组织的特征：在白色等轴的铁素体基上，均匀分布着白亮的渗碳体小颗粒，其边界为黑色。

（4）莱氏体（Ld'）在室温时是珠光体和渗碳体的机械混合物。渗碳体相中包括共晶渗碳体和二次渗碳体，两种渗碳体相连接在一起，没有边界线，无法分辨开。经 3%～5% 硝酸酒精浸蚀后，莱氏体的组织特征是在白亮色的渗碳体基上分布着许多黑色点（块）状或条状的珠光体。

莱氏体硬度很高，达 HB 700，硬脆，它一般存在于含碳量大于 2.11% 的白口铸铁中，在某些高碳合金钢的铸造组织中也常有出现。

在亚共晶白口铁中，莱氏体被黑色粗树枝状的珠光体所分割，而且可看到在珠光体周围有一圈白亮的二次渗碳体。

在过共晶白口铸铁中，莱氏体被粗大的白色长条状的一次渗碳体所分割。

部分铁碳合金的平衡组织如图 2-6 所示。

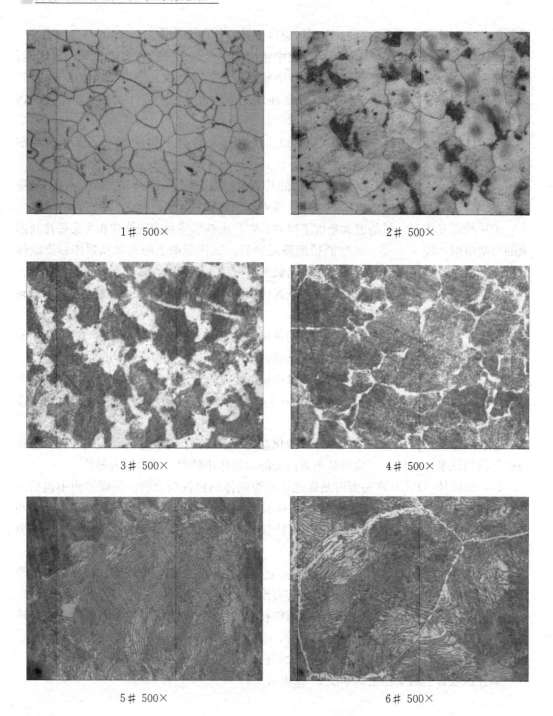

1# 500× 2# 500×

3# 500× 4# 500×

5# 500× 6# 500×

图2—6 铁碳合金1#～10#试样的平衡组织

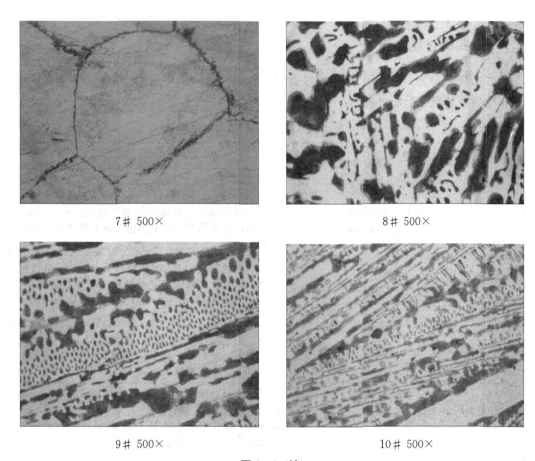

7# 500×

8# 500×

9# 500×

10# 500×

图 2−6（续）

2.2.2.3　亚共析钢的含碳量估算

亚共析钢的含碳量在 0.0218%～0.77% 范围内，平衡状态下组织为铁素体和珠光体。随着含碳量的增加，铁素体的数量逐渐减少，而珠光体的数量则相应增多，两者的相对量可由杠杆定律求得。例如，含碳量为 0.45% 的钢（45 钢），其珠光体的相对量为

$$P(\%) = \frac{0.45}{0.77} \times 100\% = 56\%$$

铁素体的相对量为

$$F(\%) = \frac{0.77 - 0.45}{0.77} \times 100\% = 44\%$$

反过来，因珠光体、铁素体和渗碳体的比重相近，也可以通过在显微镜下观察到的珠光体和铁素体各自所占面积的百分数近似地计算出钢的含碳量。例如，在显微镜下观察到约有 50% 的面积为珠光体，50% 的面积为铁素体，则此钢的含碳量 C（%）= 50%×0.77%=0.4%，即相当于 40 钢（铁素体在室温下含碳量极微，为 0.0008%，可忽略不计）。

2.2.3　实验仪器、设备与材料

金相显微镜、铁碳合金试样。

2.2.4 实验过程与步骤

（1）观察表 2—4 中所示样品的显微组织，研究每一个样品的组织特征，并联系铁碳相图分析其组织形成过程。

表 2—4 铁碳合金样品与组织

试样号	样品材料	处理过程	浸蚀剂	组织	组织说明
1	工业纯铁	退火状态	4％硝酸酒精溶液	F	F。白色等轴晶为 F 晶粒，黑色网络为晶粒之间的边界，即晶界。晶界原子排列不规则，自由能高，易浸蚀，形成凹槽，故呈黑色。其上有黑色小点的氧化物
2	亚共析钢（0.2％ C）	退火状态	同上	F+P	F+P。白色晶粒为 F，黑色块状为片状 P，放大倍数低，P 的层片结构未显示出来。20 钢含碳量低，F 占 76％，P 占 24％，所以显示出黑色网络的 F 晶界
3	亚共析钢（0.45％ C）	退火状态	同上	F+P	F+P。白色晶粒为 F，黑色块状为片状 P，P 的片层结构也未明显显示。45 钢含碳量比 20 钢多，F 下降到 42.7％，P 增加到 57.3％
4	亚共析钢（0.65％ C）	退火状态	同上	F+P	F+P。黑色基体为片状 P，白色呈网络状分布的为 F，P 片层结构也未明显显示。65 钢含碳量接近共析成分，基体组织中的 P 明显增加，已达 84％，F 含量相应减少。F 仅为 16％
5	共析钢（0.8％ C）	退火状态	同上	P	片状 P。P 是 F 与 Fe_3C 相间排列的机械混合物。F 为白色，Fe_3C 为黑色，两者呈层片状相间排列，形如指纹。P 是高温 A 进行共析反应的产物。有的试样含碳量偏下限，会有少量 F 出现。当物镜的鉴别能力小于 Fe_3C 片层厚度，Fe_3C 呈黑色片条状；当物镜的鉴别能力大于 Fe_3C 片层厚度，则白色的 Fe_3C 片条会明显地显示出来
6	过共析钢（1.2％ C）	退火状态	同上	$P+Fe_3C_{II}$	$P+Fe_3C_{II}$。黑白相间的层片状基体为 P，晶界上的白色网络为 Fe_3C_{II}。T12 为过共析钢，共析反应前，Fe_3C_{II} 首先沿 A 晶界呈网络析出；随着温度下降到共析温度，发生共析反应，剩余 A 全部转变为片状 P。网状 Fe_3C_{II} 可采用正火处理清除
7	过共析钢（1.2％ C）	退火状态	苦味酸	$P+Fe_3C_{II}$	$P+Fe_3C_{II}$。用碱性苦味酸钠溶液浸蚀。Fe_3C_{II} 染成黑色，F 仍保留白色。故黑色网络为 Fe_3C_{II}，其余为 P。浸蚀浅，层片状 P 未显示，呈灰白色
8	亚共晶白口铸铁	铸造状态	4％硝酸酒精溶液	$P+Ld'+Fe_3C_{II}$	$P+Fe_3C_{II}+Ld'$。斑点状基体为共晶 Ld'，黑色枝晶为 P，是初生 A 转变产物，故成大块黑色。Fe_3C_{II} 与 Ld' 中的 Fe_3C 连成一片，均为白色，不能分辨。随着铸铁中含碳量增加，P 含量减少，Ld' 增多

试样号	样品材料	处理过程	浸蚀剂	组织	组织说明
9	共晶白口铸铁	铸造状态	4%硝酸酒精溶液	Ld′	共晶Ld′是由$P+Fe_3C_{II}+Fe_3C$组成。P由共析A进行共析转变而来，组织细小，呈圆粒及长条分布在渗碳体基体上，为黑色。Fe_3C_{II}与共晶Fe_3C均为白色，连成一起，无法分辨
10	过共晶白口铸铁	铸造状态	4%硝酸酒精溶液	$Fe_3C_I+Ld′$	$Fe_3C_I+Ld′$。由于Fe_3C_I首先结晶出来，结晶过程中不断成长，故呈白亮色、粗大的板条状，而Ld′仍为黑白相间的斑点状

（2）实验指导教师针对学生对铁碳合金平衡组织特征的掌握程度进行评测。

2.2.5　实验记录与数据处理

在 $\phi40$ mm 圆内画出所观察样品的显微组织示意图，或提供金相照片，并用箭头和代表符号标明各组织组成物，并注明样品成分、浸蚀剂和放大倍数。

2.2.6　实验思考题

（1）珠光体组织在低倍观察和高倍观察时有何不同？为什么？
（2）过共析钢中的 Fe_3C_{II} 为什么呈网状分布？

参考文献

[1] 丁桦. 材料成型及控制工程专业实验指导书［M］. 沈阳：东北大学出版社，2013.

2.3　实验 3　铁碳合金非平衡冷却显微组织观察

2.3.1　实验目的

（1）熟悉钢在非平衡冷却条件下的各种典型组织特征。
（2）了解钢的各种非平衡组织的形成条件及性能特点。

2.3.2　实验原理

钢加热到相变温度以上，形成均匀的奥氏体组织后，如果以非常缓慢的速度降温冷却（平衡冷却）到室温，过冷奥氏体将发生分解，向珠光体、铁素体及渗碳体转变，得到的组织是较稳定的平衡组织。如果钢加热到相变温度以上，形成均匀的奥氏体后，以相对较快的速度冷却（空冷、油冷、水冷），或在临界温度以下（A_{c1}）的某一个较低的温度进行恒温冷却，钢的过冷奥氏体将依据冷却速度的不同或恒温温度的不同分别转变为不同非平衡组织，而这些显微组织由于自身的结构不同，将具有不同的组织形态与特征，因而具有不同的性能。

2.3.2.1 钢冷却时的组织转变

（1）共析钢过冷奥氏体连续冷却后的显微组织。为了简便起见，不用 CCT 曲线而是用等温 C 曲线来分析。共析钢在慢冷时，将全部得到珠光体；冷却速度增大时，得到片层更细的珠光体，即索氏体或屈氏体；冷却速度再增大时，得到屈氏体和部分马氏体；冷却速度继续增大时，奥氏体一下被过冷到马氏体转变始点（M_s）以下，转变成马氏体。由于共析钢的马氏体转变终点在室温下（$-50℃$），所以在生成马氏体的同时保留有部分残余奥氏体，与 C 曲线鼻尖相切的冷却速度称为淬火的临界冷却速度，也叫临界淬火速度。

（2）亚共析钢过冷奥氏体连续冷却后的显微组织。亚共析钢的 C 曲线与共析钢的相比，上部多了一条铁素体析出线。当奥氏体缓慢冷却时，转变产物接近于平衡状态，显微组织是珠光体和铁素体。随着冷却速度的增大，奥氏体的过冷度越大，析出的铁素体越少，而共析组织（珠光体）的量增加，共析组织变得更细，这时的共析组织实际上为伪共析组织。析出的少量铁素体多分布在晶粒的边界上，因此，当冷却速度增大时，显微组织的变化是：铁素体＋珠光体→铁素体＋索氏体→铁素体＋屈氏体。当冷却速度极大时，析出的铁素体极少，最后主要得到屈氏体和马氏体；当冷却速度超过临界冷却速度后，奥氏体全部转变为马氏体，含碳量大于 0.5% 的钢中，马氏体间还有少量残余奥氏体。

（3）过共析钢过冷奥氏体连续冷却时的转变与亚共析钢相似，不同之处是亚共析钢先析出的是铁素体，而共析钢先析出的是渗碳体。所以随着冷却速度的增加，钢的组织变化将是：渗碳体＋珠光体→渗碳体＋索氏体→渗碳体＋屈氏体→屈氏体＋马氏体＋残余奥氏体→马氏体＋残余奥氏体。

2.3.2.2 钢冷却时所得的各种组织的形态

（1）索氏体（S）。索氏体是铁素体与渗碳体的机械混合物，其片层比珠光体更细密，在显微镜的高倍（700×以上）放大下才能分辨。

（2）屈氏体（T）。屈氏体也是铁素体与渗碳体的机械混合物，其片层比索氏体更细密，在一般光学显微镜下无法分辨，只能看到如墨菊状的黑色组织。当其少量析出时，沿晶界分布呈黑色网状包围马氏体；当析出量较多时，呈大块黑色晶团状，只有在电子显微镜下才能分辨其中的片层。

（3）贝氏体。奥氏体中温转变的产物叫贝氏体，贝氏体也是铁素体与渗碳体的两相混合物，但其金相形态与珠光体类组织不同，并因钢的成分和形成温度不同而有差别。其组织形态主要有三种：

①上贝氏体。上贝氏体是由成束平行排列的条状铁素体和夹于条间断续分布的渗碳体所组成的混合组织。当转变量不多时，在光学显微镜下为成束的铁素体条向奥氏体晶粒内伸展，具有羽毛状特征，条间的渗碳体分辨不清。在电镜下铁素体以几度到十几度的小位向差相互平列，渗碳体沿条的长轴方向断续分布排列成行。上贝氏体中铁素体的亚结构是位错。

②下贝氏体。下贝氏体是在片状铁素体内部沉淀有 $\varepsilon-$ 碳化物的混合组织。下贝氏体的空间形态呈双凸透镜状，与试样磨面相交呈片状或针状。在光学显微镜下，当转变量不多时，下贝氏体呈黑色针状或竹叶状，针与针之间呈现一定角度；在电镜下它是以片状铁素体为基体，其中分布着很细的碳化物片，大致与铁素体片的长轴呈 $55°\sim65°$ 的角度。下贝氏体中铁素体的亚结构是位错。

③粒状贝氏体。在低、中碳合金钢中，特别是在连续冷却时（如正火、热轧空冷或焊接热影响区），往往会出现粒状贝氏体，在等温冷却时也可能形成。粒状贝氏体的形成温度范围大致在上贝氏体相变温度区的上部。粒状贝氏体的金相特征：较粗大的铁素体块内存在一些孤立的小岛，形态多样，呈粒状或条状，很不规则。低倍观察时，其形态类似于魏氏组织，但其取向不如魏氏组织明显。铁素体包围的小岛，原先是富碳的奥氏体区，其随后的转变可以有三种情况：a. 分解为铁素体和碳化物，在电镜下可见到比较密集的多向分布的粒状、杆状和小块状碳化物；b. 发生马氏体转变；c. 仍然保持为富碳的奥氏体。

（4）马氏体（M）。马氏体是碳在 $\alpha-Fe$ 中的过饱和固溶体，马氏体的组织形态是多种多样的，归纳起来可分为两大类，即板条状马氏体和片状马氏体。

①板条状马氏体。在光学显微镜下，板条状马氏体呈现为一束束相互平行的细长条状马氏体群，在一个奥氏体晶粒内可有几束不同取向的马氏体群。每束内的条与条之间以小角度晶界分开，束与束之间具有较大的位向差。板条状马氏体的立体形态为细长的板条状，其横截面据推测呈近似椭圆形。由于板条状马氏体形成温度较高，在形成过程中常有碳化物析出，即产生自回火现象，故在金相试验时易被腐蚀呈现较深的颜色。在电子显微镜下，马氏体群是由许多平等的板条所组成的。经透射电镜观察发现，板条状马氏体的亚结构是高密度的位错。含碳低的奥氏体形成的马氏体呈板条状，故板条状马氏体又称低碳马氏体；因形成温度高，又称高温马氏体；因亚结构为位错，又称位错马氏体。

②片状马氏体。在光学显微镜下，片状马氏体呈针状或竹叶状，片间有一定角度，其立体形态为双凸透镜状。因形成温度较低，没有自回火现象，故组织难以浸蚀，所以颜色较浅，在显微镜下呈白亮色。含碳高的奥氏体形成的马氏体呈片状，故称为片状马氏体，又称高碳马氏体；根据形成温度和亚结构特点，又称低温马氏体，或孪晶马氏体。

马氏体的粗细取决于淬火加热温度，即取决于奥氏体晶粒的大小，如高碳钢在正常淬火温度下加热，淬火后得到细针状马氏体，在光学显微镜下呈布纹状，仅能隐约见到针状，故又称为隐晶马氏体。如淬火温度较高，奥氏体晶粒粗大，则得到粗大针状马氏体。

（5）残余奥氏体（A'）。当奥氏体中含碳量大于 0.5% 时，淬火总有一定量的奥氏体不能转变成为马氏体，而保留到室温，这部分奥氏体叫作残余奥氏体。它不易受硝酸酒精溶液的浸蚀，在显微镜下呈白亮色，分布在马氏体之间，无固定形态。淬火后未经回火时，残余奥氏体与马氏体很难区分，都呈白亮色。只有马氏体回火后才能分辨出马氏体间的残余奥氏体。

2.3.2.3 钢淬火后回火得到的显微组织

钢经淬火所得到的马氏体和残余奥氏体均为不稳定的组织，它们具有向稳定的铁素体和渗碳体两相混合组织转变的倾向。在室温下，由于原子活动能力较弱，转变难以进行，但加热（回火）可提高原子的活动能力，有可能促进这个转变过程。

淬火钢经不同温度回火后，所得的组织通常分为三种：

（1）回火马氏体。淬火钢在150℃～250℃进行低温回火时，马氏体内的过饱和碳原子脱溶，沉淀析出与母相保持共格关系的ε碳化物，这种组织称为回火马氏体。与此同时，残余奥氏体也开始变为回火马氏体。在显微镜下，回火马氏体仍保持针（片）状，因回火马氏体易受浸蚀，所以为暗色针状组织。回火马氏体具有高的强度和硬度，而淬火马氏体的韧性和塑性有明显改善。

（2）回火屈氏体。淬火钢在350℃～500℃进行中温回火时，所得到的组织是铁素体与粒状渗碳体组成的极细密混合物，称为回火屈氏体。组织特征：铁素体基本上保持原来针（片）状马氏体的形态，而在基体上分布着极细颗粒的渗碳体，在光学显微镜下分辨不清，呈黑点，但在电子显微镜下可观察到渗碳体颗粒。回火屈氏体有较好的强度，最佳弹性、韧性也较好。

（3）回火索氏体。淬火钢在500℃～650℃进行高温回火时，所得到的组织为回火索氏体，它是由粒状渗碳体和等轴形铁素体组成的混合物，在光学显微镜下可观察到渗碳体小颗粒，它均匀分布在铁素体中，此时铁素体经再结晶已消失针状特征，呈等轴细晶粒。回火索氏体组织具有强度、韧性和塑性较好的综合机械性能。

2.3.2.4 碳钢的退火和正火组织

碳钢经过退火（完全退火）后得到接近平衡状态的组织。经球化退火得到球状珠光体组织。碳钢正火可得到索氏体组织。索氏体是铁素体和渗碳体的机械混合物，其片层间距比珠光体小，45钢在正火条件下获得的组织为铁素体+索氏体。

部分碳钢的显微组织如图2-7所示。

11♯ 500×   12♯ 500×

图2-7 碳钢11♯～27♯试样的显微组织

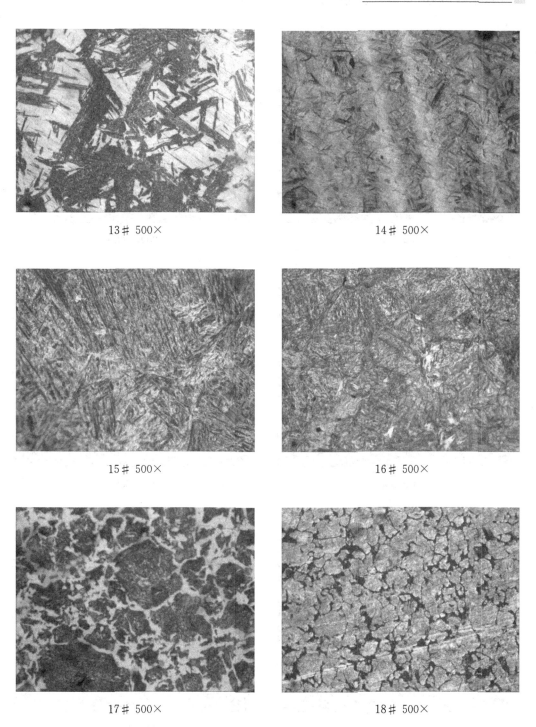

13＃　500×

14＃　500×

15＃　500×

16＃　500×

17＃　500×

18＃　500×

图 2－7（续）

19♯ 500×

20♯ 500×

21♯ 500×

22♯ 500×

23♯ 500×

24♯ 500×

图 2-7（续）

25♯ 500×

26♯ 500×

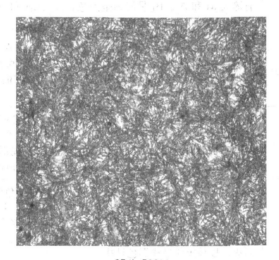

27♯ 500×

图 2-7（续）

2.3.3　实验仪器、设备与材料

金相显微镜、经过热处理的碳钢试样。

2.3.4　实验内容与步骤

观察表 2-5 所列样品的显微组织。

表 2－5 钢的热处理组织

试样号	材料	状态	组织说明
11	T8	正火	S。S 是细层片状 F 与 Fe_3C 的机械混合物。光学显微镜放大倍数小于 600×，层状分辨不清，如天空中黑淡的云彩。只有放大到 1500× 以上，才能分辨其中 P 的层片状特征
12	T8	等温淬火	T。T 是淬火时 A 分解成极细片状的 F 与 Fe_3C 的机械混合物。光学显微镜放大倍数低，无法分辨 T 的层片结构而呈墨菊状的黑色团状。只有在电子显微镜下放大 10000× 以上，才能显示片层状特征。T 是淬火而得的组织，总会保留部分淬火 M，由于浸蚀浅，M 形态未显示，与 A′ 同为白色
13	T8	等温淬火	$B_上$+M+A′。$B_上$ 是由成束的大致平行排列的条状 F 与分布在 F 条间的断续 Fe_3C 组成的非常层状组织。在金相显微镜下，成束的 F 条向 A 晶内伸展，具有羽毛状特征的 F 与 Fe_3C 两相分辨不清而成黑色，只有在电子显微镜下放大 8000× 以上，才能分辨出两相。等温淬火获得 B 上总会伴有淬火 M 和 A′。$B_上$ 易浸蚀呈黑色；淬火 M 和 A′ 难浸蚀，浅浸蚀时呈白色
14	T8	等温淬火	$B_下$+M+A′。$B_下$ 是呈扁片状的过饱和 F 与分布在 F 内的短针状 Fe_3C 的两相混合物。它比淬火 M 易受浸蚀，在光学显微镜下呈黑色针状或竹叶状，只有在电子显微镜下放大 8000× 以上，才能分辨 F 内的 Fe_3C。白色部分为淬火 M 和 A′
15	20	淬火	板条 M。尺寸大致相同的条状 M，定向平行排列，呈现黑白差的 $M_束$。束与束之间位向差较大，一个 A 晶内可形成几个不同取相的 $M_束$。板条 M 之所以呈现黑白差，因低碳钢的 M_s 点高，先形成的 M 受自回火程度重而呈黑色，后形成的 M 受自回火程度轻而呈白色
16	T8	淬火	片状 M+A′。高碳 M 呈片状，片间互成一定的角度。在一个 A 晶内，第一片形成的 M 较粗大，往往贯穿整个 A 晶粒，将 A 晶粒加以分割，以后形成的 $M_针$，则被其限制而逐渐变得细小，故片状 M 在同视场中有长短粗细之分。淬火 M 本为白色针状，A′ 为浅灰色。由于制样过程中造成回火，故马氏体呈浅黑色针状
17	45 钢	正火	F+S。白色条块状为 F，沿晶界析出；黑色块状为 S。正火冷却快，F 得不到充分析出，含量少，进行共析反应的 A 增多，析出 P 多而细。45 钢正火可以改善铸造或锻造后的组织，细化 A 晶粒，组织均匀化，提高钢的强度、硬度和韧性
18	45 钢	油淬	M+T。沿晶界分布的黑色团体为 T，白色为淬火 M。油淬冷速慢，45 钢淬透性不够，不能全部获得 M，会析出少部分 T。T 易浸蚀，稍浸蚀即成黑色，淬火 M 难浸蚀而呈白色
19	45 钢	860℃水淬	中碳 M。M 呈板条状和针状混合分布。板条状 M 较多，针状 M 的针叶两端较为圆钝。45 钢的 M_s 较高，先形成的 M 产生自回火，呈黑色，未自行回火的 M 呈白色，因而形成衬度
20	45 钢	860℃水淬低温回火	回火中碳 M。在 200℃ 以内回火，M 内的 Fe_3C 析出，使 M 呈深黑色。极少量 A′ 完全转变

试样号	材料	状态	组织说明
21	45 钢	860℃水淬中温回火	回火 T。回火 T 是从 M 分解出的 F 基体上分布极细粒状 Fe_3C 的混合物组织。中温回火，促使 M 中析出的碳化物向针叶边缘集聚，呈极细颗粒状，在光学显微镜下不能分辨而呈黑色，而 M 的中心出现贫碳呈白色。所以白色 F 片条状说明仍稍保持 M 位向。黑色的碳化物，只有在电子显微镜下才能分辨渗碳体质点，并可看出回火 T 仍然保存有针状 M 的位向
22	45 钢	860℃水淬高温回火	回火 S。回火 S 是 F 基体上分布细粒状 Fe_3C 的混合物。回火温度增高，Fe_3C 颗粒长大，其颗粒比回火 T 粗，但在光学显微镜下仍不能分辨 Fe_3C 颗粒。淬火得到的 M 通过高温回火，促使 M 中析出的碳化物向针叶边缘聚集，致使其易浸蚀呈黑色，而 M 中心贫碳呈灰白色
23	45 钢	780℃水淬	亚温淬火组织 F+M。由于加热温度低于 A_{c3}，保留了部分 F，加热组织为 A+F。淬火后，A 转变为 M，呈黑色，F 不变，为白色。所以亚温淬火组织为黑色的 M 基体上分布着白色块状 F
24	45 钢	1100℃水淬	过热淬火组织 $M_{粗}$。由于加热温度过高，A 晶粒迅速长大，淬火后获得成排分布的粗大的中碳 M。不同的晶粒内，平行排列的 M 位向是不同的
25	T12	球化退火	球状 P。是 F 基体上分布颗粒状 Fe_3C。黑色为 F 基体，白色小颗粒为 Fe_3C，Fe_3C 颗粒较粗大
26	T12	780℃水淬低温回火	回火 M 和粒状 Fe_3C。黑色为隐针状回火 M，白色颗粒为 Fe_3C_{II}。由于加热温度在 $A_3 \sim A_{c1}$ 之间，加热组织为 A+Fe_3C_{II}，淬火后晶粒细的 A 获得的 $M_{针}$ 也细，Fe_3C_{II} 不变。回火后 M 呈黑色，成为黑色回火 M 基体分布白色颗粒 Fe_3C_{II}，属正常淬火组织。若黑色 M 基体出现浅黄色，甚至有细针状 M，说明回火不充分
27	T12	1100℃水淬低温回火	过热淬火后的低温回火组织 M+A'。由于加热温度过高，Fe_3C 全部溶解于粗大的 A 中，淬回火后获得粗针状的黑色回火 M 基体及灰白色的 A'

2.3.5　实验记录与数据处理

在 $\phi40$ mm 圆内画出所观察样品的显微组织图，或提供金相照片，并标明材料名称、状态、组织、放大倍数、浸蚀剂，并将组织组成物用箭头引出标明。

2.3.6　实验思考题

（1）45 钢调质处理得到的组织和 T12 球化退化得到的组织在本质、形态、性能和用途上有何差异？

（2）45 钢 860℃淬火得到的组织和 T12 1000℃淬火得到的组织在本质、形态和性能上有什么差别？

参考文献

[1] 吴晶, 戈晓岚, 纪嘉明. 机械工程材料实验指导书 [M]. 北京：化学工业出版社，2006.

2.4 实验4 碳钢的热处理工艺、组织与性能综合实验

2.4.1 实验目的

(1) 熟悉钢的几种基本热处理操作（退火、正火、淬火、回火等）。

(2) 了解含碳量、加热温度、冷却速度、回火温度等主要因素对碳钢热处理后组织和性能（硬度）的影响。

2.4.2 实验原理

钢的热处理就是利用在固态范围内的加热、保温和冷却，以改变其内部组织，从而获得所需要的物理、化学、机械和工艺性能的一种操作。一般热处理的基本操作有退火、正火、淬火、回火等。

进行热处理时，加热温度、保温时间和冷却方式是最重要的三个基本工艺因素。选择正确合理的参数是热处理成功的关键。

2.4.2.1 加热温度

铁碳相图是确定热处理加热温度的重要理论依据。另外，热处理目的、工件形状和尺寸、材料种类及加工方法均对加热温度的选择有重要影响。加热温度过高，将导致奥氏体晶粒急剧长大，氧化、脱碳和变形等都会变得比较严重，冷却后出现粗大的热处理组织；加热温度不够，合金未充分奥氏体化，第二相未能完全溶解，也会产生组织缺陷。表 2-6 为不同碳含量的铁碳合金的临界温度。

表 2-6 不同碳含量的铁碳合金的临界温度

含碳量（%）	临界点（℃）			临界淬火温度（℃）
	A_{c1}	A_{c3}	A_{ccm}	
0.2	732	835	—	860~880
0.4	732	780	—	860~880
0.6	732	750	—	770~790
0.8	732	732	—	780~880
0.9	732	—	735	760~880
1.0	732	—	800	760~880
1.2	732	—	895	760~880
1.3	732	—	930	760~880
1.5	732	—	995	760~880

（1）退火加热温度。一般亚共析钢加热至 A_{c3} + （30℃～50℃）（完全退火）；共析钢和过共析钢加热至 A_{c1} + （20℃～30℃）（球化退火），目的是得到球状渗碳体，降低硬度，改善高碳钢的切削性能。

（2）正火加热温度。一般亚共析钢加热至 A_{c3} + （30℃～50℃），过共析钢加热至 A_{ccm} + （30℃～50℃），即加热到奥氏体单相区。

（3）淬火加热温度。一般亚共析钢加热至 A_{c3} + （30℃～50℃）；共析钢和过共析钢加热至 A_{c1} + （30℃～50℃）。

（4）回火温度的选择。钢淬火后都要回火。回火温度决定于最终所要求的组织和性能（工厂中常根据硬度的要求）。按加热温度高低回火分为三类：

①低温回火。在 150℃～250℃ 回火称为低温回火，所得组织为回火马氏体，硬度约为 HRC 60。其目的是降低淬火应力，减少钢的脆性，并保持钢的高硬度。低温回火常用于高碳钢的切削刀具、量具和滚动轴承件。

②中温回火。在 350℃～500℃ 回火称为中温回火，所得组织为回火屈氏体，硬度为 HRC 40～48。其目的是获得高的弹性极限，同时有高的韧性，主要用于含碳 0.5%～0.8% 的弹簧钢热处理。

③高温回火。在 500℃～600℃ 回火称为高温回火，所得组织为回火索氏体，硬度为 HRC 25～35。其目的是获得既有一定强度、硬度，又有良好冲击韧性的综合机械性能。把淬火后经高温回火的处理称为调质处理，用于中碳结构钢。

2.4.2.2　保温时间

为了使工件内外各部分温度均达到指定温度，并完成组织转变，使碳化物溶解和奥氏体均匀化，必须在淬火加热温度下保温一定时间。通常将工件升温所需时间和保温所需时间算在一起，统称为加热时间。

热处理加热时间必须考虑许多因素，例如工件的尺寸和形状，使用的加热设备及装炉量、装炉时炉子的温度、钢的成分和原始组织、热处理的要求和目的等。具体时间可参考热处理手册中的有关数据。

实际工作中多根据经验大致估算加热时间。一般来说，精确确定加热时间比较复杂。对于碳钢件，放进预先已加热至选定加热温度的炉内加热。如果是火焰炉、电炉，所需保温时间大约为 1 min/mm（直径或厚度）；如果是盐浴炉，时间可缩短 1～2 倍，合金钢保温时间应增加 25%～40%。

回火时的加热、保温时间，应与回火温度结合起来考虑。一般低温回火时，为了稳定组织、消除内应力，使零件在使用过程中性能与尺寸稳定，回火时间要长一些，一般不少于 1.5～2 h。高温回火时间不宜过长，过长会使钢过分软化，对有的钢种甚至会造成严重的回火脆性，高温回火时间一般为 1 h 左右。

2.4.2.3　冷却方式

热处理时的冷却方式决定了钢的最终组织与性能。退火一般采用随炉冷却，正火采用空气冷却，大件可采用吹风冷却。淬火冷却方式非常重要，一方面，冷却速度要大于临界冷却速度，以保证全部得到马氏体组织；另一方面，冷却应尽量缓慢，以减少内应力，避免变形和开裂。为了解决上述矛盾，可以采用不同的冷却介质和方法。使淬火工件在奥氏体最不稳定的温度范围内（650℃～400℃），以超过临界冷却速度的方式快冷；而在 M_s（300℃～100℃）点以下温度时冷却缓慢。常用淬火方法有单液淬火、双液淬火（先水冷后油冷）、分级淬火、等温淬火。表 2-7 中列出了几种常用冷却介质的冷却能力。

表 2-7　几种常用冷却介质的冷却能力

冷却介质	冷却速度（℃/s）	
	650℃～550℃区间	300℃～200℃区间
水（18℃）	660	270
水（26℃）	500	270
水（50℃）	100	270
水（74℃）	30	200
肥皂水	30	200
10%油水乳化液	70	200
10% NaCl 水溶液	1100	300
10% NaOH 水溶液	1200	300
10% Na_2OH_3	800	270
10% Na_2SO_4	750	300
矿物油	150	30
变压器油	120	25

2.4.3　实验仪器、设备与材料

（1）实验仪器、设备：箱式电阻炉、抛光机、金相显微镜、洛氏硬度计、淬火操作工具（长钳、容器）。

（2）实验仪器、材料：45 钢、T12 钢、金相砂纸、研磨膏等。

2.4.4　实验内容与步骤

（1）按表 2-8 所列的热处理实验工艺参数，将试样放入相应的炉子内加热，保温 10 min 后，分别进行水冷、油冷和空冷等，冷却充分后的试样可取出装入试样袋并标识清楚。

表 2－8 热处理实验工艺参数

试样编号	实验组	实验材料	淬火温度 (℃)	保温时间 (min)	冷却介质	回火温度 (℃)	保温时间 (min)
1	加热温度	45	760	10	水		
2		45	860	10	水		
3		45	1000	10	水		
4	冷却方式	45	860	10	油		
5		45	860	10	空气		
6		45	860	10	炉冷		
7	回火工艺	45	860	10	水	200	30
8		45	860	10	水	400	30
9		45	860	10	水	600	30
10	加热温度	T12	760	10	水		
11		T12	780	10	水		
12		T12	1000	10	水		

（2）将 7、8、9 号试样分别放入不同温度的炉子中进行回火处理，冷却充分后的试样可取出装入试样袋并标识清楚。

（3）磨制金相试样，进行抛光和浸蚀，观察金相组织，并做好观察记录，填入表 2－9。

（4）检测经过不同热处理的试样的硬度，填入表 2－9。

（5）实验结束后由教师检查试样与实验数据。

2.4.5 实验记录与数据处理

（1）记录不同热处理的试样的硬度与组织，记录表如表 2－9 所示。

表 2－9 不同热处理的试样的硬度与组织

试样编号	实验材料	淬火温度 (℃)	冷却介质	回火温度 (℃)	处理前硬度	处理后硬度	组织构成
1	45	760	水				
2	45	860	水				
3	45	1000	水				
4	45	860	油				
5	45	860	空气				
6	45	860	炉冷				

续表2-9

试样编号	实验材料	淬火温度 (℃)	冷却介质	回火温度 (℃)	处理前硬度	处理后硬度	组织构成
7	45	860	水	200			
8	45	860	水	400			
9	45	860	水	600			
10	T12	760	水				
11	T12	780	水				
12	T12	1000	水				

（2）提供热处理后的金相照片，并用箭头和代表符号标明各组织组成物，并注明样品成分、浸蚀剂和放大倍数。

（3）根据实验数据分析加热温度、冷却速度、回火处理、碳含量四个因素对材料热处理后性能变化的影响。

2.4.6 实验思考题

（1）45 钢淬火后硬度不足，如何用金相分析来断定是淬火加热温度不足还是冷却速度不够？

（2）生产中对 T12 钢进行正火处加热到 A_{ccm} 以上的实际意义是什么？

参考文献

[1] 米国发. 材料成型及控制工程专业实验教程 [M]. 北京：冶金工业出版社，2011.

2.5 实验5 用热分析法建立二元合金相图

2.5.1 实验目的

（1）熟悉用热分析法测定金属与合金的临界点。

（2）根据测定的临界点画出二元合金相图。

2.5.2 实验原理

相图是一种表示合金状态随温度和成分而变化的图形，又称状态图或平衡图。根据相图可以确定合金的浇注温度，判断进行热处理的可能性和确定形成各种组织的条件等。到目前为止，几乎所有的相图都是通过实验测定出来的。金属及合金的状态发生变化将引起其性质发生变化，例如，液体金属结晶或固态相变时将会产生热效应，合金相变时其电阻、体积、磁性等物理性质也会发生变化。金属及合金发生相变时（包括液体结晶和固态相变）引起其产生某种性质的变化所对应的温度称为临界温度，又称临界点。因此，可以通过测定金属及合金的性质来求出其临界点。把这些临界点标注在以温度为纵坐标、成分为横坐标的图上，然后把各个相同意义的临界点连接成线，就构成了完整的相图。可见，相图的建立过程就是金属与合金临界点的测定过程。测定金属与合金临界点的方法有很多，如热分析法、热膨胀分析法、电阻分析法、显微分析法、磁性测定法、X 射线分析法等，但其中最常用和最基本的方法是热分析法。

热分析法是通过测量、记录金属或合金在缓慢加热或冷却过程中温度随时间的变化来确定其临界点的。测定时将金属自高温缓慢地冷却，在冷却过程中每隔相等时间测量、记录一次温度，由此得到温度与时间的关系曲线，称为冷却曲线。

金属或合金在缓冷过程中，当没有发生相变时，温度随时间增加而均匀地降低。一旦发生了某种转变，由于有热效应产生，冷却曲线上就会出现转折，该转折点所对应的温度就是所求的临界点。因此，测出冷却曲线可以很容易地确定相变临界点。图 2-8 就是根据测定的一组冷却曲线建立相图的实例。

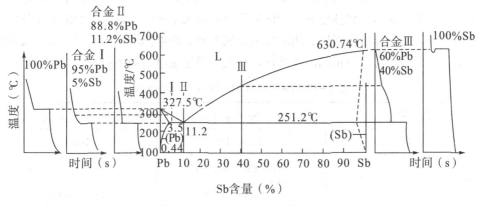

图 2-8　Pb-Sb 二元相图的测定

热分析法简便易行，对于测定由液态转变为固态时的临界点，效果较为明显。但对固态相变，因相变潜热小，难以用热分析法测定，需用其他方法。

2.5.3　实验仪器、设备与材料

热分析实验装置如图 2-9 所示。由图可见，测温装置主要由热电偶和电位差计组成。热电偶由两种不同金属丝组成，这两种金属丝一端被焊接在一起形成热接点；而未焊接的一端是冷接点（又称自由端），用导线连接在电位差计上。若将热接点加热，则电路中就会产生热电势，它的数值可由电位差计测定。热接点的温度越高，热电势就越大，电位差计指针所指的数值也就越大。

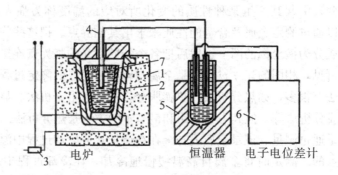

图 2-9　热分析实验装置

1—坩埚电炉；2—坩埚；3—变阻器；4—热电偶；5—恒温器；6—电位差计；7—覆盖剂

2.5.4　实验内容与步骤

（1）把所选 Pb-Sn 二元合金系（表 2-10）中的六种金属与合金分别放在陶瓷坩埚中。待合金熔化后，将热电偶连同保护陶瓷管插入金属液中，热电偶的工作端应处于金属液中部，不要靠近坩埚壁、坩埚底或金属液面。热电偶的自由端可以直接接到电位差计上，但此时应考虑自由端温度补偿，接线时要注意电极的正负。

表 2-10　Pb-Sn 和 Al-CuAl$_2$ 二元合金成分

合金编号	Pb-Sn 合金成分	Al-CuAl$_2$
1	100% Pb	100% Al
2	80% Pb+20% Sn	94% Al+6% Cu
3	60% Pb+40% Sn	81% Al+19% Cu
4	38.1% Pb+61.9% Sn	66.8% Al+33.2% Cu
5	20% Pb+80% Sn	57% Al+43% Cu
6	100% Sn	46% Al+54% Cu

（2）加热升温至金属与合金熔点以上 100℃ 左右，然后关闭电源。为防止金属氧化，应在熔化的金属液面上覆盖一层木炭粉或石墨粉。

（3）当合金开始冷却时，若用人工测温，则需每隔 1 min 记录一次电位差计的读数，在临界点附近，可每隔半分钟做一次记录。

（4）根据所得数据，作出冷却曲线（以热电势—时间或温度—时间为坐标），根据冷却曲线找出临界点。若测得的数值为毫伏，则应换算成所对应的温度。换算时应考虑自由端的温度及热电偶的误差（各热电偶均有校正表）。根据各组所测得的临界点，建立 Pb-Sn 或 Al-CuAl$_2$ 二元合金相图。

2.5.5 实验记录与数据处理

（1）将所选定合金系中的每种合金在冷却过程中其热电势（温度）随时间的变化数据记录于表 2−11 中。

表 2−11 热电势（温度）随时间变化数据记录表

读次	时间间隔	热电势/mV	温度
1			
2			
…	…	…	…

（2）根据上表记录的数据，绘出所测合金的冷却曲线，并注明合金成分，标注出临界点。

（3）根据各种成分合金的临界点，按比例作出二元合金相图。

（4）分析实验数据和结果。

2.5.6 实验思考题

为何纯组元的冷却曲线是水平线段，而合金的冷却曲线出现了转折？

参考文献

［1］潘清林，孙建林. 材料科学与工程实验教程金属材料分册［M］. 北京：冶金工业出版社，2011.

2.6 实验 6 金属材料的塑性变形与再结晶组织分析实验

2.6.1 实验目的

（1）了解塑性变形对金属显微组织的影响。

（2）熟悉经不同变形后的金属在加热时组织的变化规律。

（3）掌握变形程度、退火温度对金属再结晶晶粒大小的影响。

2.6.2 实验原理

2.6.2.1 塑性变形对金属材料组织性能的影响

塑性变形不但改变了金属的形状和尺寸，而且还使其组织与性能发生了重大变化。金属发生塑性变形时，随着外形的改变，其内部晶粒的形状也发生了变化。当变形程度很大时，晶粒会沿变形方向伸长，形成细条状，这种呈纤维状的组织称为冷加工纤维组织。

形成纤维组织后，金属的性能会具有明显的方向性，其纵向（沿纤维方向）的力学性能高于横向（垂直于纤维方向）的力学性能。同时，由于各个晶粒的变形不均匀，使金属在塑性变形后内部存在着残余应力。塑性变形除了使晶粒的形状发生变化外，还会使晶粒内部的亚晶粒细化，亚晶界数量增多，位错密度增加。由于塑性变形时晶格畸变加剧及位错间的相互干扰，会阻止位错的运动，因此增加了金属的塑性变形抗力，使金属的力学性能发生了改变。

塑性变形改变了金属内部的组织结构，引起了金属力学性能的变化。随着塑性变形程度的增加，金属材料的强度、硬度提高，而塑性、韧性下降，这种现象称为冷变形强化。冷变形强化（又称冷作硬化）可以提高金属的强度、硬度和耐磨性，是强化金属材料的一种工艺方法，特别是对那些不能用热处理强化的金属材料更为重要。例如，纯金属、多数铜合金、奥氏体不锈钢等，在出厂前都要经过冷轧或冷拉加工。另外，冷变形强化还可使金属材料具有瞬时抗超载能力。在构件使用过程中，不可避免地会在某些部位出现应力集中或偶然过载的现象，过载部位出现微量塑性变形，引起冷变形强化，使变形自行终止，从而在一定程度上提高了构件的使用安全性。

冷变形强化虽然使金属材料的强度、硬度提高，但会使金属材料的塑性降低，继续变形困难，甚至出现破裂。为了使金属材料能继续进行压力加工，必须施行中间热处理，以消除冷变形强化，这就增加了生产成本，降低了生产率。

塑性变形除了影响金属的力学性能外，还会使金属的某些物理、化学性能发生改变，如电阻增加、化学活性增大、耐蚀性下降等。

2.6.2.2 塑性变形金属加热时的组织转变

塑性变形金属在加热保温过程中会发生以下变化：第一阶段是回复阶段，在这一阶段，从变形金属的显微组织上看不出发生任何变化，其晶粒仍保持纤维状或扁平状变形组织。第二阶段是再结晶阶段，首先在变形的晶粒间界面上出现许多新的小晶粒，它们是通过形核与长大过程形成的，随着时间的延长，新晶粒出现并不断长大，即以新的无畸变等轴小晶粒逐渐代替变形组织。第三阶段是晶粒长大阶段，上述细小的新晶粒通过互相吞并方式而长大，直至形成较为稳定的尺寸。

（1）回复。

当加热温度较低 $[(0.2\sim0.3)T_熔]$ 时，原子活动能力较弱，塑性变形金属的显微组织无明显变化，力学性能的变化也不大，但残余应力显著降低，物理和化学性能部分恢复到变形前的情况，这一阶段称为回复。由于回复加热温度不高，晶格中的原子仅能作短距离扩散，偏离晶格结点的原子回复到结点位置，空位与位错发生交互作用而消失。总之，点缺陷明显减少，晶格畸变减轻，故残余应力显著下降。但因亚组织的尺寸未明显改变，位错密度未显著减少，即造成加工硬化的主要原因尚未消除，因而力学性能在回复阶段变化不大。

（2）再结晶。

当继续升温时，由于原子扩散能力增大，其显微组织便发生明显的变化，使破碎、被拉长或压扁而呈纤维状的晶粒又变为等轴晶粒，同时也使加工硬化与残余应力完全消除，这一过程称为再结晶。

　　再结晶也是通过形核与长大的方式进行的。常在变形金属中晶格畸变严重、能量较高的区域优先形核，然后通过原子扩散和晶界迁移，逐渐向周围长大而形成新的等轴晶粒，直到金属内部全部由新的等轴晶粒取代变形晶粒，完成再结晶过程。

　　变形后的金属发生再结晶不是一个恒温过程，而是在一定温度范围内进行的过程。一般所说的再结晶温度是指再结晶开始的温度（发生再结晶所需的最低温度）。再结晶温度受以下几个因素的影响：

　　①金属的预先变形度。预先变形度越大，金属的组织越不稳定，再结晶的倾向就越大，因此再结晶开始温度越低。当预先变形度达到一定量（70％以上）后，再结晶温度将趋于某一个最低值，这一最低的再结晶温度，就是通常所指的再结晶温度。实验证明，纯金属的再结晶温度（$T_{再}$）与其熔点（$T_{熔}$）间的关系可用下式表示：

$$T_{再} = (0.35 \sim 0.45) T_{熔}$$

式中，温度的单位为绝对温度（K）。

　　②金属的纯度。金属中的微量杂质和合金元素（尤其是高熔点的元素）会阻碍原子扩散和晶界迁移，从而显著提高再结晶的温度。

　　③再结晶加热的速度和加热时间。由于再结晶是一个扩散的过程，提高加热速度会使再结晶推迟到较高温度发生。加热保温时间越长，原子扩散越充分，再结晶温度便越低。

　　在生产中，把塑性变形金属加热到再结晶温度以上，使其发生再结晶，以消除加工硬化的热处理称为再结晶退火。考虑到影响再结晶温度的因素较多，并希望缩短退火周期，一般将再结晶退火温度定为比最低再结晶温度高 100℃～200℃ 的温度。表 2-12 为常用金属材料的再结晶退火与去应力退火温度。

表 2-12　常用金属材料的再结晶退火和去应力退火温度

金属材料		去应力退火温度（℃）	再结晶退火温度（℃）
钢	碳素结构钢及合金结构钢	500～650	680～720
	碳素弹簧钢	280～300	—
铝及其合金	工业纯铝	≈100	350～420
	普通硬铝合金	≈100	350～370
铜合金（黄铜）		270～300	600～700

　　（3）再结晶后晶粒长大。

　　塑性变形金属再结晶后一般得到细小均匀的等轴晶粒，但如果继续升高温度或延长保温时间，则再结晶后形成的新晶粒又会逐渐长大（称为再结晶后的晶粒长大），使金属的力学性能下降。晶粒的长大，实质上是一个晶粒的边界向另一个晶粒迁移的过程，将另一个晶粒中的晶格位向逐步地改变为与这个晶粒相同的晶格位向，于是另一个晶粒便逐渐地被这个晶粒"吞并"而成为一个粗大晶粒。再结晶退火后的晶粒大小主要与加热温度、保温时间和退火的变形度有关。

　　①加热温度和保温时间。再结晶的加热温度越高或保温时间越长，则再结晶后的晶

粒越粗大。特别是加热温度的影响更明显。

②退火的变形度。当变形度很小时，由于晶格畸变很小，不足以引起再结晶，故晶粒保持原来大小。当变形度达到一定值（一般为2%～10%）时，由于金属变形度不大而且不均匀，再结晶时形核数目少，这就有利于晶粒的吞并，获得的晶粒特别粗大。这种获得异常粗大晶粒的变形度称为临界变形度。生产中应尽量避开临界变形度。当变形度超过临界变形度后，随变形度的增加，各晶粒变形越趋于均匀，再结晶时形核率增大，再结晶后的晶粒也越细、越均匀。对于某些金属（如 Fe）当变形度特别大（>90%)时，再结晶后的晶粒又重新出现粗化现象，一般认为这与金属中形成织构有关。

2.6.3　实验设备、仪器与材料

（1）实验设备、仪器：热轧机或冷轧机、洛氏硬度计、金相显微镜、箱式电阻炉。

（2）实验材料：碳素结构钢或工业纯铁、金相砂纸一套、抛光布、抛光膏、浸蚀剂。

2.6.4　实验内容与步骤

本实验中的变形度、再结晶温度等参数可自行设计。

（1）变形度对材料再结晶组织与性能的影响。

取碳素结构钢或工业纯铁为对象，在热轧机（或冷轧机）下将其轧薄，通过调节轧辊间隙和轧制次数控制变形度，将轧制后的钢板或铁板切割成5块。

取上述不同变形量的试样各1块，在箱式电阻炉中700℃下保温5～60 min，完成再结晶处理。

将冷变形与再结晶处理的试样进行金相磨制、光学显微镜组织观察和检测材料硬度。

（2）再结晶温度对再结晶组织与性能的影响。

取某一变形度下的轧制钢板或铁板，切割成4块。

取上述变形试样块，分别在箱式电阻炉中650℃，700℃，800℃下保温5～60 min，完成再结晶处理。

将冷变形与再结晶处理的试样进行金相磨制、光学显微镜组织观察和检测材料硬度。

2.6.5　实验记录与数据处理

（1）记录不同变形度的材料在相同再结晶温度处理后，或者相同变形度的材料在不同再结晶温度处理后的硬度，数据记录如表2-13所示。

（2）提供热处理后的金相照片，并用箭头和代表符号标明各组织组成物，并注明样品成分、浸蚀剂和放大倍数；分析组织特征。

表 2-13　各材料经再结晶处理后的硬度

样品号	变形度（%）	再结晶温度（℃）	保温时间（min）	硬度		
				变形前	变形后	再结晶后
1						
2						
3						
4						
...						

2.6.6　实验思考题

（1）工业纯铁的理论再结晶温度是多少？

（2）材料的再结晶温度为何不是一个固定值？

参考文献

[1] 潘清林，孙建林. 材料科学与工程实验教程金属材料分册 [M]. 北京：冶金工业出版社，2011.

[2] 张建军. 机械工程材料 [M]. 重庆：西南师范大学出版社. 2015.

[3] 张晓燕. 材料科学基础 [M]. 北京：北京大学出版社，2014.

[4] 张兆隆，李彩风. 金属工艺学 [M]. 北京：北京理工大学出版社，2013.

第3章　工程材料实验

3.1　实验1　合金钢的显微组织观察

3.1.1　实验目的

学会识别几种典型合金钢的显微组织。

3.1.2　实验原理

合金钢中组织组成物与碳钢中组织组成物有一定区别，合金钢中的组织组成物有以下四种：

(1) 合金铁素体——合金元素溶在 $\alpha-Fe$ 中的固溶体，其显微组织与普通的铁素体没有区别，但在机械性能上，合金铁素体的强度和硬度都高于普通的铁素体。

(2) 合金渗碳体——合金元素溶在渗碳体中而形成以化合物为基的固溶体，其显微组织与普通的渗碳体没有区别，但较普通的渗碳体硬而细。

(3) 特殊碳化物——合金元素与碳的化合物。特殊碳化物可分为两类：第一类碳化物具有复杂的晶格，在适当的温度下能溶入奥氏体，如 $Cr_{23}C_5$，Cr_7C_3，Fe_3MO_3C 等；第二类碳化物具有简单的晶格，几乎不溶于奥氏体，如 W_2C，WC，Mo_2C，VC，TiC 等。特殊碳化物的硬度很高（HV 1200），从显微组织来看，和渗碳体很难区别，一般比渗碳体更细，只有极少量的碳化物才具有特殊的外形（如 TiC 为立方形），故欲确定碳化物的类型，需采用其他方法。

(4) 合金奥氏体——合金元素溶在 $\gamma-Fe$ 中的固溶体，在高合金钢（如高锰钢和镍钢）中，由于合金元素使 $\gamma-Fe$ 区域扩大，因此合金奥氏体可能在室温下存在，其显微组织为光亮的均匀一致的晶粒，具有明显的晶界，并常有滑移线和孪晶存在。

现在让我们具体地分析几种典型合金钢的显微组织。

3.1.2.1　合金渗碳钢

合金渗碳钢是在碳素渗碳钢中加入合金元素 Cr，Mn，Ni 等而形成的钢种，渗碳钢表面具有高硬度和高耐磨性，而心部具有较高的韧性和足够的强度，主要用于制造表面承受强烈磨损并承受动载荷的零件，如汽车上的变速齿轮、内燃机上的活塞销等，是机械制造中应用较广泛的钢种。

热处理工艺是渗碳、淬火和低温回火。

热处理后渗碳层的组织是合金渗碳体和回火马氏体及少量残余奥氏体。

3.1.2.2　合金调质钢

合金调质钢是在碳素调质钢中加入合金元素 Cr，Ni，Mn，Si 等经调质处理后使用的结构钢，具有强而韧的良好综合力学性能，是制造承受较复杂、多种工作载荷零件的合适材料。常用于制造承受较大载荷，同时还承受一定冲击的机械零件，如机床主轴、齿轮等，是机械制造用钢中应用最广泛的结构钢。

调质后的组织是回火索氏体（合金铁素体和合金渗碳体的混合物），与普通索氏体比较，其中的合金渗碳体质点很细，而且保留有针状（或板条状）铁素体基体。

3.1.2.3　合金弹簧钢

合金弹簧钢主要是加入了合金元素 Mn，Si，Cr 等，提高了钢的屈服强度和屈强比，具有很高的弹性强度与疲劳强度，并有一定的塑性和韧度，用于制造截面尺寸较大、承受较重载荷的弹簧和各种弹性零件。

热处理工艺是淬火＋中温回火。

热处理后的组织是回火屈氏体。

3.1.2.4　滚动轴承钢

滚动轴承钢是用来制造轴承的内圈、外圈和滚动体的专用钢，添加的合金元素主要是 Cr，具有高的硬度和耐磨性、高的弹性强度和接触疲劳强度。

热处理工艺是球化退火、淬火＋低温回火。

球化退火后的组织是球状珠光体。

淬火＋低温回火后组织是隐针或细针回火马氏体＋均匀分布的细粒状碳化物＋少量残余奥氏体。

3.1.2.5　高速钢

高速钢是一种高合金工具钢，其中加入了大量的硬化物形成元素，如 W，Mo，Cr，V 等，合金元素总的质量分数超过 10%，因此，它具有高的硬度、耐磨性、淬透性和热硬性等优良性能。高速钢区别于其他工具钢的显著优点是具有良好的热硬性，当切削温度高达 600℃左右时，硬度仍无明显下降，主要用于制造高速切削的机床工具。

高速钢的显微组织有如下几种。

（1）铸态组织：莱氏体＋白色组织＋黑色组织。

莱氏体呈骨骼状，实质上是骨骼状的碳化物片与马氏体中屈氏体相间排列。白色组织为马氏体和残余奥氏体，这两种组织经硝酸酒精溶液浸蚀后观察皆呈白亮色，不易区别，所以称为白色组织。黑色组织即 δ 共析体，实质上是奥氏体＋碳化物两相组织。在显微镜下，此组织似细片状珠光体，只是细小片状的碳化物分布在奥氏体基体中。由于 δ 共析体是两相组织，弥散度很大，经硝酸酒精溶液浸蚀后呈黑色，所以称为黑色组织。

（2）锻造和退火后的组织：莱氏体＋碳化物。

粗大的亮色颗粒为初生共晶体中的碳化物，较小的亮色颗粒为二次碳化物，分布在索氏体的基体上。

（3）淬火和回火后的组织。

淬火后的组织：淬火马氏体＋一次碳化物及部分未溶的二次碳化化物＋残余奥氏体。其中，马氏体呈隐针状，很难显示出来，因此难以将马氏体与残余奥氏区分开来，但可看到明显的奥氏体晶界及一次与二次碳化物。淬火温度越低，晶粒越细，未溶解的二次碳化物越多（初生碳化物即使在最高的淬火加热温度下也不会溶于奥氏体内）。

回火后的组织：隐针回火马氏体＋一次碳化物与二次碳化物。

3.1.2.6　不锈钢

不锈钢是指具有耐大气、酸、碱、盐等介质腐蚀作用的合金钢，主要加入的合金元素是 Cr，Ni，通过以下三个方面提高钢的抗电化学腐蚀的能力。

（1）提高作为阳极的钢中基本相的电极电位，以降低原电池两极间的电极电位差，减缓电化学腐蚀。

（2）形成单相的铁素体、单相的奥氏体或单相的马氏体组织，减少构成微电池的条件。

（3）在钢的表面形成一层致密、牢固的钝化膜，使钢与周围介质隔绝，阻断腐蚀电流的通路。

常见的不锈钢分为马氏体型不锈钢、铁素体型不锈钢、奥氏体型不锈钢和双相型不锈钢。

（1）马氏体型不锈钢在高温下是单相奥氏体，淬火后得到马氏体组织，常见的马氏体型不锈钢有 1Cr13，2Cr13，3Cr13，4Cr13 和 7Cr13。

含碳量较低的 1Cr13 和 2Cr13 钢的热处理工艺是淬火＋高温回火，热处理后的组织是回火索氏体，具有较高的强度、硬度和韧度，塑性较好，适合于制造在氧化性腐蚀介质条件下受冲击载荷的零件，如汽轮机的叶片、水压机阀等。

含碳量较高的 3Cr13，4Cr13 和 7Cr13 钢的热处理工艺是淬火＋低温回火，热处理后的组织是回火马氏体，具有较高的硬度和耐磨性，用于制造在弱腐蚀条件下工作而要求高强度和高耐磨性的耐腐蚀零件，如测量工具、轴承、弹簧等。

（2）铁素体型不锈钢由于含 Cr 量高，在加热和冷却过程中没有 $\alpha \rightarrow \gamma$ 转变，始终保持铁素体单相状态，所以其耐蚀性优于马氏体型不锈钢，但强度较低，主要用于制造要求有较高耐蚀性、强度要求不高的部件，如化工设备中的容器、管道等。铁素体型不锈钢通常在退火状态下使用。

（3）奥氏体型不锈钢简称为 18－8 型不锈钢，由于 Ni 的作用，在室温下就能得到亚稳态的单相奥氏体组织，具有良好的耐蚀性、塑性、焊接性及较高的强度和低温韧度，主要用于制造在强腐蚀介质中工作的设备零件，如储槽、输送管道、容器等。

（4）双相型不锈钢是在 18－8 型不锈钢的基础上，提高含 Cr 量或加入铁素体形成元素而得到的具有奥氏体和铁素体双相组织的不锈钢，兼具有铁素体型不锈钢和奥氏体型不锈钢的特性。双相型不锈钢的热处理工艺是 1000℃～1100℃淬火韧化，得到铁素体＋奥氏体组织。

图 3－1 是部分合金钢的显微组织。

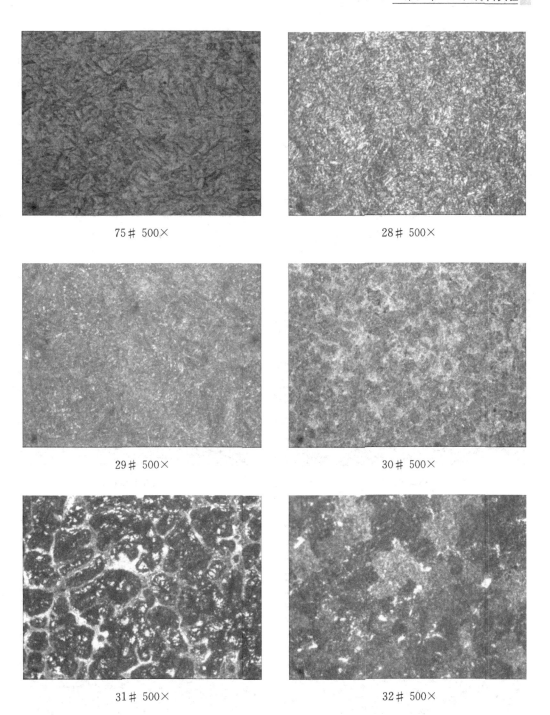

75♯　500×　　　　　　　　　　28♯　500×

29♯　500×　　　　　　　　　　30♯　500×

31♯　500×　　　　　　　　　　32♯　500×

图 3—1　合金钢 75♯，28♯～39♯试样的显微组织

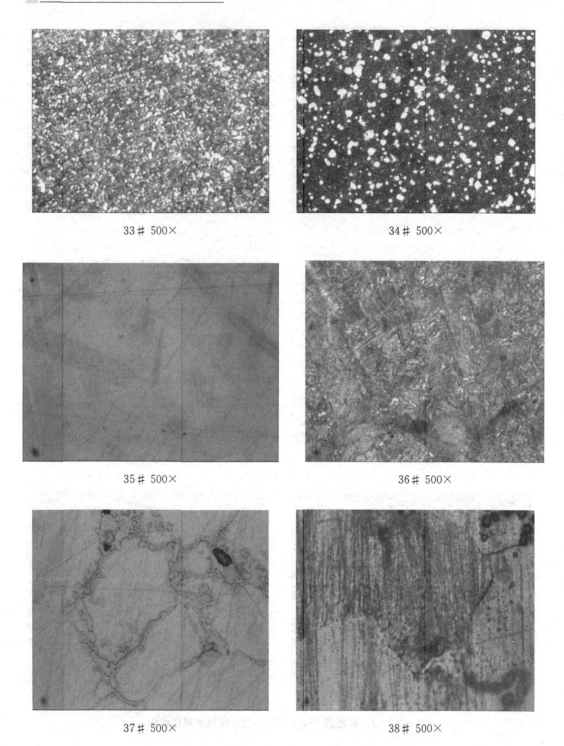

33# 500×

34# 500×

35# 500×

36# 500×

37# 500×

38# 500×

图 3-1（续）

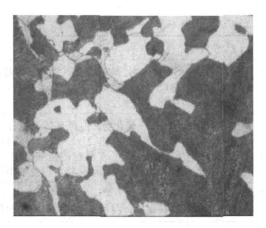

39♯ 500×

图 3－1（续）

3.1.3　实验仪器、设备与材料

金相显微镜、合金钢金相试样。

3.1.4　实验内容与步骤

（1）观察各种合金钢的显微组织，见表 3－1。

表 3－1　合金钢的显微组织

试样号	材料	状态	组织说明
75	20CrMnTi	渗碳、降温淬火，低温回火	表层为过共析钢渗碳层的淬回火组织。回火 M＋A′＋碳化物。基体为针状回火 M＋A′，在长时间高温渗碳后，晶粒粗大，虽降温到 860℃油冷，黑色回火 M 针叶仍较粗，渗层最表面有较多的呈聚集分布的白色条块状的碳化物
28	40Cr	调质	回火 S。白色 F 基体上分布着细的浅黑色颗粒 Fe_3C。当淬火温度较低时，合金碳化物难以完全溶于 A 中。因而在回火 S 中残存极少量的颗粒状合金碳化物
29	65Mn	淬火，中温回火	回火 T。白色 F 基体上分布着极细的黑色 Fe_3C 颗粒，它仍保持 M 位向。由于放大倍数低，难以分辨渗碳体的形貌
30	GCr15	常规淬火，低温回火	回火 M 及细颗粒碳化物＋A′。M 分黑区和白区，是轴承钢淬水后的特有组织。白区在 A 晶界处呈网状分布。淬火加热时，碳化物在 A 晶界处首先溶解，使之含碳量比晶内多，M_s 较低，淬火后获得以孪晶 M 为主的隐针 M 体，不易自回火，不易浸蚀而成白色；A 晶内的碳化物溶解少些，M_s 点较高，淬火时获得以板条状 M 为主的隐晶 M，易回火，易浸蚀呈黑色。白色细颗粒为加热时未溶的合金碳化物
31	W18Cr4V	铸态	Ld′＋T＋M＋A′。共晶 Ld′ 呈鱼骨状分布，其中的共晶碳化物极难溶于 A 中，不能用热处理改变其形态，只能通过锻轧破碎；T 易浸蚀，呈黑色，有黑色组织之称；M＋A′不易浸蚀，呈白色，有白色组织之称。黑色、白色组织均可通过退火、淬火消除

试样号	材料	状态	组织说明
32	W18Cr4V	退火	S+碳化物。基体为S，放大倍数低，S条间距离未显示，而呈暗色；白色块状为共晶碳化物，白色细小颗粒为二次碳化物
33	W18Cr4V	淬火	M+A′+碳化物。白色基体为隐针状淬火M及A′。高速钢淬火后，A′高达20%～25%，故稍深浸蚀就可呈现黑色网络的A晶界；A晶粒的粗细反应淬火加热温度的高低。白色大块状为共晶碳化物，白色细小颗粒为二次碳化物
34	W18Cr4V	淬火及回火	M+碳化物+A′。黑色基体为回火M+A′，白色大块状为共晶碳化物，白色细小颗粒为二次碳化物
35	1Gr18Ni9Ti	固溶处理	A。白色晶粒为A晶粒，部分晶粒呈孪晶，基体上黑色点状为碳化物，有的试样存在黑色成条状分布的硫化物夹杂
36	30CrMnSi	等温淬火	B粒。由灰白色F和它所包围的小岛状组织所组成。岛的形态多样，呈粒状或条状，很不规则。岛刚形成时为富碳A，在随后的转变可以有三种情况：可能是F和Fe_3C；也可能是发生M转变；或者仍保持富碳A′
37	ZGMn13	铸态	A+碳化物。白色基体为A，黑色网络为晶界，沿A晶界析出颗粒状碳化物。铸态高锰钢沿A晶界分布的网状碳化物对铸件的机械性能及耐磨性将会产生不良影响，必须经过水韧处理，使碳化物溶入A中
38	ZGMn13	水韧处理	A。全部为A晶粒，晶粒大小不均，有孪晶变形。铸态高锰钢加热到1050℃～1100℃，使碳化物溶入基体，迅速冷却，获得单一A。具有良好的韧性，在承受较大的冲击载荷时，发挥出高耐磨性的特点
39	20钢	渗碳后退火	正常渗碳的平衡组织。最表层为过共析层，黑色基体为P，白色网络为Fe_3C_{II}；次表层为共析层，全部为黑色片状P；第三层为亚共析过渡层，含碳量逐步下降，一直到心部，其组织特征为白色F逐渐增多，P相应较少，一直到20钢原始组织

（2）实验指导教师针对学生对合金钢组织特征的掌握程度进行评测。

3.1.5 实验记录与数据处理

在ϕ40 mm圆内绘出各组织示意图（或提供热处理后的金相照片），并用箭头和代表符号标明各组织组成物，并注明样品成分、浸蚀剂和放大倍数；分析组织特征。

3.1.6 实验思考题

高锰钢在受到强烈冲击载荷时具有良好耐磨性能的原因是什么？

参考文献

[1] 周小平. 金属材料及热处理实验教程［M］. 武汉：华中科技大学出版社，2006.

3.2　实验 2　铸铁的显微组织分析

3.2.1　实验目的

（1）观察铸铁中石墨的形状、大小和分布情况。

（2）识别各种铸铁的基本组织。

3.2.2　实验原理

常用铸铁有灰口铸铁、可锻铸铁和球墨铸铁、蠕墨铸铁等。

3.2.2.1　灰口铸铁

灰口铸铁中的碳全部或部分以片状石墨形式存在，断口呈现灰色。其显微组织根据石墨化程度的不同为铁素体，或珠光体，或铁素体＋珠光体基体上分布片状石墨。由于片状石墨无反光能力，故试样未经浸蚀即可看出呈灰黑色。石墨性脆，在磨制时容易脱落，此时在显微镜下只能见到空洞。在灰口铸铁的显微组织中，除基体和石墨外，还可以见到具有菱角状沿奥氏体晶界连续或不连续分布的磷共晶（又称为斯氏体）。磷共晶主要有三种类型，即二元磷共晶（在 Fe_3P 的基体上分布着粒状的奥氏体分解产物——铁素体或珠光体）、三元磷共晶（在 Fe_3P 的基体上分布着呈规则排列的奥氏体分解产物——颗粒及细针状的渗碳体）和复合磷共晶（二元或三元磷共晶基体上嵌有条块状渗碳体）。用硝酸酒精成苦味酸浸蚀时，Fe_3P 不受浸蚀，呈白亮色，铁素体光泽较暗，在磷共晶周围通常总是珠光体。由于磷共晶硬度很高，故当二元或三元磷共晶少量、均匀孤立分布时，有利于提高耐磨性，而并不影响强度。磷共晶若形成连续网状，则会使铸铁强度和韧性显著降低。

石墨的形状可分为均匀片状、花瓣状、粗片状、树枝状和球状五种。

石墨的大小可分为 8 级，其中 1～3 级可认为粗片状石墨，4～5 级为中片状石墨，6～8 级为细片状石墨。石墨大小的评级方法有两种。

（1）用显微镜的目镜测微尺计算石墨片的平均长度，然后代入下式评级：

$$L = 2^{8-n}$$

式中　L——放大 100 倍时，石墨的平均长度，mm；

n——石墨大小的等级。

（2）通过放在 100 倍的显微镜下与石墨大小标准等级图比较来评级。

3.2.2.2　可锻铸铁

可锻铸铁是由具有一定化学成分的铁液浇铸成白口坯件，再经退火而成的。与灰口铸铁相比，可锻铸铁有较好的强度和塑性，特别是低温冲击性能较好；耐磨性和减振性优于普通碳素钢；但铸造性能较灰口铸铁差；切削性能优于钢及球墨铸铁，而与灰口铸铁接近。可锻铸铁广泛应用于生产汽车、拖拉机及建筑扣件等大批量的薄壁中小件。可锻铸铁的组织相当于钢的基体上分布着团絮状石墨，其基体组织有铁素体、铁素体＋珠光体，或珠光体。以铁素体为基体的可锻铸铁具有较高的塑性，但强度较低；以珠光体为基体的可锻铸铁的强度、硬度和耐磨性较高，但塑性和韧性较低。

3.2.2.3 球墨铸铁

球墨铸铁是指铁液经过球化处理（而不是经过热处理），使石墨大部分或全部呈球状，有时少量为团状等形态的铸铁。由于加入球化剂，使石墨以球状存在，其割裂基体作用大大削弱，韧性、强度明显提高，其综合性能接近于钢，在实际使用中可以用球墨铸铁代替钢材制造某些重要零部件，如汽车发动机（柴油机、汽油机）的曲轴、缸体、缸套等。球墨铸铁中允许出现球状及少量非球状石墨，如团状、团絮状、蠕虫状石墨。球墨铸铁的组织相当于钢的基体上分布着球状石墨，其基体组织有铁素体、铁素体＋珠光体或珠光体三种类型。

3.2.2.4 蠕墨铸铁

蠕墨铸铁的石墨形态是蠕虫状和球状石墨共存的混合形态。蠕虫状石墨长与宽的比值较片状石墨小，一般为 2～10，其侧面高低不平，端部钝，互不相连。其选用原则：对于要求强度、硬度和耐磨性较高的零件，宜用珠光体基体、蠕墨铸铁；要求塑性、韧性、热导性和耐热疲劳性能较高的铸件，宜用铁素体基体蠕墨铸铁；介于二者之间的则用混合基体。

图 3-2 为部分铸铁的显微组织。

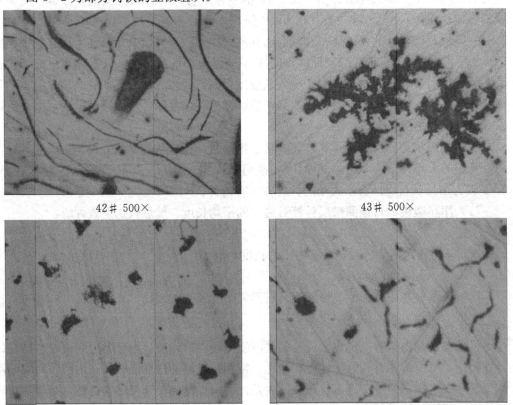

42# 500×

43# 500×

44# 500×

45# 500×

图 3-2　铸铁 42#～54# 试样的显微组织

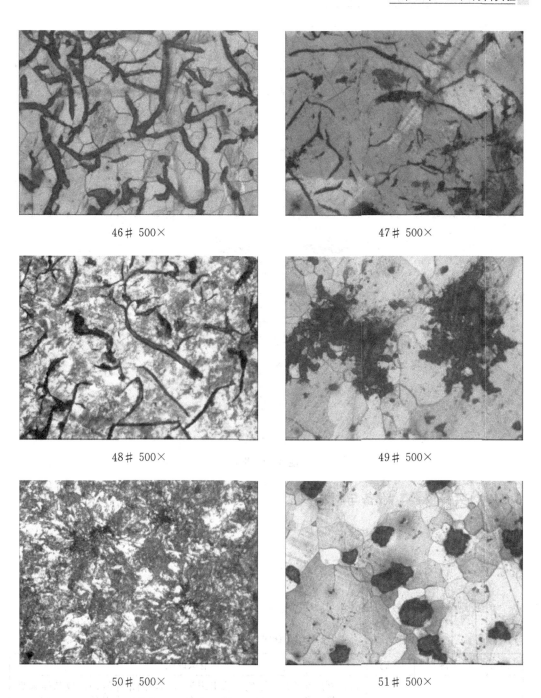

46#　500×

47#　500×

48#　500×

49#　500×

50#　500×

51#　500×

图 3-2（续）

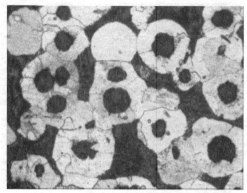

52# 500×

53# 500×

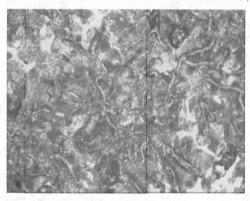

54# 500×

图 3-2（续）

3.2.3 实验仪器、设备与材料

金相显微镜、铸铁金相试样。

3.2.4 实验内容与步骤

（1）观察各种铸铁的显微组织，见表 3-2。

表 3-2 铸铁的显微组织

试样号	材料	状态	组织说明
42	灰口铸铁（HT）	铸态	HT 的石墨形态：黑色片状组织为石墨，因未作浸蚀，故基体未显示，呈白色。金相观察石墨以单独的片状散布在基体上，它们是分开的、互不联系的。HT 的片状石墨的长度各不相同，性能存在差异，因此，根据使用要求，在工艺上对石墨形态及长度进行控制。国家标准中，按石墨形状分为 6 种，石墨长度分为 8 级
43	可锻铸铁（KT）	退火	KT 的石墨形态：黑色团絮状组织为石墨，类似棉絮，外形较为规则。未浸蚀，基体未显示，为白色。KT 是由白口铸铁生坯通过退火的固态石墨化处理，使一次、二次、三次渗碳体经过充分的石墨化而得到的。KT 中石墨的形状、分布、数量对性能有明显的影响。国家标准中都有分级，作为金相验收的条件

续表3−2

试样号	材料	状态	组织说明
44	球墨铸铁（QT）	铸态	QT 的石墨形态：黑色球状组织为石墨，在低倍下观察近似圆形；在高倍下观察为多边形，周围凹凸。因未浸蚀，基体未显示，呈白色。QT 的熔炼是向铸铁水中加入稀土镁球化剂和硅铁孕育剂而得，其质量一般以球化率来评定，可按规定标准进行，它分为 6 级
45	蠕墨铸铁	铸态	蠕墨铸铁的石墨形态：蠕墨铸铁的石墨结构处于片状石墨和球状石墨之间，其特征石墨的长与厚之比较小，片厚短，两端部圆钝，为黑色蠕虫状，未浸蚀，基体未显示，为白色。蠕墨铸铁是在铸铁水中加入蠕化剂硅铁合金或硅钙合金而得。生产中石墨蠕化过程有波动，会出现少量球状、团状、片状等非蠕虫状石墨。对于蠕墨铸铁，石墨的蠕化率是主要技术指标，蠕化率共分为 9 级
46	灰口铸铁 HT100	退火	F 基灰口铸铁。基体 F 为白色，并显示黑色网络晶界，F 基体上分布着黑色的片状石墨。F 灰口铸铁一般是经过高温石墨化退火，使渗碳体分解成 F 和石墨。当分解不充分时会存在极少量的 P
47	灰口铸铁 HT150	铸态	F+P 基灰口铸铁。P 呈黑色层片状，F 分布于片状石墨两侧，呈白色，片状石墨为黑灰色。F+P 基灰口铸铁也可采用低温石墨化退火获得，即将工件加热到720℃～760℃，保温 2 h 左右，炉冷到 300℃出炉空冷
48	灰口铸铁 HT200	正火	P 基灰口铸铁。灰黑的长片状为石墨，基体为灰黑色较细的片状珠光体。它是正火加热空冷时，A 在共析转变析出的，较细。铸造状态也可获得 P 基的 HT，但常有在石墨周围析出的块状 F，有的分布着不规则块状的黑色点状磷共晶
49	可锻铸铁 KT350−10	退火	F 基可锻铸铁。基体为 F，呈白色，有明显的黑色 F 网络晶界。黑色团絮状为退火时析出的石墨，灰黑色细小颗粒多为硫化物夹杂。F 基可锻铸铁是第一阶段高温及第二阶段中温退火都较充分，使基体中的渗碳体完全分解析出石墨碳，而基体贫碳，冷却后获得全部为 F 的基体组织
50	可锻铸铁 KT550−04	第一阶段石墨化退火	P 基可锻铸铁。基体 P 呈黑白相间的层片状。有的有少量白色 F，黑色团絮状为石墨。P 基可锻铸铁是在将白口铁坯料进行第一阶段高温石墨化退火后，不再经第二阶段石墨化退火而出炉空冷获得的组织
51	球墨铸铁 QT400−15	退火	F 基球墨铸铁。白色基体为 F，黑色网络为 F 晶界，黑色球状为石墨。共晶团晶界处的锰磷元素偏析，且含碳量较高，又稳定，不易石墨化，导致残存极少量 P。当铸态组织中不仅有 P，而且有自由渗碳体时，进行高温退火；若铸态组织仅为 F+P，没有自由渗碳体时，则进行低温退火
52	球墨铸铁 QT500−5	铸态	F+P 基球墨铸铁。黑色球状为石墨，白色 F 环绕于球状石墨周围，成为牛眼状的组织。球状石墨在液态金属中析出时，球状周围的 A 中含碳量显然较低，含硅量高，因此在冷却过程中沿着石墨球容易析出 F。F+P 也可通过低温（低于 A_{c3}）正火获得，但 F 为块状的，称为破碎状 F
53	球墨铸铁 QT700−2	正火	P 基球墨铸铁。黑白相间的层片状为 P，灰黑色球状为石墨。P 体的获得一般是进行高温正火。但往往在球状石墨的周围，含有少量的 F，一般不允许 F 超过 15%
54	高磷铸铁	铸态	P+片状石墨+磷共晶。层片状基体为 P，由于深浸蚀而呈黑色；灰黑色片状为石墨；白色棱角状为磷共晶。磷共晶沿晶界分布，形似网孔，相互连接构成坚硬的骨架。在摩擦时，石墨及基体被磨损而凹陷，可储存润滑油，起减摩作用；网状磷共晶凸起，承受摩擦，从而使零件耐磨性提高

（2）实验指导教师针对学生对铸铁组织特征的掌握程度进行评测。

3.2.5　实验记录与数据处理

在 $\phi 40$ mm 圆内绘出各组织示意图（或提供热处理后的金相照片），并用箭头和代表符号标明各组织组成物，并注明样品成分、浸蚀剂和放大倍数；分析组织特征。

3.2.6　实验思考题

说明灰口铸铁、可锻铸铁、球墨铸铁的机械性能变化规律，并分析原因。

参考文献

[1] 吴润，刘静. 金属材料工程实践教学综合实验指导书［M］. 北京：冶金工业出版社，2008.

[2] 周小平. 金属材料及热处理实验教程［M］. 武汉：华中科技大学出版社，2006.

3.3　实验 3　有色金属合金的微观组织观察

3.3.1　实验目的

掌握铝硅合金、铜合金、锌合金、镁合金、轴承合金的显微组织特征。

3.3.2　实验原理

3.3.2.1　铝合金

铝合金分为铸造铝合金和变形铝合金两类，在变形铝合金中，按成分还可分为可以热处理强化的铝合金和不可热处理强化的铝合金。

（1）铸造铝合金。

铸造铝合金中加入的合金元素主要有 Si，Cu，Mg，Mn，Ni，Cr，Zn，Re 等。依合金中主加元素种类的不同，铸造铝合金可分为 Al-Si 系、Al-Cu 系、Al-Mg 系、Al-Re 系和 Al-Zn 系五类。其中，Al-Si 系应用最为广泛，Al-Si 系铸造铝合金是工业上使用最为广泛的铸造铝合金，这是因为该合金在液态下具有很好的流动性，凝固时的补缩能力强，热裂倾向小。铸造铝合金的代号用"铸""铝"两字的汉语拼音首字母"ZL"后加三位数字表示：第一位数字表示合金类别（如数字 1 表示 Al-Si 系、2 表示 Al-Cu 系、3 表示 Al-Mg 系、4 表示 Al-Zn 系）；后两位数字表示合金顺序号，顺序号不同，化学成分也不一样。

Al-Si 系铸造铝合金又称硅铝明，仅由 Al、Si 两组元组成的二元合金称为简单硅铝明（ZL102 即属于简单硅铝明）。Al-Si 二元合金相图属于共晶型。在共晶温度时，Si 在 Al 中的最大溶解度只有 1.65%，因而从固溶体中再析出 Si 的数量很少，几乎不产生强化作用，因此简单硅铝明一般被认为是不可热处理强化的铝合金。一般情况下，简单硅铝明铸造后的组织为粗大针状的硅与铝基 α 固溶体构成的共晶体，其间偶尔有少量板块状初晶硅。这种组织的力学性能很差，强度与塑性都很低，不能满足使用要求。为改善合金的力学性能，通常对这种成分的合金进行变质处理，即在合金中加入微量钠（0.005％～0.15wt％）或钠盐（2/3 NaF＋1/3 NaCl）。变质处理后，由于共晶点移向右下方，ZL102 合金处于亚共晶区，故合金中的初晶硅消失，而粗大的针状共晶硅细化成细小条状或点状，并在组织中出现初晶 α 固溶体。因此，合金的力学性能大为改善，抗拉强度可由变质前的 130～140 MPa 提高到 170～180 MPa，伸长率由 1％～2％提高到 3％～8％。但因变质后的强度仍不够高，故通常只用于制造形状复杂、强度要求不高的铸件，如内燃机缸体、缸盖、仪表支架、壳体等。

简单硅铝明是不能热处理的，但只要在合金中加入 Cu，Mg，Mn 等合金元素，就构成了复杂硅铝明。由于组织中出现了更多的强化相，如 $CuAl_2$，Mg_2Si 及 Al_2CuMg 等，在编制处理和时效强化的综合作用下，可使复杂硅铝明的强度得到很大提高。

除 Al-Si 系铸造铝合金外，其他几类铸造铝合金也有各自的特点，并广为应用。Al-Cu 系铸造铝合金是以 Al-Cu 为基的二元或多元合金，由于合金中只含有少量共晶体，故铸造性能不好，耐蚀性及比强度也较一般优质硅铝明低，目前大部分已为其他铝合金所代替。在这类合金中，ZL201 的室温强度、塑性比较好，可制作在 300℃以下工作的零件；ZL202 塑性较低，多用于高温下不受冲击的零件。

（2）变形铝合金。

硬铝合金是 Al-Cu-Mg 系时效合金，是重要的变形铝合金。硬铝合金的强度大、硬度高，在国外被称为杜拉铝，在现代机械制造和飞机制造中的得到广泛应用。硬铝合金中形成了 $CuAl_2$（θ 相）和 Al_2CuMg（S 相），这两个相在加热时均能溶入合金的固溶体内，并在随后的时效热处理过程中形成"富集区""过渡区"而使合金强化。Al_2CuMg（S 相）在合金强化过程中的作用更大，因而常把它称为强化相。

3.3.2.2　铜合金

黄铜为 Cu-Zn 合金。根据 Cu-Zn 合金相图，黄铜分为两种：

（1）α 单相黄铜：含锌量在 39％以下的黄铜属单相 α 固溶体，典型牌号为 H70（即三七黄铜）。铸态组织：α 固溶体呈树枝状（用氯化铁溶液浸蚀后，枝晶主轴富铜，呈亮白色，而枝间富锌呈暗色），经变形和再结晶退火，其组织为多边形晶粒，有退火孪晶。由于各个晶粒方位不同，所以具有不同的颜色。退火处理后的 α 单相黄铜能承受极大的塑形变形，可以进行深冲变形。α 单相黄铜的显微组织如图所示。

（2）α＋β 两相黄铜：含锌量为 39％～45％的黄铜为 α＋β 两相黄铜，典型牌号有 H62（即四六黄铜）。在室温下 β 相较 α 相硬得多，因而可用于承受较大载荷的零件。α＋β 两相黄铜可在 600℃以上进行热加工。α＋β 两相黄铜显微组织：α 为亮白色的固溶体，β 是 CuZn 为基的有序固溶体。

3.3.2.3　轴承合金

轴承合金又称为巴氏合金。巴氏合金是应用较多的轴承合金，常用来制造滑动轴承的轴瓦和内衬。轴瓦材料要求同时兼有硬和软的两种性能，因此轴承合金的组织往往是软、硬两相组成的混合物。例如，在软基体上分布着硬质点，铅基或锡基轴承合金就具有这种组织特点。锡基巴氏合金中，基本组元为 Sn 83％，Sb 11％及 Cu 6％。其牌号为 ZSnSb11Cu6，其中暗黑色部分为软基体 α 相（是 Sb 在 Sn 中形成的固溶体），白色方块是硬质点 β'（以 SnSb 为基的有序固溶体）；而白色枝状析出物 Cu_3Sn 或 Cu_6Sn 化合物（η 相），阻碍 β' 上浮，减少偏析的作用。这种既硬又软的混合物，保证了轴承合金具有足够的强度和塑性，从而使轴承合金具有良好的减摩性及抗震性。

部分有色金属合金的显微组织如图 3-3 所示。

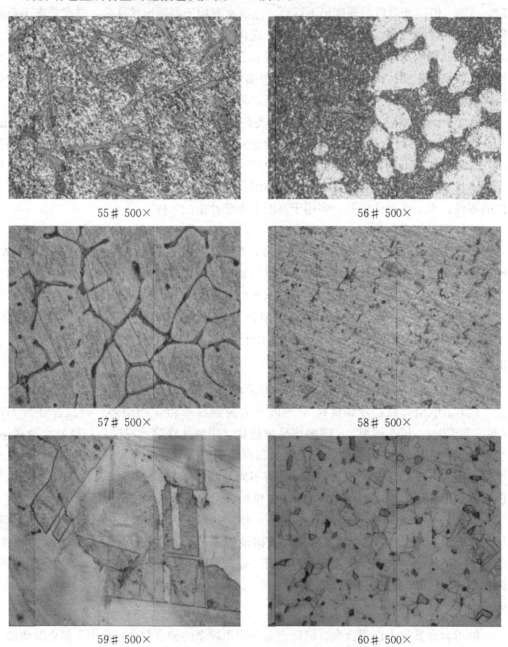

55♯ 500× 56♯ 500×

57♯ 500× 58♯ 500×

59♯ 500× 60♯ 500×

图 3-3 有色金属合金 55♯～66♯ 试样的显微组织

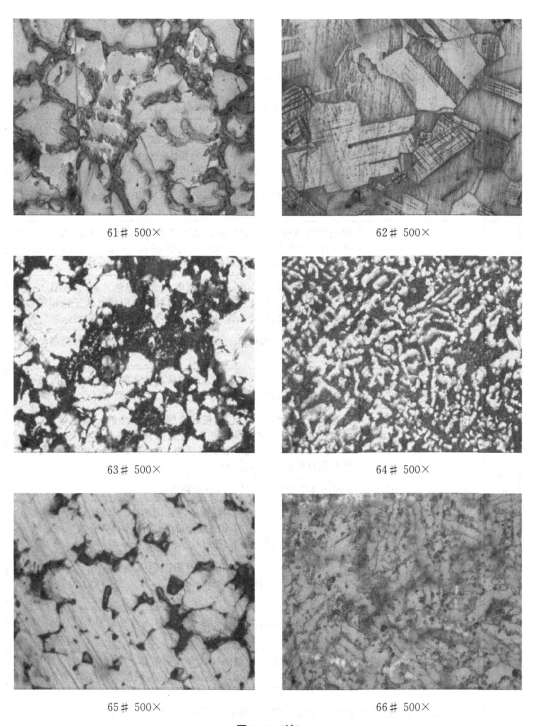

61# 500×　　　　　　62# 500×

63# 500×　　　　　　64# 500×

65# 500×　　　　　　66# 500×

图 3-3（续）

3.3.3　实验仪器、设备与材料

金相显微镜、有色金属合金试样。

3.3.4 实验内容与步骤

（1）观察各种有色金属合金的显微组织，见表 3-3。

表 3-3 有色金属合金的显微组织

试样号	材料	状态	组织说明
55	ZL102	铸态	铸态未变质的铝硅合金，浅灰色粗大的针状硅晶体与白色 α 固溶体组成共晶组织＋少量的浅灰色多边形的初晶硅晶粒
56	ZL102	铸态	已变质的铝硅合金。白色枝晶状组织为初生 α 固溶体，其余为灰黑色细粒状硅与白色 α 固溶体组成的共晶组织
57	LY12	铸态	硬铝的铸造组织。白色为 α(Al) 基体与深黑色的 α(Al) ＋θ 相 (CuAl₂) ＋S 相 (Al₂CuMg) 三元共晶及 α(Al) ＋θ 相 (CuAl₂) 二元共晶。三元、二元共晶均呈网络分布，难以分辨
58	LY12	时效板材	硬铝的时效组织。白色 α(Al) 基体上分布黑色 θ 相 (CuAl₂) 及 S 相 (Al₂CuMg) 强化相质点。因沿板材纵向取样，故强化相质点沿纵向分布。有的试样未作纵向样品，强化相质点在断面弥散分布
59	H70	变形退火	单相黄铜组织。为锌溶于铜中的 α 固溶体等轴晶粒，有的晶粒含有孪晶
60	H62	退火	双相黄铜组织。白色部分为 α 固溶体基体，黑色条块状是以电子化合物 CuZn 为基的 β 固溶体。浸蚀浅，α 相晶界未显示
61	QSn10	铸态	锡青铜铸态组织。亮白色树枝状为锡溶于铜中的 α 固溶体。α 树干富铜，外围较黑处富锡；树枝间隙处白色中分布很细小的点为 (α＋δ) 共析体。δ 是以电子化合物 Cu₃₁Sn₈ 为基的固溶体。有的试样有黑色斑点，是铸造疏松
62	QSn10	挤压棒	α 固溶体单相组织，晶粒内有滑移带
63	锡基轴承合金	铸态	α＋β′＋η 组织。基体为锑在锡中的 α 固溶体，易浸蚀，呈黑色，白色方块为 β′ 相，是以 SnSb 为基的有序固溶体，难浸蚀。颗粒较小，较难浸蚀，呈白色星状或放射针状的为 η 相，即 Cu₆Sn₅ 也难浸蚀
64	锡基轴承合金	铸态	β＋[α(Pb)＋β] 共＋Cu₂Sb 组织白色方块为 β 相 (SnSb) 硬质点，部分针状为铜锑化合物 (Cu₂Sb)，其余为 α(Pb)＋β 共晶软基体
65	QPb30	铸态	铅青铜的铸态组织。铅不能溶于铜。白亮色的 α(Cu) 上分布着暗色铅晶粒
66	TC4	退火	α＋β 双相钛合金。白色条片状为 α 固溶体，条间黑色为 β 固溶体，α 片交错排列，犹如编织的网篮球，称为网篮组织

（2）实验指导教师针对学生对合金钢组织特征的掌握程度进行评测。

3.3.5 实验记录与数据处理

在 φ40 mm 圆内绘出各组织示意图（或提供热处理后的金相照片），并用箭头和代表符号标明各组织组成物，并注明样品成分、浸蚀剂和放大倍数；分析组织特征。

3.3.6　实验思考题

说明铝合金变质处理前后微观组织的差异。

参考文献

[1] 谷志刚. 材料科学与工程专业实验教程 [M]. 沈阳：东北大学出版社，2009.

[2] 张廷楷. 金属学及热处理实验指导书 [M]. 重庆：重庆大学出版社，1998.

[3] 崔占全，孙振国. 工程材料 [M]. 北京：机械工业出版社，2003.

3.4　实验 4　铝合金时效实验

3.4.1　实验目的

（1）掌握固溶淬火及时效处理的基本操作。

（2）了解时效温度和时效时间对时效硬化效果的影响规律。

（3）加深对时效硬化及其机制的理解。

3.4.2　实验原理

从过饱和固溶体中析出第二相（沉淀相）或形成溶质原子聚集区以及亚稳定过渡相的过程称为脱溶或沉淀，是一种扩散型相变。具有这种转变的基本条件是，合金在平衡状态图上有固溶度的变化，并且固溶度随温度降低而减少。如果将 c_0 成分的合金自单相 α 固溶体状态缓慢冷却到固溶度线以下温度（如 T_3）保温时，β 相将从 α 相固溶体中脱溶析出，α 相的成分将沿固溶度线变化为平衡浓度 c_1，这种转变可表示为 $\alpha(c_0) \rightarrow \alpha(c_1) + \beta$。$\beta$ 为平衡相，可以是端际固溶体，也可以是中间相，反应产物为 $\alpha + \beta$ 双相组织。将这种双相组织加热到固溶度线以上某一温度（如 T_1）保温足够时间，将获得均匀的单相固溶体 α 相，这种处理称为固溶处理。

如果经过固溶处理后的 c_0 成分合金急冷，抑制 α 相分解，则在室温下获得亚稳的过饱和 α 相固溶体。这种过饱和固溶体在室温或较高温度下等温保持时，也将发生脱溶，但脱溶相往往不是状态图中的平衡相，而是亚稳相或溶质原子聚集区。这种脱溶可显著提高合金的强度和硬度，称为时效硬（强）化或沉淀硬（强）化。

合金在脱溶过程中，其力学性能、物理性能和化学性能等均随之发生变化，这种现象称为时效。室温下发生的时效称为自然时效，高于室温发生的时效称为人工时效。

合金经固溶处理并淬火获得亚稳过饱和固溶体，若在足够高的温度下进行时效，最终将沉淀析出平衡脱溶相，但在平衡相出现之前，根据合金成分不同会出现若干个亚稳脱溶相（或称为过渡相）。以 Al－4％Cu 合金为例，其室温平衡组织为 α 相固溶体和 θ 相（CuAl$_2$）。该合金经固溶处理并淬火冷却获得过饱和 α 相固溶体，加热到 130℃进行时效，其脱溶顺序为 G. P. 区→θ''相→θ'相→θ 相，即在平衡相（θ）出现之前，有三个过渡脱溶物相继出现。

按时效硬化曲线的形状不同，可分为冷时效和温时效。冷时效是指在较低温度下进行的时效，其硬度变化曲线的特点是硬度一开始就迅速上升，达到一定值后硬度缓慢上升或者基本保持不变。冷时效的温度越高，硬度上升就越快，所能达到的硬度也就越高。在铝基和铜基合金中，冷时效过程中主要形成 G. P. 区。温时效是指在较高温度下发生的时效，硬度变化规律：开始有一个停滞阶段，硬度上升极其缓慢，称为孕育期，一般认为这是脱溶相形核准备阶段；接着硬度迅速上升，达到一极大值后又随时间的延长而下降。温时效过程中将析出过渡相和平衡相。温时效的温度越高，硬度上升就越快，达到最大值的时间就越短，但所能达到的最大硬度值反而就越低。冷时效与温时效的温度界限视合金而异，铝合金一般约在 $100℃$，冷时效与温时效往往是交织在一起的。

时效温度是影响过饱和固溶体脱溶速度的重要因素。时效温度越高，原子活性就越强，脱溶速度也就越快。但是随着时效温度升高，化学自由能差减小，同时固溶体的过饱和度也减小，这些又使脱溶速度降低，甚至不再脱溶。因此，可以用提高温度的方法来加快时效过程，缩短时效时间。例如，将 $Al-4\%Cu-5\%Mg$ 合金的时效温度从 $200℃$ 提高到 $220℃$，时效时间可从 $4\,h$ 缩短为 $1\,h$。但时效温度又不能任意提高，否则强化效果将会减弱。

在一定温度下，随时效时间延长，合金强度、硬度逐渐增高。至一定时间，其强度、硬度达到最大值（峰值）。时效时间再延长则其强度、硬度反而下降，即所谓的"过时效"。如果固定时效时间而改变时效温度，则随时效温度的升高，强度、硬度逐渐升高而达峰值，温度再提高，也发生"过时效"。综合比较温度和时间对硬度、强度的影响可发现：温度越高，达到峰值所需时间越短，其峰值也越低。

3.4.3 实验仪器、设备与材料

（1）实验仪器、设备。坩埚电阻炉：内置不锈钢盐浴槽，用作试样的淬火加热。加热介质为硝酸盐的混合物，成分为 $50\%\,KNO_3+50\%\,NaNO_3$。

控温装置：用可控硅温度控制器控制炉膛温度，盐浴温度用数字式温度显示仪或电位差计测量。

淬火水槽：用于淬火冷却。

恒温箱：用来人工时效处理。

布氏硬度计：测定淬火及时效合金硬度。

读数显微镜：测定压痕直径。

（2）实验材料：铝合金试样。

3.4.4 实验内容与步骤

（1）学生分别领取铝合金样品，做好标记。

（2）将试样用砂纸或预磨机处理以达平整、光洁，然后用铁丝绑好。

（3）将绑好的试祥在盐浴槽中加热。加热温度为 500℃，保温约 10~15 min，保温结束后快速淬入水槽中。

（4）测定淬火后的硬度。

（5）其他试样立即进入恒温箱进行时效处理（除室温自然时效组外）。时效温度分别为室温、130℃，160℃，190℃和220℃，每组取一个温度进行时效，各时效温度下的时效时间见表 3-4（表中填有数字的栏所采对应的时间就是时效实验拟采用的时间，可根据实际情况调整）。

（6）将各时效温度下，时效不同时间后的试样立即水冷，用细砂纸磨去氧化皮后测定硬度，将硬度值填入表 3-4。

3.4.5　实验记录与数据处理

（1）记录不同时效工艺参数下的硬度值，见表 3-4。

表 3-4　时效温度—时间—硬度值

时间	室温	130℃	160℃	190℃	220℃
淬火态	1	1	1	1	1
20 min					2
30 min			2	2	
40 min					3
1 h		2	3	3	4
1.5 h				4	5
2 h		3	4	5	6
2.5 h					7
3 h		4	5	6	8
4 h		5	6	7	9
5 h		6	7	8	10
6 h		7	8	9	11
8 h		8	9	10	12
10 h		9	10	11	
12 h			11	12	
14 h		10	12		
18 h		11			
20 h		12			

（2）将所得硬度数据绘成硬度—时效时间关系曲线，并根据时效强化机制解释曲线的变化规律。

3.4.6 实验思考题

以 Al-Cu 合金为例，说明时效强化的基本过程及影响时效强化过程的因素有哪些。

参考文献

［1］潘清林，孙建林. 材料科学与工程实验教程金属材料分册 ［M］. 北京：冶金工业出版社，2011.

第4章 粉末冶金综合实验

4.1 实验1 粉体特性测试综合实验

4.1.1 实验目的

掌握粉体的筛分分级、粉末的安息角、粉末流动性、粉末松装密度、振实密度的测量方法，深化学生对粉体特性的理解。

4.1.2 实验原理

4.1.2.1 安息角

安息角指在重力场中，粉料堆积体的自由表面处于平衡的极限状态时自由斜面与水平面之间的角度。

测定安息角的方法有两种：注入法及排出法。注入法是将粉体从漏斗上方慢慢加入，从漏斗底部漏出的物料在水平面上形成圆锥状堆积体的倾斜角。排出法是将粉体加入圆筒容器内，使圆筒底面保持水平，当粉体从筒底的中心孔流出时，在筒内形成的逆圆锥状残留粉体堆积体的倾斜角。这两种倾斜角都是安息角，有时也采用倾斜法：在绕水平轴慢速回转的圆筒容器内加入占其容积 1/2~1/3 的粉体，当粉体的表面产生滑动时，测定其表面的倾斜角。

4.1.2.2 粉末流动性

粉末流动性以一定量粉末流过规定孔径的标准漏斗所需要的时间来表示，通常采用的单位为 s/50g，其数值越小说明该粉末的流动性越好，它是粉末的一种工艺性能。它对生产流程的设计十分重要，自动压力机压制复杂零件时，如果粉末流动性差，则不能保证自动压制的装粉速率，或容易产生搭桥现象，而使压坯尺寸或密度达不到要求，甚至局部不能成形或开裂，影响产品质量。

测定粉末流动性的仪器称为粉末流动仪，也叫霍尔流速计。由漏斗、底座和接粉器等部件组成。测试步骤：①称量 50 g 一份的样品，精确到±0.1 g；②用手堵住漏斗底部小孔，把称量好的 50 g 样品倒进漏斗中，注意粉末必须充满漏斗下端整个小孔；③瞬间当启开漏斗小孔并开始计时，漏斗中粉末一经流完，立即停止计时；④记录漏斗中全部样品流完所需时间，并重复三次，取其算术平均值，时间记录精确到 0.1 s。

（注：如果当小孔启开时，粉末不流动，则可在漏斗上轻敲一下，以使粉末开始流动。但是，即使这样做了，粉末仍不流出或在测量过程中粉末停止流动，则应认为这种粉末不具有流动性）

粉末流动性能与很多因素有关，如粉末颗粒尺寸、形状和粗糙度、比表面等。一般来说，增加颗粒间的摩擦系数会使粉末流动困难。通常球形颗粒的粉末流动性最好，而颗粒形状不规则、尺寸小、表面粗糙的粉末流动性差。

4.1.2.3 粉末松装密度

粉末松装密度（Apparent density of powders）是粉末在规定条件下自由充满标准容器后所测得的堆积密度，即粉末松散填装时单位体积的质量，以 g/cm 表示，是粉末的一种工艺性能。松装密度是粉末多种性能的综合体现，对粉末冶金机械零件生产工艺的稳定，以及产品质量的控制都是很重要的，也是模具设计的依据。

粉末松装密度的测量方法有 3 种：漏斗法、斯柯特容量计法、振动漏斗法。

（1）漏斗法。粉末从漏斗孔按一定高度自由落下充满杯子。

（2）斯柯特容量计法。把粉末放入上部组合漏斗的筛网上，自由或靠外力流入布料箱，交替经过布料箱中 4 块倾斜角为 25°的玻璃板和方形漏斗，最后从漏斗孔按一定高度自由落下充满杯子。

（3）振动漏斗法。将粉末装入带有振动装置的漏斗中，在一定条件下进行振动，粉末借助振动，从漏斗孔按一定高度自由落下充满杯子。

对于在特定条件下能自由流动的粉末，采用漏斗法；对于非自由流动的粉末，采用前两种方法。

4.1.2.4 振实密度

振实密度是分体质量中一个重要指标。振实密度测量是指将一定量的粉体装入容器中，在一定条件下振动，直到容器中粉体体积不再减少，读出粉体的体积，然后用粉末的重量除以该体积就得到振实密度。

将烘干处理后的粉体装入样品筒，在天平秤上称量，将筒盖盖在样品筒上，再将该样品筒放入仪器内。样品在拨杆的作用下，自动上下运动，样品筒停止后，由于内盛粉体的惯性仍然向下运动。运动的粉体与样品筒底部发生碰撞，粉体势能转换成动能，再转化成冲量，相互作用于每个颗粒，使颗粒之间的间隙减小，每个颗粒趋向于最稳定的状态。通过多次振实后，粉体的各个颗粒处于势能最小的位置（间隙最小），粉体体积不再变化。将压粉跎放入样品筒，用深度尺测量样品筒的粉体高度，然后用粉体的重量除以体积就得到振实密度。

4.1.2.5 激光粒度分析

对于单个颗粒而言，所谓粒径就是颗粒的直径、颗粒的大小或尺寸，但是由于颗粒形状的不规则性，难以用一个尺度（如粒径）来描述，因此在粒度测试中引入"等效圆球"的概念。一个颗粒的某一物理特性与同质球形颗粒相同或相近时，那么这个球形颗粒的直径就称为该颗粒的等效粒径。根据采用物理特性的不同，粒径测定有多种方法，常见的有等效散射光粒径（激光粒度仪所测的粒径）、等效电阻粒径（库尔特计数器所测的粒径）、stokes 径（沉降法所测的粒径）、等效筛分径（筛分法所测的粒径）等。由于等效的方法不同，一个颗粒也可能有多个不同等效的粒径。

对于一种粉体或各类颗粒样品而言，整体材料中颗粒的大小往往并不完全相同，无法用单个颗粒的大小反映整体材料颗粒的状况，这时需要用粒度分布才能较全面地描述样品的颗粒大小。所谓粒度分布，就是用一定方法反映出一系列不同粒径颗粒分别占粉体总量的百分比。粒度分布有区间分布和累计分布两种形式。区间分布又称为微分分布或频率分布，它表示一系列粒径区间中颗粒的质量分数。累计分布也称积分分布，它表示小于或大于某粒径颗粒的质量分数。一个样品的累计粒度分布百分数达到 50％时所对应的粒径为 $D=50$。它的物理意义是粒径大于该数值的颗粒占 50％，小于它的颗粒也占 50％，也称中位径或中值粒径。常用来表示粉体的平均粒度。

当平行光束照射到一定量的颗粒后，平行光将发生散射现象。一部分光将与光轴成一定角度向外传播，不同角度的散射光通过透镜后在焦平面上将形成一系列有不同半径的衍射光环，由这些光环组成的明暗交替的光斑称为 Airy 斑。该光斑衍射的角度与颗粒的粒径成反向的变化关系，即大颗粒衍射光斑的角度小，小颗粒衍射光斑的角度大。不同大小的颗粒在通过激光光束时，其衍射光会落在不同的位置，位置信息反映颗粒大小；同样大小的颗粒通过激光光束时，其衍射光会落在相同的位置，即在该位置上的衍射光的强度叠加后就比较高。所以衍射光强度的信息反映出样品中相同大小的颗粒所占的百分比。

动态光散射（Dynamic Light Scattering，DLS）又称光子相关光谱（Photon Correlation Spectroscopy，PCS）。如果粒子处于无规则的布朗运动中，从各个粒子发出的相干散射光能够相互叠加，从而使散射光强度在时间上表现为在平均光强附近的随机涨落。波动的频率与颗粒的大小有关，在一定角度下，颗粒越小，涨落越快。通过光子相关器将光强的波动变化速度转化为相关方程，从而得到粒子的扩散速度信息和粒子的粒径 d_h 以及尺寸的分布信息。在粒度测试中主要采用的光散射原理有 Fmunhofer 衍射、Rayleigh-Mie-Gans 散射以及 Doppler 光散射理论等。

激光粒度仪是基于动态光散射技术而设计的，其原理如图 4-1 所示。激光器发射的激光经透镜聚焦后照射到颗粒样品上，在某一固定的散射角下，颗粒的散射光经透镜聚焦后进入光探测器（一般用光电倍增管）。光探测器输出的光子信号经放大和甄别后成为等幅的串行脉冲，经随后的数字相关器做相关运算，求出光强的自相关函数。根据自相关函数所包含的颗粒粒度信息通过计算机计算出粒度分布。

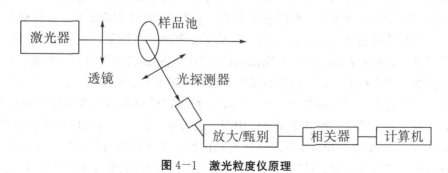

图 4-1　激光粒度仪原理

4.1.2.6 筛分析法

利用按筛孔尺寸由大到小组合的一套筛，借助振动把粉末分成若干等级，称量各级粉末重量，即可计算用质量分数表示的粉末粒度组成，筛网的孔径和粉末的粒度通常以毫米或微米表示，也有以网目数（简称目）表示的。所谓目，就是筛网 1 英寸（即 25.4 mm）长度上的网孔数，可用下式表示：

$$m = 25.4/a + b$$

式中　m——目数；

　　　a——网孔尺寸（mm）；

　　　b——丝径（mm）。

套筛的标准由两个参数决定：①筛比，即相邻两个筛子的筛孔尺寸之比；②基筛，是作为基准的筛子。根据筛比和基筛孔大小的不同，而有各种不同的标准筛制。目前使用的各种筛系，最常见的有美国泰勒（Tyler）标准筛、美国标准筛、日本（标准）标准筛、国际（ISO）标准筛等。标准筛中以泰勒标准筛制应用较为广泛。我国使用的标准筛与国际标准筛基本相同，国际标准筛基本上沿用泰勒标准筛（筛比为 $\sqrt{2}$）。泰勒标准筛有两个序列：一个是基本序列，其筛比是 $\sqrt{2}=1.414$；另一个是附加序列，其筛比是 $\sqrt[4]{2}=1.189$。基筛是 200 目筛子，其筛孔尺寸是 0.074 mm。以 200 目的基筛为起点，如以基本筛序而论，则比它粗的筛子孔径用 $0.074 \times (\sqrt{2})^n$ 计算，例如比 200 目粗一级的筛子的筛孔大小约为 $0074 \times \sqrt{2}=0.104$（mm），采用标准的筛丝编制成筛孔为 0.104 mm 的筛子，每 1 英寸长度上有 150 个筛孔，所以这一号筛孔称为 150 目。比 200 目基筛细的筛子的孔径用 $\dfrac{0.74}{(\sqrt{2})^n}$ 计算（式中的 n 表示 200 目上、下的层数）。一般只采用基本筛序，如果要求更窄的粒级，可插入附加筛序（筛比为 $\sqrt[4]{2}$ 的筛子）。我国干筛分法标准规定筛子的直径为 200 mm，深度为 50 mm，由黄铜或青铜筛布制成；一套筛子能紧密地套在一起；上部加盖，下部加底盘；该标准还规定采用偏心振动式振筛机，转速为 270~300 r/min，振击次数为 140~160 次/min。

筛分时要求待测试样干燥、无润滑，不适用于形状明显不等轴的金属粉末（如片状粉末及颗粒尺寸全部和大部小于 45 μm 的金属粉末）。当金属粉末松装密度大于1.5 g/cm² 时，称取样品 100 g；当松装密度等于或小于 15 g/cm² 时，称取样品 50 g。筛分时按以下步骤进行：①将选好的一套筛子依筛孔尺寸自上而下从大到小叠起，底盘放在最下部，试样倒在顶部的筛子上，然后装上盖子。②将整套筛子牢固地装在振筛机上。一般粉末，开动振筛机振动 15 min。③从一套筛子上取出一个筛子，把它里面的粉末倾倒在光滑纸上。再把附在筛网和筛框底部的粉末用软毛刷刷到相邻的下一个筛子中。然后把筛子反扣在光滑纸上，轻轻地敲打筛框，清除筛子中所有的粉末。依次收集陈套筛中每个筛子上的粉末。④称量各级粉末。最后，粉末量的总和应不少于原来取样称量的 99%，否则须重新测定。筛分结果可以用图、表表示。设筛分时所用筛子数目为 n 个，则可分为 $n+1$ 个筛级。用每个筛级称量得到的粉末量除以所有筛级粉末量总和，计算出各筛级粉末的百分含量，精确到 0.1%。任何小于 0.1% 的筛分量以"痕量"标记。

4.1.3　实验仪器、设备与材料

（1）实验仪器、设备：振动筛、JL－A3 型粉体特性测试仪、JZ－1 型振实密度测试仪。

（2）实验材料：不同粒度的 Fe 粉等。

4.1.4　实验内容与步骤

（1）粉末筛分。利用振动筛将不锈钢粉末筛分成不同的目数，记录各级粉末的重量，画出所用不锈钢粉末的粒度分布图。

（2）测安息角。在 JL－A3 型粉体特性测试仪上检测不同粒度粉末的安息角，采用 A，B 盘两种方式进行，做好记录。

（3）测流动性。在 JL－A3 型粉体特性测试仪上检测不同粒度粉末的流动性，做好记录。

（4）测松装密度。在 JL－A3 型粉体特性测试仪上检测不同粒度粉末的松装密度，做好记录。

（5）测振实密度。在 JZ－1 型振实密度测试仪上检测不同粒度粉末的振实密度，做好记录。

4.1.5　实验记录与数据处理

（1）记录筛分后粉末的粒度分布、测量不同粒度粉末的安息角、流动性、松装密度、振实密度时的原始数据。

（2）作粒度分布图，计算安息角、流动性、松装密度、振实密度等粉体特性指标。

（3）根据实验结果分析粉末粒度对上述粉体特性指标的规律及原因。

4.1.6　实验思考题

粉末流动性的影响因素及其对成型过程的影响有哪些？

参考文献

［1］姚德超. 粉末冶金实验技术［M］. 北京：冶金工业出版社，1990.

4.2　实验 2　粉末冶金材料制备技术实验

4.2.1　实验目的

掌握粉末冶金方法制备材料的工艺，包括球磨、压制、烧结等工艺过程涉及的设备和工艺参数的影响。

4.2.2 实验原理

4.2.2.1 球磨

球磨是粉末冶金工业最常用的手段。普通球磨也称为滚动球磨，它是将球和物料按一定比例放置在封闭筒体内，绕筒体轴向旋转的一种简单球磨方式。滚动球磨是粉末冶金工业应用最广泛的一种球磨方式，以球（根据需要可以选择钢球、硬质合金球、陶瓷球等）作为研磨体。滚动球磨粉碎物料的作用方式有压碎、击碎、磨削三种，主要取决于球和物料的运动状态，而球和物料的运动状态又取决于球磨筒的转速。球和物料的运动有三种基本情况：

（1）球磨转速慢时，球和物料沿筒体上升至自然坡度角，然后滚下，称为泻落。这时物料的粉碎要靠球的摩擦作用。

（2）球磨机转速较高时，球在离心力的作用下，随着筒体上升至比第一种情况更高的高度，然后在重力作用下掉下来，称为抛落。这时物料不仅靠球与球之间的摩擦作用，主要靠球落下时的冲击作用而被粉碎，此时粉碎效果最好。

（3）继续增加球磨机的转速，当离心力超过球体的重力时，球不脱离筒壁而与筒体一起回转，此时物料的粉碎作用将停止。此时球磨机的转速称为临界转速。

实际上，球磨筒内球与物料的运动状态受很多因素影响，实际临界转速随着球磨系统的差异而不同。不论怎样，要粉碎物料，球磨筒的转速必须小于临界转速，一般球在筒体内呈抛落状态时球磨效果最好。当然，球磨效果还受到诸多因素的影响，这些影响因素包括以下几点：

（1）球磨筒的转速。如前所述，球和物料的运动状态是随筒体转速而变的。实践证明，如果物料较粗、较脆，需要冲击时，可使球体发生抛落；如果物料较细，可使球体滚动；如果球体以滑动为主，这时研磨效率低，适用于混料。

推导临界转速时有三个假设，但这些假设条件在现实中都是不存在的，实际上很多矿用球磨机都是在超临界转速下工作的，球磨效率比低转速情况高很多。因此，实际选择球磨转速时应考虑其他因素，结合实际具体分析才能确定。

（2）装球量。在球磨机转速一定的情况下，装球量少，则球以滑动为主，使研磨效率下降；装球量在一定范围内增加，可提高研磨效率；装球量过多，球层之间干扰大，破坏球的正常循环，研磨效率也降低。装球体积与球磨筒体积之比称为装填系数，装球量合适的装填系数以 0.4～0.5 为宜，随转速增加，装填系数可以略微增大。

（3）球料比。一般球体装填系数为 0.4～0.5 时，装料量应该以填满球与球之间的孔隙并稍掩盖住球体表面为原则。如果料太少，则球与球之间碰撞概率增大；而料太多时，磨削面积不够，不能更好地磨细粉末，需要延长研磨时间，这样会降低效率，增大能量消耗。

（4）球的大小。球的大小对物料的粉碎有很大的影响。如果球的直径小，球的质量轻，对物料的冲击作用减弱；如果球的直径太大，则装入球的总数太少，因而撞击次数减少，磨削面积减小，也使球磨效率降低。

（5）研磨介质。球磨可以在空气中进行，为了防止金属粉末氧化，也可以在惰性气体保护气氛下进行，这两种情况都称为干磨。球磨还可以在液体介质中进行湿磨，湿磨介质可以是水、酒精、汽油、丙酮、正己烷等各种液体。水能使金属氧化，一般在湿磨氧化物或陶瓷粉末时采用，金属粉末多采用有机介质进行湿磨。湿磨的优点包括：减少金属氧化；防止金属颗粒的再聚集和长大；在进行两种密度不同粉末混合球磨时可以减少物料的成分偏析；可在液体介质中加入可溶性成形剂（橡胶、石蜡、聚乙二醇等），利于成形剂均匀分布；可加入表面活性剂促进粉碎作用或提高粉末分散性；可减少粉尘，改善劳动环境。湿磨的缺点是增加了辅助工序，如过滤、干燥等。

（6）被研磨物料的性质。被研磨物料是脆性材料还是塑性材料对球磨过程有很大的影响。实践证明，脆性材料虽然硬度大，但容易粉碎；塑性材料虽然硬度小，却较难粉碎。显然这是由于脆性材料和塑性材料的粉碎机理不同。一些塑性材料可以通过人工脆化处理来提高球磨效率，例如 Ti，Zr，可以通过吸氢处理，得到脆性大的氢化物，然后进行球磨，最后通过真空脱氢获得粒度细小的粉末。

（7）球磨时间。通过实践可知，球磨时间越长，则最终粒度越细，但这并不表明无限制地延长研磨时间，粉末就可无限地被粉碎，而是存在着一个极限研磨的颗粒大小，这个极限粒度可称为球磨极限。普通球磨的时间一般是几小时到几十小时。

4.2.2.2　压制

压模压制是指松散的粉末在压模内经受一定的压制压力后，成为具有一定尺寸、形状和一定密度、强度的比坯。当对压模中粉末施加压力后，粉末颗粒间将发生相对移动，粉末颗粒将填充孔隙，使粉体的体积减小，粉末颗粒迅速达到最紧密的堆积。粉末压制时出现的过程有颗粒的整体运动和重排、颗粒的变形和断裂、相邻颗粒表面间的冷焊。

颗粒主要沿压力的作用方向运动。颗粒之间以及颗粒与模壁之间的摩擦力阻止颗粒的整体运动，并且有些颗粒也阻止其他颗粒的运动，最终颗粒变形：首先是弹性变形，接着是塑性交形。塑性变形导致加工硬化，削弱了在适当压力下颗粒进一步变形的能力。与被压制粉末对应的金属或合金的力学性能决定塑性变形和加工硬化的开始。

4.2.2.3　烧结

烧结是粉末或压坯在低于其主要组分熔点的温度下的加热处理，借颗粒间的联结以提高其强度。烧结的结果是颗粒之间发生黏结，烧结使强度增加，而且多数情况下其密度也提高。在烧结过程中，发生一系列的物理和化学变化，粉末颗粒的聚集体变为晶粒的聚集体，从而获得具有所需物理、力学性能的制品或材料。在粉末冶金生产过程中，烧结是最基本的工序之一。从根本上说，粉末冶金生产过程一般是由粉末成型和粉末毛坯热处理这两道基本工序组成的。虽然在某些特殊情况下（如粉末松装烧结）缺少成型工序，但是烧结工序或相当于烧结的高温工序（加热压或热锻）却是不可缺少的。另外，烧结工艺参数对产品性能起着决定性的作用，由烧结工艺产生的废品是无法通过其他的工序来挽救的。影响烧结的两个重要因素是烧结时间和烧结气氛，这两个因素都不同程度地影响着烧结工序的经济性，从而对整个产品成本产生影响。因此，优化烧结工艺，改进烧结设备，减少工序的物质和能量消耗，如降低烧结温度、缩短烧结时间对产品生产的经济性意义还是很大的。

4.2.3 实验仪器、设备与材料

（1）实验仪器、设备：行星式球磨机、液压机、模具、真空烧结炉，精密电子天平、游标卡尺。

（2）实验材料：羰基铁粉、石墨粉末。

4.2.4 实验内容与步骤

（1）球磨。以羰基铁粉、石墨粉为原料，按碳钢的成分配制成合金粉末 50 g（碳含量为 0.1%～2.11%）；以不锈钢球为研磨体，球料比为（3～5）：1，采用干磨的方式进行，球磨时间为 10 min，球磨机转速为 150～300 r/min。

（2）压制。称取一定质量的粉末装入模具中，在 100 MPa 压力下压制成型；压制成型后记录生坯的尺寸与重量，并拍照（用于比较烧结前后的外观）。

（3）烧结。在真空热压炉中进行，本实验升温速度为 10℃/min，最高温度为 1200℃～1300℃，保温时间为 1 h。

（4）检测。烧结完成后，检测材料的尺寸和重量，用排水法检测材料的密度。材料的理论密度就是材料完全没有缺陷（孔隙、孔洞、裂纹、气孔）下单位体积的重量，可根据加和法计算。

$$\rho = 100/(M_a/\rho_a + M_b/\rho_b + M_c/\rho_c)$$

式中　　ρ——密度。

　　　　M——各组分的质量百分数（$M_a + M_b + M_c = 100$）。a，b，c 表示材料的各种组分。一些常见组分的密度：Fe 为 7.86，Fe_3C 为 7.86，石墨为 1.9～2.3。

粉末冶金材料的实际密度取决于其组分的种类、含量和孔隙度等。

采用阿基米德法测量硬质合金材料的密度的方法如下（图 4-2）：

（1）校准电子天平，其感量不得超过 0.1 mg。

（2）清洗试样表面，去除油污和灰尘。

（3）测量试样在空气中的质量［图 4-2（a）］。

（4）测量试样在水中的质量［图 4-2（b）］。

（5）按下式计算密度：

$$\rho = \frac{m_1\rho_1}{m_1 - \rho_2}$$

式中　　m_1——试样在空气中的质量；

　　　　m_2——试样在水中的质量；

　　　　ρ_1——水的密度（表 4-1）。

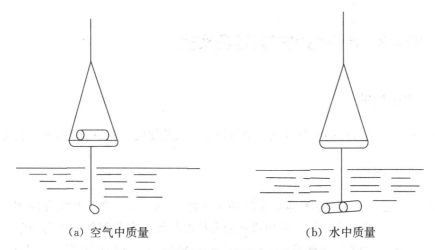

（a）空气中质量　　　　　　（b）水中质量

图 4-2　阿基米德法测量合金材料的密度

表 4-1　不同温度下水的密度

温度（℃）	密度（g/cm³）	温度（℃）	密度（g/cm³）
15	0.9981	23	0.9965
16	0.9979	24	0.9963
17	0.9977	25	0.9960
18	0.9976	26	0.9958
19	0.9974	27	0.9955
20	0.9972	28	0.9952
21	0.9970	29	0.9949
22	0.9967	30	0.9946

测量密度后，通过与其计算理论密度对比，可获得材料的相对密度。

4.2.5　实验记录与数据处理

（1）记录原料的成分，球磨工艺、压制工艺、烧结工艺参数。

（2）绘制粉末压制模具的结构图。

（3）通过生坯的质量和尺寸，计算材料的理论密度、生坯密度和相对密度，烧结品的密度和相对密度。

（4）根据实验结果分析成分和工艺等因素对粉末密度的影响。

4.2.6　实验思考题

确定烧结温度时需要考虑的因素有哪些？

参考文献

［1］曲选辉. 粉末冶金原理与工艺［M］. 北京：冶金工业出版社，2013.

4.3 实验3 硬质合金材料综合实验

4.3.1 实验目的

掌握硬质合金材料的成分特点、制备技术，以及硬质合金的微观组织与性能特点。

4.3.2 实验原理

硬质合金是以一种或多种难熔金属的碳化物（WC，TiC 等）作为硬质相，用过渡族金属（Co 等）作为黏结相，采用粉末冶金技术制备的多相材料。作为切削刀具用的硬质合金，常用的碳化物有 WC，TiC，TaC，NbC 等，常用的黏结相有 Co，Ni，Fe 等。硬质合金具有高强度、高硬度、耐磨损、耐腐蚀、耐高温、线膨胀系数小等优点。在众多的工业部门中得到了广泛的应用，是最优良的工具材料之一。硬质合金的用途主要有三大领域：切削刀具、矿用零件和异型件。

4.3.2.1 常用的硬质合金种类

（1）WC-Co 硬质合金（YG）。WC-Co 硬质合金主要用于加工铸铁、有色金属和非金属材料。加工铸铁时，切屑呈崩碎块粒，刀具受冲击很大，切削力和切削热都集中在刀刃和刀尖附近。YG 类合金有较高的抗弯强度和冲击韧性（与 YT 类比较），可减小切削时的崩刃。同时，YG 类合金的导热性较好，有利于切削热从刀尖散走，降低刀尖温度，避免刀尖过热软化。加工有色金属及其合金时，由于在熔化温度下金属及其合金不会与 WC 产生溶解或溶解速率非常慢，因此，YG 类合金能成功地加工有色金属及其合金。YG 类合金的磨削性较好，可以磨出锐利的刀口，适合加工有色金属和纤维复合材料。YG 类硬质合金中钴含量较多时，其抗弯强度及冲击韧性均较好，特别是提高了疲劳强度，因此适合于在受冲击和振动条件下作粗加工用；钴含量较少时，其耐磨性和耐热性较高，适合于作连续切削的精加工用。当钴含量较少时，合金硬度较高，耐磨性也较好。

（2）WC-TiC-Co 硬质合余（YT）。WC-TiC-Co 硬质合金适合于加工塑性材料，如钢料；钢料加工时塑性变形很大，与刀具之间的摩擦剧烈，切削温度高。YT 类合金具有较高的硬度，特别是有较高的耐热性，在高温时的硬度和抗压强度比 YG 类合金高，抗氧化性能好。另外，在加工钢材时，YT 类合金有很高的耐磨性。而 YG 类硬质合金的导热性较差，切削时传入刀具的热量较少，大部分的热量集中在切屑中，切屑受强热后会发生软化，因而有利于切削过程的顺利进行。YT 类硬质合金中钴含量较多、碳化钛含量较少时，抗弯强度较高，较能承受冲击，适于作粗切削加工用；钴含量较少、碳化钛含量较多时，耐磨性及耐热性较好，适于精加工用。但碳化钛含量越高，其磨削性和焊接性能也越差，刃磨及焊接时容易产生裂纹。

（3）WC-TiC-TaC（NbC）-Co 硬质合金（YW）：在 WC-TiC-Co 硬质合金中加入适量的 TaC 可提高其抗弯强度（显著增加刀刃强度）、疲劳强度、冲击韧性、耐热性、高温硬度、高温强度、抗氧化能力、耐磨性以及抗月牙洼磨损和抗后刀面磨损能力。这类合金既可用于加工钢料（主要用途），又可以加工铸铁和有色金属，故常被称为通用合金（代号 YW）。如果适当提高钴含量，这类硬质合金便具有更高的强度和韧性，可用于各种难加工材料的粗加工和断续切削。

4.3.2.2　硬质合金的制备技术

1. 混合料的制备

使碳化物与黏结相粉末混合均匀，并进一步磨细。硬质合金成品的性能在很大程度上取决混合料的制备。球磨机是制备混合料的主要设备。球磨的各项工艺参数对混合料的质量有明显的影响。工艺参数的选择包括：转速为接近 60% 的临界转速；加入适量的液体介质（酒精、丙酮等）；使用硬质合金球，球的粒径为 5～10 mm，球料比为 2.5∶1～5∶1，装球量为 40%～60%；球磨时间为 24～48 h，细晶硬质合金可增加到 72 h 或更长。

2. 成型

成型的基本目的与要求：使粉末结合为一体并尽可能地使其达到最终制品的形状；成型坯具有一定的强度，以便进行下一道工序；尽量使成型坯各部位的密度均匀。为了减小成型时的摩擦阻力，提高粉末的压制性能，需要在粉末中添加润滑剂。常用的润滑剂有汽油合成橡胶溶液、汽油石蜡溶液、酒精聚乙二醇溶液等。采用自动压机成型时，由于压坯的重量是依靠模腔的容积控制的，所以为了改善物料的流动性，使其均匀地进入模腔，并保证压坯重量的一致性，应该对物料进行制粒。普通模压成型由于操作简单、适用范围广、适用于大批量生产，所以仍然是目前硬质合金企业所采用的主要成型方法。现代先进的压机大都实现了高精度、高速度和自动化，装备有自动拣制品的机械手和自动监控装置。而且所使用的模具也在不断改进，主要表现为模具尺寸精度与表面光洁程度不断提高，逐渐由单向压制转为双向压制，发展组合模具以适应复杂形状零件的成型。除上述成型方法之外，挤压成型、注射成型、压注成型、粉末轧制、冲击成型、增塑毛坯成型等工艺也用于硬质合金。

3. 烧结

烧结是硬质合金生产中的重要工序，其目的是使制品强化，达到最终要求的物理力学性能。硬质合金的烧结是典型的液相烧结，可分为 3 个阶段：

第一阶段通常是指 1000℃ 以下的烧结，该阶段所发生的主要变化有：压坯中残余应力逐渐消失，吸附的水分及成型剂挥发，钴粉表面氧化膜的还原，等等。

第二阶段的烧结温度为 1380℃～1490℃，保温时间为 30～120 min。钴与碳化钨能够形成低熔点共晶体，出现液相是该阶段的主要特征。由于液相的出现，该阶段的主要变化有：碳化物逐渐溶解于液相；粉末颗粒由于液相的表面张力作用而逐渐相互靠拢，颗粒与颗粒之间以及颗粒与液相之间的接触紧密程度增加。

第三阶段是冷却阶段。该阶段的主要变化有：液相量随温度的降低而减少；液相中碳化物的溶解度降低，有部分碳化物从液相中析出；碳含量过高时可能会形成游离碳，过低时可能会形成 η 相。

4.3.2.3 硬质合金的组织与性能

1. 金相观察

硬质合金的孔隙度和非化合碳的金相观察按照 GB/T 3489—1983 进行，采用上海光学仪器厂的 4XB 金相显微镜观察。硬质合金试样先在金刚石砂轮上进行粗磨，然后在细呢子布上用 $5~\mu m$，$3.5~\mu m$，$1~\mu m$ 的金刚石研磨膏依次进行抛光，试样抛光至无磨痕或划痕时方可观察。小于或等于 $10~\mu m$ 的孔隙，在放大 100 倍下观察磨面，进行评定。选择充分代表试样磨面的某个面积，根据所用放大倍数，与标准图片比较，得出孔隙度的级别，记为 A02，A04，A06 或 A08。$10\sim25~\mu m$ 的孔隙，在放大 100 倍下观察磨面，进行评定。选择充分代表试样磨面的某个面积，根据所用放大倍数，与标准图片比较，得出孔隙度的级别，记为 B02，B04，B06 或 B08。大于 $25~\mu m$ 的孔隙，应在放大 100 倍下进行检验、计算并得出单位面积上的孔隙数，尺寸范围按如下选择：$25\sim75~\mu m$，$75\sim125~\mu m$，大于 $125~\mu m$。在放大 100 倍下，观察试样磨面，评定非化合碳，检查充分代表试样磨面的某个面积，与标准图片比较，得出非化合碳的级别，记为 C02，C04，C06 或 C08。如未发现 A 或 B 类孔隙或非化合碳，则记为 A00，B00，C00。

硬质合金显微组织的观察按 GB/T 3488—1983 进行，在 1500 高倍下，采用不同的腐蚀工艺（表 4-2），显示并观察 α 相（WC 相）、β 相（黏结相）、γ 相（具有立方晶格的碳化物如 TiC，TaC 等，此碳化物可以以固溶体形式包含其他 WC 如 WC）、η 相（钨和至少含有一种黏结相金属的复合碳化物）。

表 4-2 硬质合金金相腐蚀方法

腐蚀工艺	腐蚀剂成分	腐蚀条件	腐蚀的应用
1	A. 新配置的等量的 10%～20%（质量）铁氰化钾（111）和氢氧化钠或氢氧化钾的混合水溶液	在温度约 20℃下于混合液 A 中腐蚀 1～20 s。立即用水冲洗，不要去掉氧化层。用丙酮或乙醇仔细地将表面弄干，但不要擦拭	显示 η 相
2	A. 见工艺 1 B. 同体积的 A 与浓盐酸和水（1：1）的混合液	在温度约 20℃下于混合液 A 中腐蚀 3～4 min，然后用水冲洗，并在 B 溶液中腐蚀约 10 min，接着用水冲洗，再用酒精洗，将试样弄干，最后在 A 溶液中腐蚀约 20 min	显示 γ 相
3	A. 见工艺 1	在温度约 20℃下于 A 溶液中腐蚀 3～6 min	显示 α 相

按工艺 1 腐蚀，η 相由橘红色变为褐色，而其他相不被腐蚀。按工艺 2 腐蚀，β 相呈现浅黄褐色且具有典型的球状。按工艺 3 腐蚀，观察 α 相，呈灰白色，常具有棱角形状。磨面按工艺 2 或 3 腐蚀后，可鉴别 β 相，此相呈白色。

2. 密度

硬质合金的密度检测按照 GB/T 3850—1983，采用精度为 0.0001 g 的电子天平进行检测。首先将 20 mm×6.5 mm×5.25 mm 的试样条表面磨光并用无水酒精洗去灰尘、油污等外来物；根据阿基米德原理（排水法），硬质合金试样在水中所受浮力等于排开同体积水的重力，分别测出硬质合金试样在水中和空气中的质量，便可根据下式计算出合金的实际密度 ρ：

$$\rho = \frac{m_空 \rho_水}{m_空 - \rho_水} \tag{4-1}$$

式中　$\rho_水$——蒸馏水的密度，与温度有关，单位为 g/cm³；

　　　$m_空$——硬质合金试样在空气中称得的质量，单位为 g；

　　　$m_水$——硬质合金试样浸在水中称得的质量，单位为 g。

3. 硬度

硬质合金的硬度检测按照 GB/T 3849—1983 进行，采用 HR-150A 洛氏硬度计进行检测，其金刚石压头符合 GB/T 2848—1992 要求的 120° 的金刚石圆锥。烧结后的试样表面磨去 0.2～0.3 mm，粗糙度 $Ra \leqslant 2~\mu m$，平行度每 10 mm 不超过 0.1 mm。压头在 10 kg 的初始试验力和 50 kg 的主试验力的作用下两次压入试样中，用深度测量装置得出硬度指合金抵抗受压变形的能力，生产中应用最多的是压入法测硬度，如布氏硬度、洛氏硬度、维氏硬度和显微硬度，而硬质合金主要采用洛氏硬度和维氏硬度，本书采用的是洛氏硬度。

洛氏硬度的测量是借助一个硬质的压头（金刚石圆锥体），在一定的载荷下压入欲测材料的表面。当压头压入时，它首先需要克服材料对弹性变形阻力，然后克服微量塑性变形阻力，最后在相当大的载荷下继续克服大量塑性变形阻力。材料克服变形阻力的大小，就是其硬度的大小。洛氏硬度有 A，B，C 三种标尺，硬质合金的硬度通常用洛氏硬度 A 刻度，即 HRA。此种刻度的压头类型为顶角为 120° 的金刚石锥，所加载荷为 60 kg，适合洛氏硬度 70 以上，测量精度为 0.1。

4. 横向断裂强度

硬质合金横向断裂强度检测按 GB/T 3851—1983 进行，选用截面为矩形的 (20 ± 1) mm×(6.5 ± 0.25) mm×(5.25 ± 0.25) mm 的 B 型试样。试样在烧结态后用金刚石砂轮进行磨削，总厚度不应少于 0.1 mm，每次不得超过 0.01 mm，且全部磨痕应与长度方向平行，表面粗糙度 $Ra \leqslant 0.4~\mu m$。试样条的四个长棱应磨出 0.15～0.2 mm 的倒角，全部磨痕也应与长度方向平行。试样处理后自由地平放在两个支承圆棒上，试样的长度方向与支承圆棒的轴向垂直，同时将宽面放置在支承圆棒上，跨距为 (14.5 ± 0.5) mm，然后在跨距中点将加力圆棒（或球）缓慢地与试样相接触，以每秒不超过 200 N/mm² 的均匀速度（相当于每秒 1600 N 的最大速度增加力）对试样增加应力，在短时静态作用力下，使试样断裂。

硬质合金的横向断裂强度按以下公式计算：

$$R = \frac{3KFL}{2BH^2} \tag{4-2}$$

式中　F——断裂试验所需要的力，单位为 N；

　　　L——两支承点间的距离，单位为 mm；

　　　B——与试样高度垂直的宽度，单位为 mm；

H——与施加的作用力平行的试样高度，单位为 mm；

K——补偿倒棱的修正系数。

横向断裂强度为 5 个试样的平均值。

5. 矫顽磁力

硬质合金的矫顽磁力检测按照 GB/T 3848—1983 进行，采用矫顽磁力计。其测试原理是将硬质合金试样在直流磁场中磁化到技术磁饱和状态，然后使试样完全去磁（$M=0$），这一过程所需要的反向磁场的大小，即为所需要测定的矫顽磁力 H_c。

6. 磁饱和

硬质合金的磁饱和检测按照 GB/T 23369—2009 进行，采用矫顽磁饱和仪。其测试原理是将测试试样放在稳定磁场中，该磁场可由直流线圈或者永久磁铁产生。试样在磁场中磁化达到饱和状态并被转换成试样中可磁化的黏结相总量，在测量设备感应线圈中产生感应电流。产生的感应电流与测试试样中可磁化的黏结相总量的百分率成正比，可通过测量感应电流来计算试样的磁饱和。

4.3.3 实验仪器、设备与材料

（1）实验仪器、设备：行星球磨机、液压机、真空干燥箱、模具、真空烧结炉、万分之一精密天平、硬度计。

（2）实验材料：WC，Co，Ni，Fe，（W，Ti）C 粉末，橡胶，石蜡，聚乙二醇，无水乙醇。

4.3.4 实验内容与步骤

（1）学生选题。学生分组选题，查阅资料并完成"项目方案设计报告"。"项目方案设计报告"中应包括实验项目、研究背景、实验材料与方法、实验方案设计、实验步骤，以及实验中涉及的安全、健康、环境等问题。其中，实验方案设计应包括：①成分设计。根据理论密度，确定 WC−Co 硬质合金的 Co 含量。②配料方案。体系的碳含量设计计算，确定配料时的炭黑/W 粉，Co、WC 的加量。③压制参数。压制两种样品时的生坯单重（烧损按 0.98 计）、压制高度（模具收缩系数为 1.23）。

（2）实验过程实施。基本的硬质合金材料的制备工艺如下：

①球磨。

球磨的作用是通过球磨罐中研磨体的冲击、磨耗、剪切、压缩等作用，使原料粉末得到均匀混合和细化。采用电子天平按照一定的配方准确称量，将混合粉末配制好后，装入球磨罐中进行球磨。球磨在国产辊式球磨机上进行，不锈钢球磨罐的体积为 1 L，研磨体为 ϕ6 mm 大小的 WC−6 wt% Co 超细硬质合金球，球料比为 10∶1，研磨介质为无水乙醇，加量为 300 mL，研磨速度为 56 r/min。也可以采用行星球磨机进行球磨。

②掺胶。

掺胶的作用是改善混合料成型时的成型性，使制品具有一定的强度和密度，并能保持一定的几何形状与尺寸。经过一定时间的研磨后，将料浆经 400 目筛网过滤、卸入料

③压制。

压制的作用是使无定型的粉末在压力的作用下形成具有规则形状的生坯。经过干燥和过筛 80 目后得到的粉末在 50~100 MPa 下利用模具压制成各种形状（抗弯强度试样条和切削刀片）的生坯。

④烧结。

烧结的目的是实现生坯的致密化和获得具有一定力学性能的合金材料。烧结在真空炉中进行，烧结过程分为低温脱成型剂阶段、固相烧结阶段、高温液相阶段和随炉冷却阶段。

⑤微观组织与物理力学性能检测。

分析材料金相组织、硬度、密度、致密度、断裂韧性、磁性能等。

⑥切削性能试验。

将硬质合金制成切削刀片，进行切削性能实验，评价硬质合金刀片的磨损性能或寿命。

4.3.5　实验记录与数据处理

（1）记录硬质合金制备的工艺条件和参数。

（2）记录硬质合金组织和性能的检测结果，见表 4-3。

表 4-3　硬质合金的组织与物理力学性能

硬质合金成分	A 类孔隙	B 类孔隙	C（非化合碳）	理论密度	实际密度	相对密度	硬度	断裂韧性

（3）提供硬质合金的金相照片，并用箭头和代表符号标明各组织组成物，并注明样品成分、浸蚀剂和放大倍数。

（4）根据实验结果分析硬质合金中孔隙、脱碳或石墨相的形成原因。

4.3.6　实验思考题

试描述硬质合金液相烧结过程中 WC 晶粒生长的过程。

参考文献

［1］曲选辉. 粉末冶金原理与工艺［M］. 北京：冶金工业出版社，2013.

［2］中华人民共和国国家质量监督检验检疫总局，中国国家标准化管理委员会. GB/T 3489—1983　硬质合金孔隙度和非化合碳的金相测定［M］. 北京：中国标准出版社，1983.

［3］中华人民共和国国家质量监督检验检疫总局，中国国家标准化管理委员会. GB/T 3488—1983　硬质合金显微组织的金相测定［M］. 北京：中国标准出版社，1983.

［4］中华人民共和国国家质量监督检验检疫总局，中国国家标准化管理委员会. GB/T 3850—1983　致密烧结金属材料与硬质合金密度测定方法［M］. 北京：中国标准出版社，1983.

盘，沉淀约 12 h，将料盘中上层酒精倒出，然后将料盘放入电热真空干燥柜中干燥 50~60 min（干燥温度 90℃~100℃），取出料盘，将粉末振动过筛 80 目。掺入 SD 橡胶溶液作为成型剂，掺入比例为 90 mL/kg。

③压制。

压制的作用是使无定型的粉末在压力的作用下形成具有规则形状的生坯。经过干燥和过筛 80 目后得到的粉末在 50~100 MPa 下利用模具压制成各种形状（抗弯强度试样条和切削刀片）的生坯。

④烧结。

烧结的目的是实现生坯的致密化和获得具有一定力学性能的合金材料。烧结在真空炉中进行，烧结过程分为低温脱成型剂阶段、固相烧结阶段、高温液相阶段和随炉冷却阶段。

⑤尺寸、微观组织与物理力学性能检测。

检测样品尺寸，分析样品的金相组织、硬度（HV30）、密度、致密度、断裂韧性（压痕法）等，评价是否达到项目目标并分析原因。

4.3.5　实验记录与数据处理

（1）记录硬质合金制备的工艺条件和参数。

（2）记录硬质合金组织和性能的检测结果，见表 4-3。

表 4-3　硬质合金的组织与物理力学性能

硬质合金成分	A 类孔隙	B 类孔隙	C（非化合碳）	理论密度	实际密度	相对密度	硬度	断裂韧性

（3）提供硬质合金的金相照片，并用箭头和代表符号标明各组织组成物，并注明样品成分、浸蚀剂和放大倍数。

（4）根据实验结果分析硬质合金中孔隙、脱碳或石墨相的形成原因。

4.3.6　实验思考题

试描述硬质合金液相烧结过程中 WC 晶粒生长的过程。

参考文献

［1］曲选辉. 粉末冶金原理与工艺［M］. 北京：冶金工业出版社，2013.

［2］中华人民共和国国家质量监督检验检疫总局，中国国家标准化管理委员会. GB/T 3489—1983　硬质合金孔隙度和非化合碳的金相测定［M］. 北京：中国标准出版社，1983.

［3］中华人民共和国国家质量监督检验检疫总局，中国国家标准化管理委员会. GB/T 3488—1983　硬质合金显微组织的金相测定［M］. 北京：中国标准出版社，1983.

［4］中华人民共和国国家质量监督检验检疫总局，中国国家标准化管理委员会. GB/T 3850—1983　致密烧结金属材料与硬质合金密度测定方法［M］. 北京：中国标准出版社，1983.

滑剂能减小或完全消除摩擦副的黏结和卡滞，故通常称它们为抗卡剂或摩擦稳定剂。属于这类组元的有：石墨和钼、铜、锌、钡、铁等的硫化物，氮化硼及低熔点纯金属铅、锡、铋、锑等，一些金属氧化物如氧化铅、氧化镍、氧化钴等的添加也可造成摩擦表面的润滑。

（3）调节相互力学作用大小的组元，通常称它们为摩擦剂。摩擦组元能切削转移到对偶面上的堆积物和氧化物，保持对偶表面的清洁，稳定摩擦系数。切削对偶时，增加了摩擦滑动的阻力。基体中适当分布一定的摩擦硬质组元，尤其是在高温时，可防止基体流动，起到基石的作用，增强耐磨损性。它们的作用是补偿固体润滑剂的影响及在不损害摩擦表面的前提下增加滑动的阻力。此外，这类组元能促进形成多相组织，减少表面黏结和卡滞。属于这类组元的有：硅、铝、铬的氧化物，碳化硅和碳化硼，矿物性的复杂化合物（石棉、莫来石、蓝晶石、硅灰石），以及硬质金属钼、钨和铬等。

粉末冶金摩擦材料除基体组元（基本的和辅助的）、摩擦调节剂和固体润滑剂（金属的和非金属的）以外，还有孔隙。孔隙的大小、形状及分布对材料的性能有着重要的影响，特别是对油中工作的材料影响较大。基体的基本组元是铜或铁，辅助组元是那些加入后能保证在烧结时出现液相以及与基体能牢固结合，并能提高基体硬度的金属组元。

1. 形成金属基体的组元

铜广泛用作摩擦材料的基体。在铜基材料中，铜含量的范围为 $50\%\sim90\%$。铜具有高的热导率，保证摩擦过程散热良好；具有良好的塑性，铜粉易于压制；铜与氧的亲和力小，在空气中氧化速度缓慢，烧结时对保护气氛无特殊要求，容易烧结，但很少采用纯铜作为摩擦材料的基体。为了强化铜，使其具有良好的耐热性和摩擦性能，通常往铜粉中加入其他金属粉末，以便烧结过程中的合金化。用得最广泛的合金元素是锡，加入量为 $4\%\sim12\%$。铜-锡合金属于在摩擦条件下工作最有效的合金之一，生产铜-锡合金零件在工艺上没有困难。铜粉中加入锡粉后提高了压坯强度，也提高了烧结制品的强度和硬度。铜—锡二元合金的磨损量随锡含量的增加有些许降低，摩擦系数相当高（$0.4\sim0.6$），但不稳定。

铁的熔点高，它的强度、硬度、塑性、耐热强度和抗氧化性可通过添加各种合金元素进行调整；铁粉资源丰富，价格便宜；铁粉及铁粉为基的混合料易于压制和烧结，所以铁作为摩擦材料的基体是适宜的。铁作为摩擦材料基体的严重缺点是与对偶（铸铁或钢）具有亲和性，有利于胶合过程的发展，而通过加入其他元素使铁合金化，以降低铁的塑性，提高强度、屈服极限和硬度，在很大程度上可以克服这一缺点。

2. 起固体润滑剂作用的组元

为改进粉末冶金摩擦材料的抗胶合性能和耐磨性能，材料中要加入一定量的固体润滑剂。固体润滑剂中有的是金属，有的是非金属。金属有铅、铋、锑等低熔点金属；非金属有石墨、二硫化钼、二硫化钨、硫化亚铜、一些金属的磷化物（铜、镍、铁、铀）、氮化硼、滑石、某些氧化物。铁基材料中还有硫酸钡、硫酸亚铁等。上述润滑剂中得到广泛应用的是层状结晶构造的润滑剂，首先是石墨、二硫化钼，其次是氮化硼。这些润滑剂的作用机理是不同的。其他起固体润滑剂作用的组元包括滑石、萤石、冰晶石、云母、蛭石等。

3. 摩擦剂

固体润滑剂减小材料的磨损，促进摩擦副工作稳定，但降低摩擦系数。为了提高摩擦系数达到要求的水平，材料中需加入摩擦剂。加入摩擦剂除了提高摩擦系数以外，还消除对偶表面上从摩擦片转移过来的金属，并使对偶表面的擦伤和磨损很小。因此，摩擦剂的基本任务是对对偶件无磨料磨损，使对偶表面保持良好性能，保证摩擦表面最佳啮合。所以在选择摩擦组元时，必须首先注意它与基体相比较的硬度及颗粒形状和大小。

对摩擦组元的要求：①熔点和离解热高；②从室温到烧结温度或使用温度的范围内无多晶转变；③与其他组分或烧结气氛不发生化学反应；④具有足够高的强度和硬度，保证在摩擦过程中破坏它需耗费大量能量，强度和硬度又不能太高，否则会使对偶过度磨损；⑤基体合金对摩擦组元润湿性能要好。金属氧化物，一些碳化物、硅化物、硼化物，以及难熔金属能够满足上述要求。对金属氧化物的补充要求是，与基体金属相比，它应具有较负的标准电势，否则在烧结过程中，氧化物将被基体金属还原。

4.4.3　实验仪器、设备与材料

（1）实验仪器、设备：行星球磨机、液压机、真空干燥箱、模具、真空烧结炉、天平、硬度计、摩擦磨损试验机。

（2）实验材料：Fe、Cu、石墨粉、MoS_2 等原料粉末，Al_2O_3，SiC。

4.4.4　实验内容与步骤

（1）学生选题。学生查阅资料自行制定或根据教师指定的设计目标完成选题。建议题目如下："Fe 粉粒度对摩擦材料组织性能的影响""烧结工艺对摩擦材料组织性能的影响""Fe 含量对摩擦材料组织性能的影响""Cu 含量对摩擦材料组织性能的影响""MoS_2 含量对摩擦材料组织性能的影响"　"石墨含量对摩擦材料组织性能的影响""Al_2O_3 含量对摩擦材料组织性能的影响""SiC 含量对摩擦材料组织性能的影响"。

（2）查阅资料完成《实验方案设计报告》。实验方案中应包括实验目的、研究背景、实验材料与方法、实验内容、实验步骤等。

（3）实验过程实施。按配料、球磨、压制、烧结等步骤制造摩擦材料，并对摩擦材料的微观组织、硬度等性能进行表征，完成摩擦实验分析及摩擦系数变化分析。

4.4.5　实验记录与数据处理

（1）记录摩擦材料制备的工艺条件和参数。

（2）记录摩擦材料组织和性能的检测结果，见表 4-4。

表 4-4　摩擦材料的组织与物理力学性能

摩擦材料成分	理论密度	实际密度	相对密度	硬度	摩擦系数

（3）提供摩擦材料的金相照片，并用箭头和代表符号标明各组织组成物，并注明样品成分、浸蚀剂和放大倍数。

（4）根据实验结果分析摩擦材料的组织与性能对摩擦磨损性能的影响。

4.4.6　实验思考题

石墨降低摩擦系数的原因是什么？

参考文献

［1］曲在纲，黄月初. 粉末冶金摩擦材料［M］. 北京：冶金工业出版社，2004.

4.5　实验 5　基于溶胶—凝胶法的超细粉体的制备与表征

4.5.1　实验目的

掌握溶胶—凝胶（Sol—Gel）法制备超细粉体的基本原理，并根据粉体表征结果进行制备工艺参数优化。

4.5.2　实验原理

溶胶—凝胶法是金属有机物或无机化合物经过溶液、溶胶、凝胶而固化，再经过热处理而成氧化物或其他化合物固体的方法，是湿化学反应方法之一。其主要反应步骤是前驱物溶于溶剂（水或有机溶剂）中形成均一的溶液，溶质与溶剂产生水解或醇解反应聚集成 1 nm 左右的粒子并组成溶胶，经蒸发干燥转化为凝胶。目前采用的溶胶—凝胶法制备技术，按其产生溶胶、凝胶的机制主要有 3 种：

（1）通过控制溶液中金属离子的沉淀过程，使形成的颗粒不团聚成大颗粒而沉淀，得到稳定均匀的溶胶，再经过蒸发溶剂脱水得到凝胶。

（2）通过可溶性聚合物在水或有机相中的溶胶—凝胶过程，使金属离子均匀地分散在其凝胶中。常用的聚合物有聚乙烯醇、硬脂酸、聚丙烯酰胺、柠檬酸等。

（3）利用络合剂使金属离子形成络合物，再经过溶胶—凝胶过程形成络合物凝胶。

溶胶—凝胶法的优点是：能够保证严格控制化学计量比，以实现高纯化，原料容易获得工艺简单，反应周期短，反应温度和烧结温度低，产物粒径小，分布均匀。由于凝胶中含有大量的液相或气孔，在热处理过程中不易使颗粒团聚，得到的产物分散性好。因此，近年颇受人们的关注。

采用正硅酸乙酯（TEOS）为原料，典型的 Sol—Gel 法（一步法）反应为

$$Si(OC_2H_5)_4 + 4H_2O \longrightarrow Si(OH)_4 + 4C_2H_5OH(水解) \tag{1}$$

$$nSi(OH)_4 \longrightarrow nSiO_2 + 2nH_2O(缩聚) \tag{2}$$

具体的过程可用以下方程来描述：

$$Si(OR)_4 + xH_2O \longrightarrow Si(OR)_{4-x}(OH)_x + xROH \quad (x = 1,2,3,4) \tag{3}$$

$$\equiv Si—OR + RO—Si \equiv \longrightarrow \equiv Si—O—Si \equiv + R—OR \tag{4}$$

$$\equiv Si—OR + HO—Si \equiv \longrightarrow \equiv Si—O—Si \equiv + ROH \tag{5}$$

$$\equiv Si—OH + HO—Si \equiv \longrightarrow \equiv Si—O—Si \equiv + H_2O \tag{6}$$

在室温下，(4)、(5) 的缩合反应速度很慢，(6) 的反应速度较快；但在较高温度下，(4)、(5) 反应以明显速度进行。所以，要使体系在低温下生成足够的 Si—OH 以便缩合反应以一定的速度进行，应将体系中的含水量提高到一定程度。为了加快反应速度，应适当提高体系的温度或加入催化剂（如盐酸或氨水）。

硅醇盐的水解机理已为同位素 ^{18}O 所验证，即水中的氧原子与硅原子进行亲核结合：

$$(RO)_3Si—OR + H^{18}OH \longrightarrow (RO)_3Si—^{18}OH + ROH$$

在酸催化条件下，H^+ 首先进攻 TEOS 分子中的一个 —OR 集团并使之质子化，造成电子云向该 —OR 集团偏移，使硅原子核的另一侧面空隙加大并呈亲电子性，负电性较强的 Cl^- 因此得以进攻硅离子（其中 Cl^- 也起到了催化作用），使 TEOS 水解；在碱性条件下，OH^- 直接对硅原子发动亲核进攻，并导致电子云向另一侧的 —OR 集团偏移，致使该集团的 Si—O 键削弱而断裂，完成水解反应。

凝胶的制备方法大体可分为两种，即一步法和两步法。一步法：按一定比例称量出 TEOS、H_2O、乙醇（EtOH），在一定温度下混合均匀，调节 pH 值或加入其他添加剂，继续搅拌至溶液黏度变大，放置形成凝胶，按 pH 值不同可分为酸催化法和碱催化法。两步法：第一步首先将 TEOS 与 EtOH 及部分化学计量的 H_2O（约 1/4）混合搅拌，在酸性条件下，让醇盐部分水解、部分缩聚，形成浓聚二氧化硅；第二步将剩余水加入，调节 pH 值，在碱性条件下进一步完全水解缩聚形成凝胶。

4.5.3 实验仪器、设备与材料

(1) 实验仪器、设备：恒温水浴锅，搅拌机，热处理炉，烧杯、电子天平、玻璃棒、pH 试纸。

(2) 实验材料：分析纯正硅酸乙酯等先驱体、无水乙醇、蒸馏水、稀盐酸。

4.5.4 实验内容与步骤

(1) 学生选题。学生查阅资料自行制定或根据教师指定的设计目标完成选题。可针对 SiO_2，ZnO，Al_2O_3，Fe_2O_3 等研究制备技术并进行表征。

(2) 查阅资料完成《实验方案设计报告》。实验方案中应包括实验目的、研究背景、实验材料与方法、实验内容、实验步骤等。

(3) 实验过程实施。按制定的实验步骤进行实验。SiO_2 制备与表征的实验步骤：

①按计算的结果配料，准确称量分析纯正硅酸乙酯和无水乙醇、蒸馏水并混合。②用稀盐酸将混合溶液的 pH 值调整为 3～5。③将混合溶液置于恒温水浴中加热至 80℃，搅拌 24 h。④常温下将溶胶进行陈化，当溶胶失去流动性时形成凝胶。⑤凝胶形成后，将形成的凝胶放入低温（28℃）的烘箱中老化。⑥将干凝胶在 150℃温度下干燥，干燥后形成细粉末。⑦改变溶胶—凝胶工艺参数催化剂的浓度、[H_2O] / [TEOS] 摩尔比、干燥控制化学添加剂（DC-CA）的加入、温度等因素制备粉末。⑧采用激光粒度分析超细粉体的粒度分布。

4.5.5　实验记录与数据处理

（1）记录溶胶—凝胶制备超细粉末的工艺过程与工艺参数。
（2）记录制备的超细粉末的激光粒度分布分析结果。
（3）根据实验结果分析各因素对凝胶过程及超细粉体粒度的影响。

4.5.6　实验思考题

简述溶胶—凝胶法制备超细粉体的优点和缺点。

参考文献

[1] 邹建新. 材料科学与工程实验指导教程 [M]. 成都：西南交通大学出版社，2010.

[2] 张锐，秦丹丹，王海龙，许红亮. 溶胶凝胶法制备 SiO_2 工艺 [J]. 郑州大学学报（工学版），2006，27（3）：119-122.

[3] 干福熹. 现代玻璃科学技术（下册）：特种玻璃工艺 [M]. 上海：上海科学技术出版社，1990.

[4] 陈兴明，朱世富，赵北君，等. HCl-NH_3 双组分催化正硅酸乙酯快速制备 SiO_2 气凝胶 [J]. 现代化工，2003，23（S1）：147-150.

第5章　铸造综合实验

5.1　实验1　原砂特性测试综合实验

5.1.1　实验目的

(1) 学习和掌握原砂含泥量的测定原理和方法。
(2) 学习和掌握原砂的粒度分布的测定原理和方法。
(3) 了解角形系数的测试和计算方法。

5.1.2　实验原理

砂型铸造的造型材料是指由砂、黏结剂和添加剂物质混合而成的混合料，这样的混合料称为型砂或芯砂。混合料中的砂，被称为原砂，原砂是混合料的骨干材料，占比很高，黏结剂和添加剂物质仅占很小的比例。原砂是指以 SiO_2 为主的石英质砂。

5.1.2.1　原砂含泥量

原砂含泥量是指砂中颗粒直径小于 $22~\mu m$ 的细粉的质量分数。合泥量对型砂（芯砂）的性能有很大的影响，泥分会降低砂型的透气性、耐火度、韧性等，因此，含泥量是原砂质量的主要指标之一。通常情况下，铸铁件和铸钢件的原砂含泥量小于 2%。

所谓"泥"与"砂"是按其颗粒大小来区分的，而直径不同的颗粒在水中的沉降速度是不同的，利用这一特性，用冲洗法就能将"砂"和"泥"分开。颗粒的沉降速度 v 可按斯托克斯公式计算：

$$v = \frac{(\rho - \rho_0)d^2 g}{18\eta} \qquad (5-1)$$

式中　d——砂粒直径；

　　　ρ，ρ_0——砂粒密度、水密度；

　　　η——水的动力黏度；

　　　g——重力加速度。

室温时：$\rho = 2.62 \times 10^3~kg/m^3$，$\rho_0 = 1 \times 10^3~kg/m^3$，$\eta = 0.001~Pa \cdot s$，代入公式，得

$$v = 8.82 \times 10^5 d^2 \qquad (5-2)$$

泥与砂的区别以颗粒直径 $2.2 \times 10^{-5}~m$ 为界点，可求得临界沉降速度为

$$v_c = 8.82 \times 10^5 \times d^2 = 8.82 \times 10^5 \times (2.2 \times 10^{-5})^2 = 269 \times 10^{-4} (\text{m/s})$$

$$(5-3)$$

可知，颗粒直径大于 2.2×10^{-5} m 的砂，其沉降速度将大于 v_c；颗粒直径小于 2.2×10^{-5} m 的泥，其沉降速度小于 v_c。如取下沉深度为 0.125 m，则以分钟为单位的临界沉降时间 t_c 为

$$t_c = \frac{H}{v_c} = \frac{0.125}{4.269 \times 10^{-4} \times 60} = 4.88 (\text{min})$$

$$(5-4)$$

如将砂样置于水中，经充分搅拌，使砂样完全悬浮，然后静置约 5 min，则砂粒将沉至 125 mm 以下，泥则悬浮于水中而被吸去，从而达到了泥砂分离的目的。考虑到开始沉降时，由于水含泥量较多，砂粒的沉降速度因可能与泥分碰撞而延缓，所以开始静置时，取沉降时间为 10 min。

上述清洗要进行若干次，直到上部水清为止，然后取出沉淀的砂粒，烘干，称重，计算其失重的百分数即为含泥量 x：

$$x = \frac{G - G_1}{G} \times 100\%$$

$$(5-5)$$

式中　G，G_1——冲洗前后的试样重量。

在测定含泥量时，需加入质量分数为 5% 的焦磷酸钠溶液，目的是促使泥分从砂粒上分离，并使砂粒分散和防止黏土凝聚。

原砂含泥量的测定方法按照 GB/T 2684—2009 的规定进行。

5.1.2.2　原砂的粒度分布

原砂的粒度是指砂颗粒的大小及不同大小砂颗粒所占的比例。原砂的粒度与砂型的透气性、强度等性能直接相关，进而影响铸件的表面质量。因此，粒度是原砂的主要性能指标之一。

根据 GB/T 2684—2009 规定，采用筛分法测定原砂的粒度。通常用经过泥分测试并烘干至恒重的原砂作为测试粒度的样品；特殊说明不需要测量泥分时，可直接用原砂作为测试粒度的样品 (50±0.01) g。

测量原砂的粒度需要使用筛砂机和标准筛。铸造实验用筛砂机包括振摆式筛砂机和电磁微震式筛砂机，标准筛型号、筛号、筛孔尺寸如表 5-1 所示。

表 5-1　铸造用试验筛型号、筛号与筛孔尺寸对照表

型号	SBS01	SBS02	SBS03	SBS04	SBS05	SBS06
筛号	6	12	20	30	40	50
筛孔尺寸（mm）	3.305	1.700	0.850	0.600	0.425	0.300
型号	SBS07	SBS08	SBS09	SBS10	SBS11	
筛号	70	100	140	200	270	底盘
筛孔尺寸（mm）	0.212	0.150	0.106	0.075	0.053	

在测定前，先检查各个筛子是否完好、干净，然后从 6 号筛开始，按筛号由小到大、最后底盘的顺序将筛子从上到下叠好，将待测试原砂样品放在最上面的 6 号筛中。将全套筛子放到筛砂机上固定；设置筛砂机的筛砂时间 12~15 min（若采用电磁微振式筛砂机筛分，还需设定振频和振幅，振幅设定为 3 mm）。筛分自动停机后，取下筛子，将每一个筛子以及底盘上残留的砂粒分别倒在光滑的纸上，并用软刷仔细地从筛子的背面清理筛底和筛壁。称量每个筛子上取下的砂粒重量（精确至 0.01 g），然后计算其百分比。将每个筛子和底盘上原砂的质量与泥分质量相加，总重量不应超过(50±1) g，否则需要重新测试。

原砂的粒度分布可用列表法、图示法等将其直观地表述出来。此外，还可以用平均细度来表示粒度分布情况，平均细度的计算公式为

$$m = \frac{\sum p_n \cdot x_n}{\sum p_n} \qquad (5-6)$$

式中　m——平均细度；

　　　p_n——筛上残留的原砂质量占总质量的百分比；

　　　x_n——细度因数；

　　　n——筛号。

不同筛号对应的细度因数见表 5-2。平均细度的计算示例如表 5-3、式（5-7）所示。

表 5-2　不同筛号所对应的细度因数

筛号	6	12	20	30	40	50	70	100	140	200	270	底盘
细度因数	3	5	10	20	30	40	50	70	100	140	200	300

表 5-3　平均细度的计算示例

砂样质量：50.0 g；泥分质量：0.56 g；砂粒质量：49.44 g				
筛号	各筛上的停留量		细度因数	乘积
	g	%		
6	无	0.00	3	0.4
12	0.06	0.12	5	0.6
20	1.79	3.58	10	35.8
30	4.99	9.98	20	199.6
40	7.09	14.18	30	425.4
50	12.85	25.70	40	1028.0
70	15.57	31.14	50	1557.0
100	3.97	7.94	70	555.8
140	1.85	3.70	100	370.0

筛号	各筛上的停留量		细度因数	乘积
	g	%		
200	0.79	1.58	140	221.2
270	0.09	0.18	200	36.0
底盘	0.39	0.78	300	234.0
总和	49.44	98.88		4663.4

$$m = \frac{4663.4}{98.88} = 47 \tag{5-7}$$

5.1.2.3 原砂的粒形分析

原砂的粒形分析包括观察砂粒形状、颜色、透明度、粗糙度、有无裂纹和其他夹杂物等，常用双目立体放大镜观察。原砂的粒形对砂粒与黏结剂间的黏结及黏结剂的用量影响很大。

观察时，将筛分后的原砂的主要部分混合均匀，并取少量原砂放在双目立体放大镜工作盘上，用 60 倍以下（以 20~30 倍为宜）的放大倍数进行观察，以砂样的大多数符合下面情况者，确定为原砂的粒度：

（1）圆形砂：颗粒为圆形或接近于圆形，表面光洁，没有突出的棱角，以"○"表示。

（2）多角形砂：颗粒呈多角形且多为钝角，以"□"表示。

（3）尖角形砂：颗粒呈尖角形且多为锐角，以"△"表示。

砂样往往掺有几种形状，但只要其他形状的颗粒不超过三分之一，则仍用一种形状表示，否则就用两种形状表示，并将数量较多的形状符号排在前面，例如"○—□"。

关于原砂表面形状的评定，比较好的方法是测定其角形系数。所谓角形系数，是指砂粒的实际比表面积与理论比表面积的比值。这里的比表面积是指 1 g 原砂的总表面积（cm²），理论比表面积是指球形颗粒的比表面积。所以，如果砂粒呈圆形、粒度分布集中，则实际比表面积与理论比表面积很接近，角形系数接近于 1。一般理论比表面积总是小于实际比表面积，即角形系数是大于 1 的。

角形系数的测定方法主要有通气法、离心分离法和专用仪器法。前面两种测定法是比较法，理论比表面积是通过测定相同粒度的玻璃球得到的，但是与砂粒度相同的玻璃球不易得到，试验费用较高。专用仪器法是指采用专门的型砂表面试验仪测定原砂的实际比表面积 S_w；再根据原砂的筛分结果，乘以相应筛号的乘数获得理论比表面积 S_{th}。

5.1.3 实验仪器、设备与材料

（1）实验仪器、设备：涡洗式洗砂机、加热炉、电烘箱、电子天平、震摆式筛砂机。

（2）实验材料：原砂若干。

（3）辅助器材：专用洗砂杯、虹吸管、表面皿、玻璃漏斗、温度计、玻璃棒、毛刷、打印纸、滤纸。

（4）化学试剂：蒸馏水、焦磷酸钠。

5.1.4　实验内容与步骤

5.1.4.1　原砂含泥量的测定

每位同学完成 5 种原砂的含泥量的测定。含泥量的测定步骤如下：

（1）称取烘干的原砂试样（50±0.01）g（记为 G），放入容量为 600 mL 的专用洗砂杯中，加入 390 mL 蒸馏水和 10 mL 质量分数为 5% 的焦磷酸钠溶液，放在电炉上加热，从杯底产生气泡能带动砂粒开始计时，煮沸 4 min，冷却至室温。

（2）将洗砂杯放置在洗砂机的托盘上，锁紧，然后开动电机搅拌 15 min，关闭电源，取下洗砂杯，仔细洗净黏在搅拌器、阻流棒上的砂泥。

（3）加入清水至标准高度 125 mm 处，并用玻璃棒搅拌 30 s。

（4）静置 10 min 后，用虹吸管吸去上部 100 mm 以内的水，虹吸位置如图 5−1 所示。

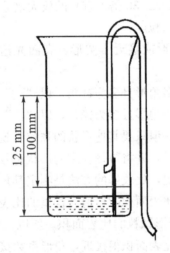

图 5−1　洗砂杯虹吸位置示意图

（5）第二次仍加入清水至标准高度 125 mm 处，用玻璃棒搅拌 30 s 后静置 10 min，虹吸排水。

（6）第三次及以后的操作与第二次相同，但每次只静置 5 min（若测试结果要求非常精确，可按表 5−4 所列不同水温选择静置时间），然后虹吸排水。这样反复进行多次，直到杯中水完全透明为止。

表 5−4　不同水温的静置时间

水温（℃）	10	12	14	16	18	20	22	24
静置时间（s）	340	330	315	300	290	280	270	255

（7）最后一次将洗砂杯中的水排除后，将剩下的砂和水倒入带有滤纸的直径约 100 mm 的玻璃漏斗中过滤，然后将湿砂连同滤纸置于玻璃皿中，在电烘箱中烘干至恒重（温度为 105℃～110℃下烘 60 min 后，称其质量，然后每烘 15 min 称量一次，直至相邻两次的质量差不超过 0.01 g 为止）。

（8）烘干后置于干燥器内，冷却至室温后称量砂重，记为 G_1。

（9）按式（5-5）计算含泥量。

5.1.4.2　原砂的粒度分布的测定

每位同学完成 1 种原砂的粒度分布的测定，并计算平均细度。实验步骤如下：

（1）准备好原砂试样，记录砂粒质量。

（2）将全套筛子从 6 号筛开始，按筛号由小到大、最后底盘的顺序将筛子从上到下叠好，将待测试原砂样品放在最上面的 6 号筛中，将全套筛子放到筛砂机上固定。

（3）设置筛砂机的筛砂时间 12～15 min（若采用电磁微振式筛砂机筛分时，还需设定振频和振幅，振幅设定为 3 mm）。

（4）筛砂机运行自动停机后，取下筛子，将每一个筛子以及底盘上残留的砂粒分别倒在光滑的纸上，并用软刷仔细地从筛子的背面清理筛底和筛壁。

（5）称量每个筛子上取下的砂粒重量（精确至 0.01 g），并记录数据，然后将每个筛子和底盘上原砂的质量与泥分质量相加得出总重量，判断总重量是否超过(50 ± 1) g，若超过，则重新选择样品进行测定，直至总重量小于或等于（50 ± 1）g。

（6）计算各筛网及底盘上残留砂的百分比，记录数据。

（7）根据公式（5-6）计算原砂的平均细度，记录数据。

5.1.5　实验记录与数据处理

将实验结果填入表 5-5、表 5-6。

表 5-5　黏土含泥量实验数据记录表

	1#	2#	3#	4#	5#
G					
G_1					
x					

表 5-6　粒度分布实验数据记录表

砂样质量：＿＿＿＿＿＿g；泥分质量：＿＿＿＿＿＿g；砂粒质量：＿＿＿＿＿＿g

筛号	各筛上的停留量		细度因数	乘积
	g	%		
6				
12				

续表5-6

筛号	各筛上的停留量		细度因数	乘积
	g	%		
20				
30				
40				
50				
70				
100				
140				
200				
270				
底盘				
总和				

$$m = \underline{\hspace{3cm}}$$

5.1.6　思考题

（1）原砂含泥量对型砂质量有何影响？
（2）平均细度与原砂粒度有何关系？

参考文献

［1］王祥生. 铸造实验技术［M］. 南京：东南大学出版社，1990.
［2］中华人民共和国国家质量监督检验检疫总局，中国国家标准化管理委员会. GB/T 2684－2009　铸造用砂及泥合料试验方法［M］. 北京：中国标准出版社，2009.

5.2　实验2　黏结剂特性测试综合实验

5.2.1　实验目的

（1）学习和掌握黏土吸水率和吸蓝量的测定原理和方法。
（2）学习和掌握水玻璃黏结剂模数与密度的测定及其调整原理和方法。
（3）学习和掌握油脂黏结剂碘值、酸值和皂化值的测试方法。
（4）学习和掌握树脂黏结剂软化点、聚合树脂以及游离甲醛含量的测试方法。

5.2.2　实验原理

5.2.2.1　黏土特性

1. 黏土吸水率

黏土吸水后重量增加的百分数称吸水率。黏土黏结力的大小与它吸收水分的能力有关，因此，可以通过黏土的吸水率来判断黏土的黏结性。例如，普通黏土两小时后的吸水率一般不超过 100%，钙膨润土在 200% 以上，钠膨润土可达 600%~700%。

吸水率的测定在如图 5-2 所示的吸水率测定仪上进行。仪器由直径 30 mm 内嵌有玻璃细孔板的过滤漏斗 4、注水漏斗 1，以及长约 1.4 m、容量为 3 mL、具有刻度（准确度为 0.1 mm）的毛细管 3 组成。

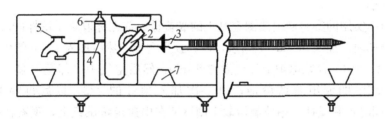

图 5-2　吸水率测定仪

1—注水漏斗；2—三通阀；3—毛细管；4—过滤漏斗；5—放水阀；6—磨口盖；7—试料漏斗

实验前，先将吸水率测定仪上的毛细管 3 放平，其孔的中心线应与过滤漏斗 4 中的玻璃细孔板的下平面在同一水平面上。由注水漏斗 1 注入蒸馏水，同时开动三通阀 2，使过滤漏斗 4 和毛细管 3 中充满蒸馏水。将三通阀 2 旋至二通位置，打开放水阀 5，放出过滤漏斗中玻璃细孔板上部多余的水，并吸出附着水，然后用磨口盖 6 将过滤漏斗 4 盖上，防止水分蒸发。

用精度为 0.001 g 的分析天平称取烘干至恒重的试样（0.5±0.001）g，按如下方法进行实验：取下磨口盖 6，放上试料漏斗 7，将试料倒入过滤漏斗 4 中的玻璃细孔板上。试样应注意堆成一圆锥体，中心必须与玻璃细孔板中心对正。倒入试样的同时，开动秒表，并迅速在毛细管 3 上读出 10 s，20 s，40 s，1 min，2 min，5 min，10 min，20 min，30 min，1 h，1.5 h，2 h 等不同时间内毛细管 3 的水位刻度（毫升数），按下式计算吸水率：

$$A = \frac{\rho_水 V}{g} \times 100\% = \frac{1 \times V}{0.5} \times 100\% = 200V(\%) \tag{5-8}$$

式中　V——被吸收的水的体积，单位为 mL；

　　　$\rho_水$——水的密度，为 1 g/cm³；

　　　g——试样重量，0.5 g。

2. 黏土吸蓝量

根据黏土形成黏结力的机理，黏结力的大小与黏土质点带负电性的强弱、黏土质点

93

所吸附的可交换阳离子的种类和数量、黏土质点的细度有关。由于黏土带负电性，所以具有吸附阳离子的能力，而所吸附的阳离子在一定条件下可被其他阳离子置换。这样，根据可置换阳离子的数量可以判断黏土的种类及黏结力的大小。例如，黏结力较小的高岭石，阳离子量为每 100 g 干土 3～15 mg 当量；黏结力较大的蒙脱石为每 100 g 干土 80～150 mg 当量。

黏土吸附阳离子的量可通过测定黏土吸蓝量得到。黏土的吸蓝量是指 100 g 干黏土吸附亚甲基蓝的量（g）。

亚甲基蓝又称为次甲基蓝或甲基蓝，呈发亮的深绿色结晶，或细小的深褐色粉末，带青铜光泽。亚甲基蓝的分子式为 $C_{16}H_{24}ClN_3O_3S$，相对分子质量为 373.9。亚甲基蓝溶于水，呈碱性，阳离子呈蓝色。亚甲基蓝中的阳离子能置换矿物所吸附的阳离子，将黏土染成蓝色，这样，就可通过黏土的吸蓝量测知黏土所吸附的阳离子数，从而判断其黏结力的大小。

采用简单实用的染色滴定法测定黏土的吸蓝量。首先称取烘干试样(0.2±0.001) g 置于三角烧杯内，加入 50 mL 蒸馏水，使其预先润湿，然后加入 1.0% 的焦磷酸钠溶液 20 mL，摇晃均匀，再在电炉上加热煮沸 5 min，然后空气中冷却至室温。然后，用滴定管滴入 0.2% 的亚甲基蓝溶液，第一次加入预计的 2/3，以后每隔 2 min 滴入 1～2 mL，同时不断搅拌。用玻璃棒取 1 滴试液在中速定量试纸上，观察在中央蓝色的点的周围有无淡蓝色晕环，若没有出现，继续滴入，如此反复直至开始出现蓝色的晕环时，静止 1 min，再滴 1 滴；若又无晕环出现，应再滴入亚甲基蓝溶液，直至出现淡蓝色晕环为止，即为实验终点。

根据达到终点时亚甲基蓝溶液的用量，可用下式计算每 100 g 试样以 g 计的吸蓝量 M_B：

$$M_B = \frac{cV}{m} \times 100 \qquad (5-9)$$

式中　M_B——100g 试样的吸蓝量；

　　　C——亚甲基蓝的浓度，单位为 g/mL；

　　　V——亚甲基蓝的加入量，单位为 mL；

　　　M——试样的质量，单位为 g。

3. 有效膨润土含量的测量

黏土砂中有效膨润土含量是指型砂中除去烧损的失效黏土外，剩下的具有黏结能力的膨润土成分的含量，一般用吸蓝量表示。

为了测定砂中有效膨润土含量，分别以膨润土 0.1 g，0.2 g，0.3 g，0.4 g，0.5g 与原砂 9 g，8 g，7 g，6 g，5g 混合配备型砂，使每份试样原砂和膨润土总量为 5.0 g，在 105℃～110℃ 温度下烘干，按上述方法测定吸蓝量。然后以黏土含量为横坐标，以滴定量（吸蓝量）为纵坐标，绘制标准吸附曲线（图 5-3）。

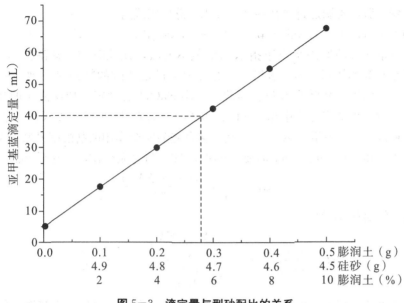

图 5-3　滴定量与型砂配比的关系

测定旧砂中有效膨润土含量时，称取 5 g 旧砂，同样按上述方法测定吸蓝量。根据滴定量从绘制的标准曲线上读出旧砂中的有效膨润土含量。例如，测得旧砂的亚甲基蓝溶液滴定量为 40 mL，在图上画一平行于横坐标的线与绘制的标准曲线相交，然后从交点画平行于纵坐标的直线与横坐标相交，从横坐标轴上读旧砂中有效膨润土量为 5.7%。

5.2.2.2　水玻璃的特性

水玻璃的物理化学性能取决于其结构特点，而当水玻璃中的 Na_2O，SiO_2 和含水量不同时，其结构状况也不同。常以模数 M 表示水玻璃中 SiO_2 和 Na_2O 的相对含量，而以密度反映其含水量。这样，通过测定水玻璃的模数和密度，就能了解它的性能。

1. 模数

水玻璃的模数是指 SiO_2 和 Na_2O 的摩尔比值，以 M 表示，即

$$M = \frac{n_{SiO_2}}{n_{Na_2O}} \tag{5-10}$$

水玻璃水解反应的通式为

$$Na_2O \cdot mSiO_2 \cdot nH_2O \rightleftharpoons 2NaOH + mSiO_2 \cdot (n-1)H_2O$$

水解生成的 NaOH 用摩尔浓度为 c_1 的盐酸测定，滴定反应式为

$$NaOH + HCl \rightleftharpoons NaCl + H_2O$$

由化学反应方程可知，1 mol Na_2O 需要 2 mol HCl 才能完全反应。如中和水玻璃水解消耗的上述浓度盐酸的体积为 V_1 mL，则 n_{Na_2O} 按下式计算：

$$n_{Na_2O} = \frac{1}{2} \cdot \frac{c_1 V_1}{1000} \tag{5-11}$$

滴定完以后，加一定量的质量分数为 5% 的 NaF 溶液，再用盐酸滴定，到溶液里指

示剂颜色变红后，再滴加过量盐酸 3~5 mL。总反应式为

$$mSiO_2 \cdot nH_2O + 6mNaF + 4mHCl = mNa_2SiF_6 + 4mNaCl + (n+2m)H_2O$$

加入过量盐酸的原因是由于指示剂变色不灵敏，设此时加入盐酸的量为 V_2 mL，V_2 包含过量盐酸的体积在内。显然，只有知道了过量盐酸的精确毫升数，才有可能确定与多种硅酸作用的盐酸毫升数。为此，可用 NaOH 反滴定，如反滴定时用去 V_3 mL 的 NaOH。然后再测定完全中和 1 mL 的 NaOH 所需的 HCl 毫升数 K，K 也称换算系数，则过量盐酸的毫升数为 KV_3，那么与多种硅酸完全作用的盐酸毫升数为 $V_2 - KV_3$。由总反应式可知，1 mol 的 SiO_2 需要 4 mol 的 HCl 与之完全作用，这样 n_{SiO_2} 为

$$n_{SiO_2} = \frac{1}{4} \cdot \frac{c_1(V_2 - KV_3)}{1000} \tag{5-12}$$

水玻璃的模数 M 为

$$M = \frac{n_{SiO_2}}{n_{Na_2O}} = \frac{\frac{1}{4} \cdot \frac{c_1(V_2 - KV_3)}{1000}}{\frac{1}{2} \cdot \frac{c_1 V_1}{1000}} = \frac{V_2 - KV_3}{2V_1} \tag{5-13}$$

由上式可知，测定水玻璃的模数所用盐酸的质量分数，可以不需知道。但是，如果要求水玻璃中的 Na_2O 和 SiO_2 的质量分数，则必须要知道水玻璃试样的质量和盐酸的准确浓度，才能按下式算出：

$$w_{Na_2O} = \frac{\frac{1}{2} \cdot \frac{c_1 V_1}{1000}}{\frac{m_{水}}{62}} \tag{5-14}$$

$$w_{SiO_2} = \frac{\frac{1}{4} \cdot \frac{c_1(V_2 - KV_3)}{1000}}{\frac{m_{水}}{60}} \tag{5-15}$$

式中　$m_{水}$——水玻璃试样质量，单位为 g；

62，60——Na_2O 和 SiO_2 的相对分子质量。

其中，换算系数 K 的测定方法：用滴管加 NaOH 溶液 25 mL 于 250 mL 的锥形瓶中，加水 30 mL（水应先煮沸除去 CO_2）及酚酞指示剂 3 滴，用盐酸溶液滴定至红色消去，如用去了的盐酸体积为 V mL，则

$$K = V/25 \tag{5-16}$$

2. 密度

水玻璃的浓度反映了水玻璃中所含 Na_2O 和 SiO_2 的固体含量，常用波美度（°Bé）表示水玻璃浓度。密度 ρ 与浓度有一定关系，也可间接反映固体含量。浓度与密度间的换算关系为

$$\rho = \frac{144.3}{144.3 - °Bé} \text{ 或 } °Bé = 144.3 - \frac{144.3}{\rho} \tag{5-17}$$

一般波美度计上有两种对应刻度，两者均可直接读出。

3. 水玻璃模数和密度的调整

铸造生产中使用的水玻璃均为市场供应的商品，模数和密度往往不一定符合使用要

求，因此在生产中，特别是水玻璃砂的研究中经常需要调整模数和密度。

（1）模数的调整。

①降低模数。对模数较高的水玻璃，可以加入适量的 NaOH 溶液来提高水玻璃中 Na_2O 的相对含量，以达到降低模数的目的。其反应式为

$$mSiO_2 + 2NaOH == Na_2O \cdot mSiO_2 + H_2O$$

②提高模数。水玻璃模数较低，意味着其中的 Na_2O 含量相对较高，只要加入某些化合物，如氯化铵（NH_4Cl）或盐酸（HCl），与水玻璃中的 Na_2O 起反应，即可起到提高模数的作用。其反应式为

$$Na_2O \cdot mSiO_2 \cdot nH_2O + NH_4Cl == mSiO_2 \cdot (n-1)H_2O + 2NaCl + 2NH_3 \uparrow + 2H_2O$$
$$Na_2O \cdot mSiO_2 \cdot nH_2O + HCl == mSiO_2 \cdot nH_2O + 2NaCl + H_2O$$

降低或提高模数所加化学物质的量，可根据水玻璃模数的调整量，利用反应方程式计算得出。

（2）密度的调整。

密度的调整比较简单，主要是加入或去除水分即可达到调整的目的。水玻璃密度仍用波美度计测定。

5.2.2.3　油类黏结剂特性

铸造用油类黏结剂，常见的有植物油、合脂等。

植物油是油脂的一种。凡是油脂都是由三个脂肪酸（R_1COOH）分子和一个丙三醇 [甘油 $C_8H_5(OH)_3$] 分子所构成的。各种油的特性主要取决于其脂肪酸的特性。用作铸造黏结剂时，必须采用不饱和脂肪酸与甘油构成的植物油，而且最好是具有共轭双键的。植物油的硬化，主要是在一定温度下产生氧化—聚合反应，使油从低分子逐渐变为网状的高分子化合物，即由液态逐步变稠，最后成为坚韧的固体。植物油的碘值、酸值和皂化值对其硬化以及硬化后的油膜强度有较大的影响，因此，它们都是油类黏结剂的重要质量指标。

1. 碘值的测定

碘值表示 100 g 植物油所能吸收的碘的重量（g），因为碘能添加在不饱和双键上进行加成反应，所以根据测定的碘值大小，可以衡量植物油的不饱和程度。碘值越大，表示植物油不饱和程度越大，含双键越多，硬化特性越好。

测定碘值的方法通常有标准法和碘—酒精法两种，下面介绍标准法。

（1）测定原理。

用氯化汞与碘的酒精溶液的混合物作反应液。碘的酒精液与氯化汞作用时发生下述反应：

$$HgCl_2 + 2I_2 == HgI_2 + 2ICl$$

如所用酒精含有水，则

$$ICl + H_2O == HIO + HCl$$
$$2HIO + C_2H_5OH == I_2 + 2H_2O + CH_3CHO$$

另一部分进行下列反应：

$$5HIO == HIO_3 + 2H_2O + 2I_2$$
$$HIO_3 + 2I_2 + 5HCl == 5ICl + 3H_2O$$

此反应并不影响碘值，因用碘化钾处理时，从 ICl，HIO 或 HIO_3 中都会分析出当量碘。

氯化碘溶液作用于不饱和化合物时，氯化碘在双键位置上起加成作用：

$$C_{17}H_{33}COOH + ICl == C_{17}H_{33}IClCOOH$$

先注入过量的氯化碘溶液，然后加碘化钾溶液：

$$ICl + KI == I_2 + KCl$$

以淀粉作指示剂，用硫代硫酸盐滴定析出碘。

（2）测定步骤。

①取干性油（碘值＞150）0.15～0.18 g，半干性油（碘值100～150）0.2～0.38 g，非干性油（碘值＜100）0.3～0.4 g。预先过滤试样，在容积约 10 mL 的特殊小烧杯中称取试样，与小烧杯一起放入烧瓶（容积约 300 mL）中，瓶口盖有毛玻璃塞。

②取 10 mL 三氯甲烷和 25 mL 氯化碘溶液注入小烧瓶中，使油溶解后塞紧烧瓶。为防止油挥发，瓶塞须用碘化钾沾湿，摇匀溶液并于室温下静置暗处。干性油、半干性油和非干性油的置放时间分别为 18 h，8 h 和 6h。混合物混匀后如有浑浊，则再加少量三氯甲烷。

③在同样条件下另作一份不加油的对照实验。

④静置完毕，在盛有被分析的油的烧瓶中加 15 mL 碘化钾溶液及 100 mL 水，在不断摇动下用硫代硫酸钠溶液滴定，至呈现黄色时加 1 mL 淀粉溶液，再用硫代硫酸钠滴定至褪色。以同一方式处理对照液。如因加碘化钾溶液而有碘化汞沉淀生成，须再加碘化钾溶液，直至生成的沉淀完全溶解为止。同样需将同量的碘化钾溶液加入对照液中。碘值计算式为

$$碘值 = \frac{c(V_1 - V_2) \times 0.1269 \times 100}{G} \tag{5-18}$$

式中　　126.9——碘当量；

c——硫代硫酸钠溶液的浓度，单位为 mol/L；

V_1，V_2——用于对照液、试样的硫代硫酸钠溶液的体积，单位为 mL；

G——油的重量，单位为 g。

2. 酸值的测定

酸值表示油脂中所含有的游离脂肪酸的数量，酸值指中和 1 g 植物油中游离脂肪酸所需氢氧化钠的毫克数。酸值越低，表示植物油中游离脂肪酸含量越少，油的品质越好。

测定方法：称取 5 g 试样置于 300 mL 锥形瓶中，加 20 mL 中和过的无水乙醇及 20 mL 中和过的苯，振荡 1 min 使之溶解。加 2 滴酚酞摇荡半分钟，即用 0.1N 苛性钾标准溶液滴定至呈红色。此红色程度与用中和过的乙醇做空白试验的颜色相同。

$$酸值 = \frac{c_{KOH}V \times 56.1}{G} \tag{5-19}$$

式中　c_{KOH}——KOH 的浓度，单位为 mol；

　　　V——KOH 用量，单位为 mL；

　　　56.1——KOH 的相对分子质量；

　　　G——试样重量，单位为 g。

3. 皂化值的测定

皂化值表示植物油中的游离脂肪酸与干油结合的化合态脂肪酸的总量，即中和 1g 植物油中，上述两种脂肪酸所用去的苛性钾的毫克数（皂化值＝酸值＋脂值）。皂化值反映了植物油的纯度和相对分子质量的大小：油中杂质多，皂化值就低，而油的相对分子质量大，皂化值也低。

测定方法：取 2g 试样放入烧瓶中，注入 25 mL 苛性钾溶液，并置入浮石块（使沸腾均匀）。将烧杯与回流冷凝器连接，沸腾 1 h 以上，然后去掉冷凝器，加入指示剂，溶液趁热用盐酸标准溶液滴定，用同样的方法进行不加试样的对照试验。皂化值的计算式为

$$皂化值 = \frac{(c_{KOH}V - c_{HCl}V_1) \times 56.1}{G} \qquad (5-20)$$

式中　c_{KOH}，c_{HCl}——苛性钾、盐酸标准溶液的浓度，单位为 mol/L；

　　　V——皂化时使用的苛性钾溶液的体积，单位为 mL；

　　　V_1——滴定时用去的盐酸体积，单位为 mL；

　　　G——油的重量，单位为 g；

　　　56.1——苛性钾的相对分子质量。

5.2.2.4　树脂黏结剂特性

用作铸造黏结剂的树脂均为合成树脂。合成树脂的发展速度很快，目前国内铸造用的树脂黏结剂，主要有酚醛树脂、脲醛树脂和糖醇树脂以及由它们派生出来的各类改性树脂。

（1）壳芯树脂：铸造上采用的壳芯树脂为线型热塑性酚醛树脂，当其被加热至某一温度以上时，在固化剂乌洛托品的作用下，会迅速固化。

（2）热芯盒系树脂：供热芯盒用的树脂有糖醇改性脲醛树脂（以呋喃Ⅰ型树脂最常用，特别是在铸铁件的生产中）、糠醇改性酚醛树脂（常用的无氮树脂呋喃Ⅱ型属于此类，现已成功地用于铸钢件和球墨铸铁件的生产）。它们的固化剂分别为铵盐或稀磷酸、乌洛托品等。

（3）冷芯盒系树脂：这类树脂包括由液体苯酚树脂和聚异氰酸脂组成的树脂，用三乙胺固化；呋喃改性树脂，用二氧化硫气体固化；7501 呋喃树脂，用硫酸乙酯等固化。

上述各种黏结剂系，都因化学组成不同而有不同的特征。各类树脂使用的工艺不同，所需控制的技术参数也各不相同，常需测定的有软化点、聚合速度、黏度、速度和发气特性等。以下选择其中重要参数的测定作介绍。

1. 固态酚醛树脂软化点

酚醛树脂是无定溶物质，无固定溶点，加热时逐渐软化，继续加热时熔化成黏性熔

融物，因而不测其熔点而测其软化点（树脂开始黏结软化的温度）。测定时，以6.3 mm厚的树脂层，在3.5 g重的钢球作用下，软化伸长至25.4 mm的温度作为软化点。

环球法软化点测定仪的结构见图5-4，它包括：1000 mL玻璃杯1只，内装甘油；黄铜环2个，内径为15.8 mm，外径为21.4 mm，高为6.3 mm；150℃水银温度计1支；钢球2个，直径为9.53 mm，重3.45~3.5 g；可控电阻炉或火焰加热器1个及石棉网等。

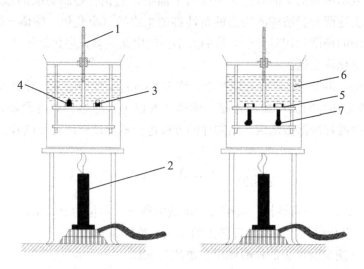

图5-4　环球法软化点测定仪

1—温度计；2—加热火焰；3—试样；4—钢球；5—钢环；6—甘油；7—试样下垂触底板

测定时，将树脂粉碎过100目筛，称取5 g放在小坩埚中，于试样软化点以上20℃~30℃的烘箱中保温约半小时，待全部熔化且无气泡时，立即倒入铜环内，使其与铜环上缘平齐，待冷至室温时用热刀子烫平，磨光备用。

将做好的试验环放入测定仪，在（30±0.5）℃下保温15 min，每个环上放一个钢球，然后升温。升温速度在2 min后控制在（5±0.5）℃/min，钢环中树脂受热软化，在钢球重力作用下垂直伸长，至25.4 mm（与底板相接）时的温度即为试样的软化点。

2. 固体酚醛树脂聚合速度

聚合速度是指二次反应树脂与乌洛托品的混合物（或一级反应树脂）由受热软化、流动，直至开始胶凝的一段时间。

聚合速度用热板法测定。加热板形状见图5-5，它的外形应与加热电阻炉相对应。测定时，将树脂粉碎过100目筛取样。按树脂、乌洛托品重量比为9∶1配制成试样，置于玻璃乳钵中研碎并混匀后，取试样（1±0.1）g，放在预热温度为（150±1）℃或（150±0.5）℃的测定板的圆孔中。加热温度由插在测定板孔中的温度计读取。从树脂全部熔化时开始计时，同时用玻璃棒搅动，直至拉不成丝，此时计时终止，树脂从熔化到拉不成丝这段时间表征为聚合速度。

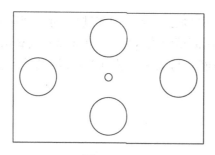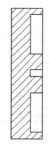

图 5－5　聚合速度测定加热板

3. 呋喃树脂中游离甲醛

呋喃树脂中游离甲醛含量是指未与尿素起作用的自由甲醛和脲醛的低级缩合物的含量。游离甲醛过多，混制时挥发快，产生的刺激性气味将恶化劳动条件。

测定方法：称取 5 g 树脂样品，置于 250 mL 带磨口盖的三角烧瓶中，用少量水溶解后，加入质量分数为 10％ 的氯化铵水溶液和 0.5 mol/L 氢氧化钠溶液各 25 mL，塞紧烧瓶，放置 1 h 后，再加质量分数为 0.1％ 的溴百里酚蓝指示剂 3 滴，并用 0.5 mol/L 盐酸溶液滴定，至黄色为终点，记下盐酸消耗量（mL），同时做空白试验，再通过以下公式进行计算：

$$游离甲醛(\%) = \frac{(V - V_1)c_{HCl} \times 6 \times 30.02}{4 \times 100G} \times 100\%$$

$$= \frac{3(V - V_1)c_{HCl}}{2G} \times 30.02(\%) \tag{5-21}$$

式中　V, V_1——空白试验、试样测定时的盐酸用量，单位为 mL；

　　　C_{HCl}——盐酸的浓度，单位为 mol/L；

　　　G——试样重量，单位为 g；

　　　30.02——甲醛相对分子质量。

5.2.3　实验仪器、设备与材料

（1）实验仪器、设备：黏土吸水率测试仪、黏土吸蓝量测试仪、分析天平（0.001 g）、加热电炉、波美度计、环球法软化点测定装置、温度计（0℃～100℃）、金属板、刮刀、加热板、玻璃乳钵、温度计、玻璃棒、带磨口盖的三角烧瓶、氯化铵、氢氧化钠、烧瓶、溴百里酚蓝指示剂、盐酸。

（2）实验材料：膨润土、水玻璃黏结剂、油脂黏结剂、酚醛树脂黏结剂、呋喃树脂黏结剂。

（3）辅助器材：滴定管、三角烧杯、烧杯、玻璃棒、中速定量试纸、酸式滴定管、锥形瓶、量筒。

（4）化学试剂：水、亚甲基蓝、蒸馏水、焦磷酸钠、乌洛托品、碘化钾溶液、硫代硫酸钠滴定溶液、盐酸、淀粉溶液、三氯化烷、氯化碘溶液（由两种溶液组成：溶液 A——将 25 g 碘溶于 500 mL 95％ 的酒精中，溶液 B——取 30 g 氯化汞溶于 500 mL 95％ 的酒精中并过滤之。两种溶液分别储存在带毛玻璃塞的瓶中，分析前各取等体积混合，在 48 h 内使用）、无水乙醇（中和过）、苯（中和过）、苛性钾标准溶液、酚酞溶液（1％）、苛性钾溶液、酚酞或香草酚酒精溶液（1％）、0.5 mol 氢氧化钠、氟化钠溶液、混合指示剂［甲基红（0.1％酒精液）与亚甲基蓝（0.1％酒精液）按 6：4 重量比混合］、0.1％酚酞指示剂。

5.2.4 实验内容与步骤

5.2.4.1 黏土吸水率与吸蓝量的测定

1. 黏土吸水率的测定

（1）按照前述实验原理部分的要求调节好仪器。

（2）用分析天平称取烘干至恒重的试样（0.5±0.001）g。

（3）将试样倒入测试仪中，倒入试样的同时，开动秒表，并迅速在毛细管上读出不同时间内毛细管的水位刻度，按式（5-8）计算吸水率，记录数据。同一试样必须进行三次实验，取其平均值，且在同一室温和湿度下进行。注意试样倒入过滤漏斗后，除立即开动秒表外，还应立刻将试料漏斗取下，盖上磨口盖。

（4）根据测定结果可作出吸水率变化曲线。

2. 黏土吸蓝量的测定

（1）称取经 105℃～110℃烘干至恒重的旧砂（0.2±0.001）g，置于三角烧杯内，先加入 50 mL 蒸馏水，使其预先润湿，然后加入 1.0％的焦磷酸钠溶液 20 mL，摇晃均匀，再在电炉上加热煮沸 5 min，然后空气中冷却至室温。

（2）将预处理好的试样烧杯放置于黏土吸蓝量测试仪（图 5-6）上，按"启动"按钮，仪器将按预设值自动滴入浓度为 0.2％的亚甲基蓝溶液，预设值加入完毕，仪器显示区显示"P××"，同时启动搅拌机搅拌 30 s。

图 5-6 黏土吸蓝量测试仪

（3）判断是否达到滴定终点。用玻璃棒蘸一滴溶液在中速定量滤纸上，观察在中央淡蓝色点的周围是否出现淡蓝色晕环。若未出现，按"加一"键继续滴加亚甲基蓝溶液

1 mL，显示区数字自动加一，搅拌机搅拌 30 s。重复上述操作，当出现淡蓝色晕环时，将试样静置 2 min，再用玻璃棒蘸一滴试液，若四周淡蓝色晕环消失，说明未到终点，应再滴加亚甲基蓝溶液，直至出现淡蓝色晕环为止，即为试验终点，此时显示区显示的数值为试样的吸蓝量。

（4）根据式（5-9）计算 100 g 黏土的吸蓝量，记录数据。

5.2.4.2　水玻璃模数与密度的测定

1. 水玻璃模数的测定

（1）按照前述实验原理部分的方法测定换算系数 K，并记录数据。

（2）用塑料小勺取水玻璃约 1 g，置于 250 mL 锥形瓶中，加 40 mL 蒸馏水摇匀，使其溶解。加混合指示剂 10 滴，用盐酸溶液滴定至试液由绿色变为红色，记录盐酸消耗体积 V_1 mL，并记录数据。

（3）加入 40 mL 5% NaF 溶液振荡后，滴加盐酸溶液至试液呈红色。再过量 3 mL，记录盐酸消耗体积 V_2 mL，并记录数据。

（4）用 NaOH 溶液滴定过量的盐酸，使溶液呈淡绿色，记录 NaOH 的用量 V_3 mL，并记录数据。

（5）按式（5-13）计算水玻璃的模数，并记录数据。

2. 水玻璃密度的测定

取适量水玻璃将试样倒入 250 mL 的量筒中，在室温 20℃时将波美度计轻轻浸入试样，待其静止后，平视液面读出波美度计的读数，并记录数据。

5.2.4.3　油脂黏结剂碘值、酸值、皂化值的测定

（1）按照前述实验原理部分的方法和测试步骤测定油脂黏结剂的碘值，并记录数据。

（2）按照前述实验原理部分的方法和测试步骤测定油脂黏结剂的酸值，并记录数据。

（3）按照前述实验原理部分的方法和测试步骤测定皂油脂黏结剂的皂化值，并记录数据。

5.2.4.4　树脂黏结剂软化点、聚合速度、甲醛含量的测定

（1）按照前述实验原理部分的方法和测试步骤测定固态酚醛树脂的软化点，并记录数据。

（2）按照前述实验原理部分的方法和测试步骤测定固态酚醛树脂的聚合速度，并记录数据。

（3）按照前述实验原理部分的方法和测试步骤测定呋喃树脂中游离甲醛含量，并记录数据。

5.2.5　实验记录与数据处理

将实验结果填入表 5-7～表 5-10。

表5-7　黏土吸水率与吸蓝量实验记录表

黏土材料	黏土吸水率			黏土吸蓝量	
	时间	水位刻度	吸水率	滴定量	吸蓝量
膨润土	10 s				
	20 s				
	40 s				
	1 min				
	2 min				
	5 min				
	10 min				
	20 min				
	30 min				
	1 h				
	1.5 h				
	2 h				

表5-8　水玻璃模数与密度实验记录表

水玻璃模数					水玻璃密度	
换算系数 K	盐酸消耗体积 V_1	盐酸消耗体积 V_2	NaOH 的用量 V_3	模数 M	波美计读数	密度

表5-9　油脂黏结剂碘值、酸值与皂化值实验记录表

碘值				酸值			皂化值			
试样重量 G	用于对照组硫代硫酸钠用量体积 V_1	用于试样硫代硫酸钠用量体积 V_2	碘值	试样重量 G	KOH 用量 V	酸值	试样重量 G	苛性钾用量 V	滴定盐酸用量 V_1	皂化值

表5-10　树脂黏结剂软化点、聚合速度、甲醛含量实验记录表

碘值树脂黏结剂软化点		树脂黏结剂聚合速度			呋喃树脂游离甲醛含量			
试样重量	软化温度	碘值	试样重量	软化时间	试样重量 G	空白试验时盐酸用量 V	试样测定时盐酸用量 V_1	甲醛含量
5 g					5 g			

5.2.6　思考题

（1）简述黏土吸水率和吸蓝量分别对黏结剂的黏结性作用规律。

（2）水玻璃的特性参数是什么？如何测定？怎样调整？

（3）油类黏结剂的优点和适用条件是什么？

（4）铸造用树脂黏结剂应测定哪些性能？怎样判断树脂黏结剂的质量？

参考文献

[1] 王祥生. 铸造实验技术［M］. 南京：东南大学出版社，1990.

[2] 中华人民共和国国家质量监督检验检疫总局，中国国家标准化管理委员会. JB/T 9227—1999　铸造用膨润土和黏土［M］. 北京：中国标准出版社，1999.

5.3　实验 3　型砂力学性能测试综合实验

5.3.1　实验目的

（1）学习和掌握型砂强度的测试原理和方法。

（2）学习和掌握型砂硬度的测试方法。

（3）学习和掌握型砂韧性的表征方法。

5.3.2　实验原理

5.3.2.1　型砂强度

强度是控制型砂质量的主要指标之一，它是制定及调整型砂配方的重要依据。型砂的强度用湿态或干态标准试样在不同载荷下的压、剪、拉、弯、裂下破坏时的应力值表示。试样强度按混合料性质分为湿强度和干强度；按受力情况分为抗压、抗剪、抗拉、抗弯强度；按测定时试样温度的不同，分为常温强度和高温强度。

测定各种湿强度用的标准试样，除特殊规定外，均是在锤击试验机上冲击三次而制成的。抗压强度和抗剪强度用的试样为圆柱形标准试样（图 5−7），抗拉强度用的试样为"8"字形标准试样（图 5−8），抗弯强度用的试样为长条形标准试样（图 5−9），覆膜砂抗拉强度用的试样为"8"字形标准试样（图 5−10）。测定湿强度时，试样从样筒中取出后即可测试；测定干强度时，制成的试样要经烘干后使用。

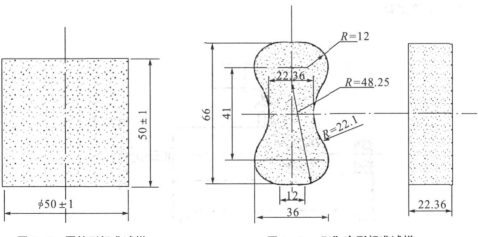

图 5−7　圆柱形标准试样　　　　　图 5−8　"8"字形标准试样

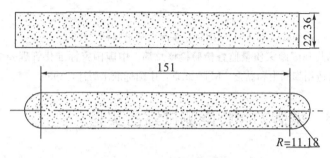

图 5-9 长条形标准试样

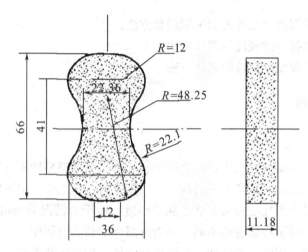

图 5-10 覆膜砂 "8" 字形标准试样

1. 常温强度

型砂强度试验通常在型砂强度仪上进行。目前国内通用的型砂强度仪有两种：杠杆式和油压式。SQY 型液压强度试验仪的结构见图 5-11。仪器附有一套备件，可作压、拉、弯、剪等试验。

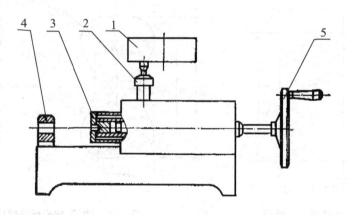

图 5-11 SQY 型液压强度试验仪

1—压力表；2—快换接头座；3—工作活塞；4—机体；5—手轮

测定抗压强度时，将抗压试样置于预先装置在强度试验仪上的抗压夹具上（图 5-12），逐渐加载直至试样破坏，其强度值可直接从仪器上读出。

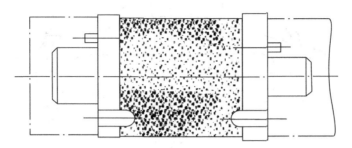

图 5-12　抗压强度试样装置示意图

测定抗剪强度时，将抗压试样置于预先装置在强度试验仪上的抗剪夹具上（图 5-13），逐渐加载直至试样破坏，其强度值可直接从仪器上读出。

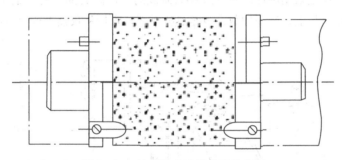

图 5-13　抗剪强度试样装置示意图

测定抗拉强度时，将抗压试样置于预先装置在强度试验仪上的抗拉夹具上（图 5-14），逐渐加载直至试样破坏，其强度值可直接从仪器上读出。

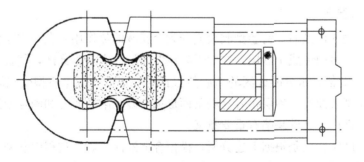

图 5-14　抗拉强度试样装置示意图

测定抗弯强度时，将抗压试样置于预先装置在强度试验仪上的抗弯夹具上（图 5-15），逐渐加载直至试样破坏，读出或计算数据。

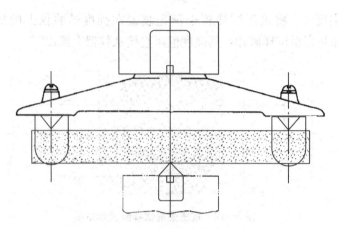

图 5-15 抗弯强度试样装置示意图

测定低湿压强度时，将低湿压夹具置于仪器上（图 5-16），并用调平螺丝 8 将曲杆 4 调平，其标准试样是采用圆柱形开合式样筒制成的（样筒底部放有一金属垫片）。然后将试样置于低湿压夹具上，逐渐加载，直至试样破裂，直接从仪器上读出低湿压强度值。

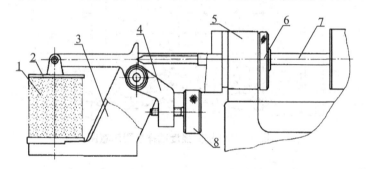

图 5-16 低湿压强度试样装置示意图

1—试样；2—压板；3—拖架；4—曲杆；5—试验仪夹具孔；6—固定螺母；7—顶杆；8—调平螺丝

2. 热湿拉强度

液体金属浇入铸型后，铸型型腔表面受到金属液的热作用，在一定厚度的表面层内产生水分迁移，表面形成干砂层，在此干砂层背面形成水分凝聚区，其含水量约为原型砂含水量的 2~3 倍。水分凝聚区的型砂热湿拉强度很低，加上铸型受热膨胀产生热压应力，致使铸型表面的干砂层很容易剥落而形成夹砂缺陷。研究和测定型砂的热湿拉强度，对防止铸件产生夹砂缺陷有重要意义。

热湿拉强度实验就是根据上述分析，模拟合金液注入砂型过程中砂型表面的吸热情况。将混态型砂试样（$\phi 50 \times 50$ mm）的一端加热（320℃下保持 30~40 s），使之形成一定的干砂层（干砂层的厚度可利用加热时间的长短进行调节，一般在 2~6 mm）及其后面的水分凝聚区。然后加拉力载荷，通过力传感器及相应仪表，测出试样水分凝聚区的热湿拉强度（由于水分凝聚区强度最低，受力时必定在此断裂）。

热湿拉强度在专用装置上测定。SQR 型湿拉强度试验机包括：升降机构、加热与测力机构、加热板、温度控制仪及显示仪表。在这种仪器上，也可测定常温湿拉强度，但试样筒（图 5—17）不同。标准试样的高度为（50±1）mm。试样制成后，试样筒与试样筒环、上下试样筒间不能有相对移动。

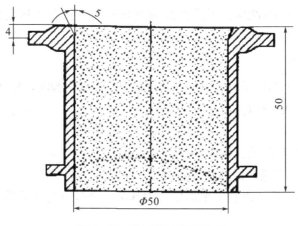

图 5—17　热湿拉强度试样筒

3. 高温强度

　　铸造缺陷（黏砂、夹砂、冲砂等）发生在充型阶段和铸件凝固之前，因此，型砂的高温性能比常温性能更接近铸造过程的实际，测得的高温强度数据更有利于对缺陷进行分析。

　　型砂高温强度的测试在专用的型砂高温强度试验仪上进行。型砂高温强度试验仪通常由温度控制器、井式加热炉及液压强度试验仪三部分组成。试样尺寸为 $\phi 11 \times 20$ mm，其直径约与浇注开始铸型表面形成的砂壳型厚度的 2 倍相当。采用小试样的另一个原因是能够迅速将试样热透。试样在专用压实机上紧实，测定型砂高温性能用的试样高度，应予以精确调整，确保试样高度的准确性。试样的重量按所检验的铸型处的平均紧实度（容重）确定，即紧实度乘以 2 就是试样重量，或者将三锤标准试样重量乘以 2 除以 100，即得试样重量。

5.3.2.2　型砂硬度

　　型砂表面硬度是指型砂抵抗其他较硬物质压入其表面的能力，它随紧实度的增加而增加，生产中常用型砂表面硬度来评定铸型的紧实程度。型砂表面硬度用砂型硬度计测量，型砂硬度计有干型和湿型之分。干型硬度计用来测定干型或型芯的硬度。湿型硬度计分 A，B，C 三种型号，其区别在于触头和作用力（即压缩 4 mm 弹簧所需的力），主要参数见表 5—11。

表 5—11　湿型硬度计型号及主要参数

主要参数	型号		
	A	B	C
触头形状和尺寸（mm）	$\phi 4$，球面	$\phi 25.4$，球	圆锥角 80°，顶部圆 $r=1.29$
弹簧压力（N）	2.37	9.87	15
触头行程（mm）	4	4	4
分格	0~100	0~100	0~100

5.3.2.3 型砂韧性

型砂韧性是指型砂试样在破坏过程中吸收能量的能力。型砂韧性的大小可以反映出型砂是韧性还是脆性的性质。型砂韧性的测量方法主要有抗压变形法和测定破碎指数法。

1. 抗压变形法

在强度实验仪上加一千分表附件，在进行湿压强度实验时，将试样至压碎时的压缩变形量读出，按下式进行计算：

$$韧性 = \sigma \Delta H \times 1000 \qquad (5-22)$$

式中 σ——标准试样的抗压强度，单位 N/cm²；

ΔH——试样至破坏时的高度缩减量，单位为 cm。

同一实验进行三次，取算术平均值，如其中一个数据与平均值相差 10% 以上，则实验须重新进行。

2. 测定破碎指数法

破碎指数是标准圆柱砂样从规定高度坠落在 6 目筛网中部的钢砧上，残留在该筛网上砂的重量占总重量的百分数。

$$破碎指数 = \frac{留在筛上的砂重}{试样重} \times 100\% \qquad (5-23)$$

破碎指数越高，表明型砂的韧性越好，起模性就越好。但是，韧性好的型砂，其流动性差，不易紧实和得到好的铸型表面。不同的造型方法对型砂韧性有不同的要求：通常对于压实造型，型砂的破碎指数应为 60%～68%；对于震压造型，型砂的破碎指数应为 68%～75%。型砂破碎指数测定装置如图 5-18 所示。

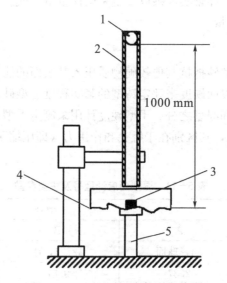

图 5-18 型砂破碎指数测定装置

1—钢球；2—管子$\left(内径 2\frac{3}{4} \text{ mm}\right)$；3—试样；4—筛周$\left(网孔\frac{3}{8}'',\ 直径 8''\right)$；5—铁砧

5.3.3　实验仪器、设备与材料

（1）实验仪器、设备：锤击式制样机、型砂强度试验机、热湿拉强度试验仪、干砂型硬度计、湿砂型硬度计、电热烘箱、型砂破碎指数测定装置、电子天平。

（2）实验材料：黏土砂、水玻璃砂。

5.3.4　实验内容与步骤

5.3.4.1　常温抗压强度、抗拉强度、抗弯强度、抗剪强度的测定

（1）用锤击式制样机分别制备圆柱形标准试样、"8"字形标准试样、长条形标准试样。

（2）按试验要求依次装上测抗压强度、抗拉强度、抗弯强度、抗剪强度的夹具和相应附件，再将标准试样装在夹具上，通过夹具对试样逐渐加载，直到试样破坏，读出压力表所指示的数据，并记录数据。

5.3.4.2　热湿拉强度的测定

（1）用锤击式制样机和专用试样筒制备型砂试样。

（2）加热板升温至320℃后保温。

（3）将试样筒放在仪器底座上。

（4）将加热板移至试样筒底部，使加热板紧贴试样，经由时间继电器控制的加热时间后，自动加载直至试样被拉断，强度值由显示仪表指示。每种型砂测定三次，取其平均值。

5.3.4.3　型砂硬度的测定

（1）用锤击式制样机制备圆柱形标准试样。

（2）用湿型硬度计测量试样的湿态硬度，并记录数据。

（3）将试样放在干燥箱中烘干。

（4）用干型硬度计测量试样的干态硬度，并记录数据。

测定时需测三个试样，取其平均值。如果其中一个超出平均值20%，试验需重做。在测定型砂硬度时，可以按照在几个不同点所测出的结果计算平均值，如果出现硬度特别高或者特别低，超过平均数20%，则该处硬度应予说明。

5.3.4.4　破碎指数的测定

（1）用锤击式制样机制备 $\phi50\times50$ mm 的标准试样，并称重和记录数据。

（2）将标准试样，放在破碎指数测定装置的铁砧上。

（3）把 $\phi50$ mm，510 g 重的硬质钢球从距铁砧上表面1 m 高处自由下落，直接打在标准试样上。

（4）试样破碎后，大块型砂留在筛网上，碎砂漏过筛网落到底盘上。然后称量筛上砂重，记录数据。

（5）按照式（5-23）计算计算破碎指数，并记录数据。

5.3.5 实验记录与数据处理

将实验结果填入表 5-12～表 5-14。

表 5-12 型砂强度实验数据记录表

常温强度				热湿拉强度
抗压强度	抗剪强度	抗拉强度	抗弯强度	

表 5-13 型砂硬度实验数据记录表

型砂	烘干后硬度						湿态硬度			
	烘烤温度	烘烤时间	点 1	点 2	点 3	平均值	点 1	点 2	点 3	平均值
	110℃	10 min								
		20 min								
		30 min								
		60 min								

表 5-14 破碎指数实验数据记录表

试样编号	试样重	残留砂重	破碎指数
试样 1			
试样 2			
试样 3			

5.3.6 思考题

（1）型砂的强度包括哪些？其中哪个参数最为重要？

（2）型砂硬度对浇注过程和铸件质量有何影响？

（3）型砂韧性对浇注过程和铸件质量有何影响？

参考文献

［1］王祥生. 铸造实验技术［M］. 南京：东南大学出版社，1990.

［2］中华人民共和国国家质量监督检验检疫总局，中国国家标准化管理委员会. GB/T 2684—2009 铸造用砂及混合料试验方法［M］. 北京：中国标准出版社，2009.

5.4　实验 4　型砂物理性能测试综合实验

5.4.1　实验目的

(1) 学习和掌握型砂含水量和紧实率的测试方法。

(2) 学习和掌握型砂透气性和发气性的测试原理和方法。

(3) 学习和掌握水玻璃砂回用砂中 Na_2O 含量的测试方法。

5.4.2　实验原理

5.4.2.1　型砂含水量

含水量是指型砂中所含水分的质量分数。它与型砂的大部分性能有关，是型砂制备中必须控制的重要指标之一。测定型砂的含水量一般采用烘干法，包括快速法和恒重法两种。

快速法：称取 20 g 试样，精确到 0.01 g，放入盛砂盘中，均匀铺平，将盛砂盘置于红外线烘干器内，在 110℃～170℃ 温度下烘干 6～10 min，置于干燥器内，待冷却至室温进行称重。

恒重法：称取 (50±0.01) g 试样，置于玻璃器皿中，在温度 105℃～110℃ 的电烘箱内烘干至恒重（烘干 30 min，称重，然后继续烘干，每 15 min 称重一次，直至相邻两次数据之差不超过 0.02 时为恒重），置于干燥器内，待冷却至室温进行称重。

含水量以质量百分数 X 计，数值以％表示，计算公式为

$$X = \frac{G_1 - G_2}{G_1} \times 100 \tag{5-24}$$

式中　G_1——烘干前试样的质量，单位为 g；

　　　G_2——烘干后试样的质量，单位为 g。

5.4.2.2　型砂紧实率

当黏土砂含水量最适宜时，型砂具有较好的综合性能。确定型砂的水分是否适宜是型砂质量检测的重要内容之一。很久以来，铸造工作者凭手感来判断型砂的干湿程度和性能。目前，判断型砂最适宜水分含量的方法已由传统的"手感法"发展为用仪器测定的科学方法。例如，测定型砂的紧实率、过筛性等。凭型砂的紧实率来判断型砂的最适宜水分，方便简单，不需要专用的仪器设备，是应用最广泛的方法之一。它比测定型砂的过筛性更为可靠和简便。

紧实率是指湿型砂用 1 MPa 的压力压实或者在锤击式制样机上冲击三次，其试样体积在紧实前后的变化百分率，用试样紧实前后高度变化的百分数来表示：

$$\upsilon = \frac{H_0 - H_1}{H_0} \times 100\% \tag{5-25}$$

式中　H_0——试样紧实前的高度，H_0=120 mm；

　　　H_1——试样紧实后的高度，单位为 mm。

紧实率是反映型砂水分含量情况的重要指标。比较干的型砂在未被紧实前，砂粒堆积较密实，即松态密度较高，紧实后型砂体积减小较少；比较湿的型砂，在未被紧实前的松态密度较低，比较疏松，受同样紧实力作用后体积变化较大。型砂被紧实前后的体积变化，就能反映出型砂的干湿状态。

手工和机器造型时，型砂最适干湿状态下的紧实率接近 50%；高压造型和气冲造型时为 35%～45%；挤压造型时为 35%～40%。不管型砂中有效膨润土、煤粉和灰分的含量有多少，只要将紧实率控制在上述范围内，手捏感觉的干湿程度就处于最适宜状态，这时型砂的水分可称为最适宜水分。

紧实率的测定装置如图 5-19 所示。将型砂通过带 6 号筛的漏斗，落入到有效高度为 120 mm 的圆柱形标准试样筒内（筛底至标准试样筒上端面的高度为 140 mm），松散地装入试样筒中，用钢尺刮去试样筒上多余型砂后，将装有试样的样筒在锤击式试样机上冲击三次，从制样机上读出数值。

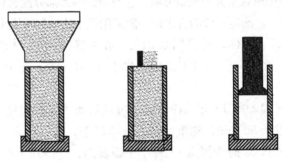

图 5-19　紧实率测定装置

5.4.2.3　型砂透气性

如将型砂局部放大，即可看出它是一种多孔性物体，包覆有黏土膜的砂粒之间存在着空隙，这些空隙构成弯弯曲曲的通道，气体就是经过这些通道而透过试样。显然，砂子的粒度及均匀性、黏土及水分含量、混制工艺、紧实度等都是影响型砂透气性的重要因素。型砂让气体透过的能力称为透气性，透气性的大小用标准试样的透气率 K 表示。按 GB 2684—2009 的规定，透气性的测定分标准法和快速法两种。

1. 标准法

当压力为 P_1 的气体通过高度为 H 的试样时，由于试样对通过气体有阻力，试样前后存在压力差 $P = P_1 - P_2$，如试样后方通大气，则 $P_2 = 0$，$P = P_1$。气体压力为时通过试样高度 H 的速度为

$$v = K \frac{P}{H} \tag{5-26}$$

式中　K——比例系数。

设体积为 V（cm^3）的气体，通过试样截面积为 F（cm^2）的时间为 t（min），则气体通过试样的平均速度（cm/min）为

$$v = \frac{Q}{At} \tag{5-27}$$

由式（5−26）、（5−27），有

$$Q = K \frac{AtP}{H} \qquad (5-28)$$

式（5−28）表明，通过试样的气体量与气体压力、试样截面积、气体通过的时间成正比，与试样高度（即气体通过的距离）成反比。变换上式，得

$$K = \frac{QH}{AtP} \qquad (5-29)$$

比例系数 K 称为透气率，表示单位时间内，在单位压力下通过单位面积、高度为 H 的试样的气体量，单位为 $cm^4 \cdot g^{-1} \cdot min^{-1}$，但一般都不标注，即把透气率作为无因次值。

若将实验条件设定为 $2000\ cm^3$ 的气体通过标准试样 $\phi 50\ mm$，高为 $(50 \pm 1)\ mm$，即 $Q = 2000\ cm^3$，$H = 5\ cm$，$A = 19.635\ cm$，则有

$$K = \frac{509.3}{Pt} \qquad (5-30)$$

$$V = K \frac{FPt}{H} \qquad (5-31)$$

$$K = \frac{VH}{FPt} = \frac{49945}{Pt} \qquad (5-32)$$

式中　V——通过试样的空气的体积，$V = 2000\ cm^3$；

　　　F——试样断面面积，$F = 19.635\ cm^2$；

　　　P——试样前的压力，单位为 Pa；

　　　t——$2000\ cm^3$ 空气通过试样的时间，单位为 min；

　　　H——试样高度，$H = 5\ cm$。

根据式（5−30），只要测定出通气时的气体压力 P 和通气时间 t，即可计算出 K 值。

实验中使用的透气率测定仪是根据式（5−29）设计的，也就是实验时保证上述的 Q，A，H 为常数，并且测定仪要保证体积为 Q（cm^3）的气体在一定的压力（由钟罩产生 $P = 500\ Pa$ 或 $1000\ Pa$ 的压力）下通过试样。这样，在实验中只要记录体积为 Q 的气体通过试样的时间，即可求得透气率。

标准法测定结果较精确、稳定，但试验时间较长，常用于仲裁试验。

2. 快速法

快速法采用与标准法相同的透气率测定仪，只是在气体流入试样处安装一个带孔的通气塞，孔的尺寸有两种：当透气率大于 50 时，使用 $\phi(1.5 \pm 0.03)\ mm$ 的大孔；当透气率小于 50 时，使用 $\phi(0.5 \pm 0.03)\ mm$ 的小孔。气体通过孔口的速度，与孔口两端压力差的平方根成正比，即

$$\frac{Q}{f} = c\sqrt{P_t - P} \qquad (5-33)$$

式中　f——孔口面积；

　　　c——流量系数；

　　　P_t，P——孔口前、后压力。

由此得气体流经孔口的速度为

$$\frac{Q}{t} = cf\sqrt{P_t - P} \qquad (5-34)$$

在孔口后压力 P 不变的情况下，上式即气体通过试样的流速，将之代入式（5-29），得

$$K = cf\sqrt{P_t - P} \cdot \frac{H}{AP} \qquad (5-35)$$

在孔口后不放试样的情况下，$P=0$，通过试验测得 2000 cm^3 的空气，在 $P_t = 1000$ Pa时，通过大孔的时间为 0.5 min，通过小孔的时间为 5 min。将这些数据代入式（5-35）后得

$$K_{1.5} = 322.8 \frac{\sqrt{10-P}}{P} \qquad (5-36)$$

$$K_{0.5} = 35.8 \frac{\sqrt{10-P}}{P} \qquad (5-37)$$

这样，只要测得试样前的气体压力 P_t，就可按上面两个式子算得 K 值。国外和我国新生产的读表式透气率测定仪，可以直接从仪器表盘上读出试样的透气率，不需要再根据水柱压力查表换算。

型砂的透气率可分为湿态透气率和干态（对自硬砂或其他化学硬化砂而言为硬化后的）透气率两种。测定时所采用的试样均为标准试样。测定湿态透气率时，在冲制试样后连同样筒一起安装到透气率测定仪上；测定干态透气率时，则应将试样从样筒中顶出，经过烘干（或硬化）后再将其装入专用的干态透气率测定样筒中，再置于透气率测定仪上进行测定。透气率测定仪有直读式和电动式两种。

5.4.2.4 型砂发气性

气孔是铸件中常见的缺陷之一，由型（芯）砂导致的气孔，主要是侵入性气孔。侵入性气孔是浇注过程中铸型或型芯受液态合金的热作用产生的气体浸入铸件所形成的。显然，在铸件表面凝固成硬壳以前，如果铸型或型芯因受高温作用而产生的气体量越多，且铸型或型芯的通气不良，则这些气体侵入铸件形成气孔的可能性越大。所以，型（芯）砂的发气量和发气速度的测定，对防止铸件中形成侵入性气孔具有重要意义。此外，型（芯）砂的发气性对铸件夹砂缺陷的产生也有很重要的影响。

发气速度是指试样在一定温度下，单位时间内产生的气体体积。总发气量是指单位重量试样析出的气体体积。型（芯）砂的发气性，主要测定其试样的发气量和时间。发气量和发气速度还与试样的加热温度，以及系统中的压力有关，测定时必须严格控制。

智能发气性测试仪包括四个部分：高温分解炉、气压测量系统、带微机的测控箱和控制计算机。仪器是按恒体积法测气压的原理工作的。当一定量的试样在加热到一定温度的高温分解炉内受热分解时，由于系统的体积是一定的，故产生的气体受到压缩使系统内的压力增加。产生的气体越多，系统的压力越高。根据理想气体方程可知气体的压力与气体的体积存在对应的关系，因此，只要测得系统的压力即可求得试样的发气量。

5.4.2.5 型砂溃散性

型（芯）砂的溃散性是指铸件浇注并凝固后，型砂、型芯被打碎的难易程度。它直

接影响工人的劳动强度和劳动生产率，是评定型（芯）砂的一项重要技术指标。

型砂的溃散性决定于型（芯）砂的残留强度，因此，常用型（芯）砂的残留强度来表示溃散性。由于型砂加热温度不同，而其相应的残留强度也不同，故测定型砂的残留强度时要规定试样的加热温度，并在指明残留强度的同时，必须指出试样的加热温度。

溃散性的测试方法：将完全硬化了的试样（试样的制作与强度试样相同）放到预先加热至规定温度的加热炉中。试样放入，炉温会下降，当炉温恢复到规定温度后，保温一定时间（20～30 min），然后取出试样，待其冷却至室温后，在强度试验仪上测定其抗压强度或抗剪强度。

5.4.2.6　水玻璃砂（包括水玻璃自硬砂）回用砂中 Na_2O 含量

水玻璃砂的强度主要来自水玻璃水解，生成将砂粒黏结的硅酸凝胶，因而水玻璃砂建立强度主要靠 SiO_2 和水，Na_2O 则附着在水玻璃砂硬化膜内。水玻璃砂经多次使用后，砂中的 Na_2O 含量将不断增加（即砂的碱度增加），会显著地降低型砂的耐火度和硬化后的强度，故回用砂必须经再生处理，但目前水玻璃砂的再生效果有限，不得不采取限制回用砂的措施，一般用量控制在 50% 以内。为了确保铸件质量，铸铁件用再生砂中，Na_2O 含量不超过 1.5%；不刷涂料的铸钢件用再生砂中，Na_2O 含量应小于1.0%。因此，水玻璃砂回用时，必须控制其中的 Na_2O 含量。

水玻璃砂回用砂中 Na_2O 含量的测定原理以及使用的仪器和药品与实验二中水玻璃模数测定所介绍的测定水玻璃中 Na_2O 含量的方法相同。具体步骤：称 50 g 被测旧砂，加蒸馏水 100 mL 充分搅拌后加混合指示剂 10 滴，用浓度为 0.5 mol/L 的盐酸溶液滴至试液由绿色变为红色。记录盐酸溶液消耗的体积 V mL，按下式进行计算：

$$\omega_{Na_2O} = \frac{c_{HCl} V \times 10^{-3} \times 62/(2 \times 100)}{G} \times 100\% \tag{5-38}$$

式中　c_{HCl}——盐酸浓度。

5.4.3　实验仪器、设备与材料

（1）实验仪器、设备：锤击式制样机、圆柱形标准试样筒、直读式透气性测定仪、智能发气性测试仪、投砂器、红外线烘干器、电烘箱、电子天平（0.01 g）。

（2）实验材料：黏土型砂、废旧水玻璃型砂。

（3）辅助器材：钢尺、带 6 号筛的漏斗、烧杯、量筒、滴定管。

（4）化学试剂：盐酸、蒸馏水、混合指示剂。

5.4.4　实验内容与步骤

5.4.4.1　型砂含水量的测定

（1）称取 20 g 试样（精确到 0.01 g），记为 G_1。

（2）将称量好的试样放入盛砂盘中，均匀铺平，将盛砂盘置于红外线烘干器内，在110℃～170℃温度下烘干 10 min，置于干燥器内，待冷却至室温进行称重，记为 G_2。

（3）按公式（5-24）进行计算，并记录结果。

5.4.4.2 型砂紧实率的测定

（1）将型砂通过带 6 号筛的漏斗，落入到有效高度为 120 mm 的圆柱形标准试样筒内，松散地装入试样筒中，用钢尺刮去试样筒上多余型砂，记录紧实前的高度 H_0。

（2）将装有试样的样筒在锤击式试样机上冲击三次，从制样机上读出紧实后的高度 H。

（3）按公式（5-25）进行计算，并记录结果。

5.4.4.3 型砂透气性的测定

（1）检查直读式透气率测定仪。检查玻璃管压力计中液面是否指零，如不指零，则调整水量或移动标尺；仪器不应有漏气现象。用封闭式样筒检查时，钟罩不应下降，如有漏气现象，应予以排除；用封闭式样筒检查时，玻璃管内水柱高度应加 10 cm。检查通气塞孔径是否符合要求，检查方法：在 1000 Pa 压力下，大通气孔通过 2000 cm³ 空气所需时间为 0.5 min±0.5 s，小通气孔通过 2000 cm³ 空气所需时间为 5 min±1.5 s。否则，应清洗或修补通气孔。

（2）将气阀手柄旋至"吸放气"位置，慢慢提起钟罩至刻线 X 位置处，再将气阀手柄旋至"关闭"位置，放下钟罩。

（3）制备标准试样，连同试样筒一起倒扣在试样座上（测定干态透气性时，将室温下的标准试样放在测干态透气性的试样筒内，用打气筒使试样筒内的橡皮圈充气密封，然后放到透气率测定仪的试样座上进行测定）。

（4）将气阀手柄旋至"测试"或"工作"位置，读出透气率值，并记录数据；每种试样的透气性需要测定三次，然后计算平均值。如果其中任何一次的实验数据与算术平均值相差 10% 以上，应重做实验。

5.4.4.4 型砂发气性的测定

（1）首先检查各信号线、电源线连接是否完好。

（2）开机、系统初始化。点击桌面上的发气仪主机程序图标，程序进行状态自动检测。期间，设备将自动完成电脑与发气仪的连接检查。如果发现电脑与发气仪的连接有故障，需要检查电脑与发气仪连接是否正常。注意，系统开机和初始化阶段，不许接通电炉电源。

（3）试验参数设置。连接正常后进入温度界面，界面上将显示当前炉温和系统温度的数值。完成温度目标值的设定；并对相关参数进行设置。

（4）升温。点击温度界面上的启动"从机"按钮，分解炉开始升温。30 min 左右，炉温将达到设定值。恒温 10 min 左右，即可进行发气性测定。注意，升温和降温时不能盖上端盖，以免损坏压力传感器。

（5）称量。称取一定量的试样（煤粉 0.1 g，砂试样 1.00 g）置于烧杯中。

（6）测试。在监控状态下，将样品推入炉膛的恒温区，迅速盖上密封盖并按仪器面板上的"测量"键或点击温度界面上的"开始实验"按钮，仪器开始采集试样的发气量。试样的发气量和对应的时间将同步显示在参数显示区。试验时间最长可到 15 min。当试验时间到达 15 min 时，仪器将自动终止采样并返回监控状态。如果不需要测试 15 min，可在中途任何时间按"测试"键或发气量测试界面上的"结束实验"按钮来终止试验。

（7）保存数据。按"测试"键或"结束实验"按钮后，参数显示区显示所测的最大发气量和最大发气量对应的时间，记录数据。此时，按"打印结果"按钮可立即以图形方式得到测试结果并提示是否保存数据。按"保存数据"按钮，将弹出保存数据的对话框：点击"放弃数据"将清空本次发气量测试的数据。点击"打印结果""保存数据""放弃数据"按钮之一，电脑上的操作界面都将返回至温度界面，此时，需等待 20 s 后方可进行下一次实验。

（8）试验完毕，取下炉口的端盖，先点击温度界面上的"停止从机"按钮，再按"断"按钮关掉控制电源，然后切断主电源。注意每种试样的透气性需要测定三次，然后计算平均值。如果其中任何一次的实验数据与算术平均值相差 10% 以上，应重做实验。

5.4.4.5　水玻璃砂回用砂中 Na_2O 含量的测定

（1）称量 50 g 被测旧砂，加蒸馏水 100 mL 充分搅拌后加混合指示剂 10 滴。

（2）用浓度为 0.5 mol/L 的盐酸溶液滴至试液由绿色变为红色。记录盐酸溶液消耗的体积 V mL，记录数据。

（3）按公式（5-38）进行计算，并记录结果。

5.4.5　实验记录与数据处理

将实验结果填入表 5-15～表 5-19。

表 5-15　型砂含水量测定实验数据记录表

实验次数	G_1	G_2	X
第 1 次			
第 2 次			
第 3 次			
平均值			

表 5-16　型砂紧实率测定实验数据记录表

实验次数	H_0	H	v
第 1 次			
第 2 次			
第 3 次			
平均值			

表 5-17　型砂透气性测定实验数据记录表

实验次数	第 1 次	第 2 次	第 3 次	平均值
透气率				

表 5-18　型砂发气性测定实验数据记录表

参数	第 1 次	第 2 次	第 3 次	平均值
型砂试样类型				—
型砂试样重量				—
最大发气量				
最大发气量对应的时间				
发气量与时间关系曲线				

表 5-19　水玻璃砂回用砂中 Na_2O 含量测定实验数据记录表

型砂试样重量 G	
盐酸浓度 c	
盐酸滴定消耗体积 V	
Na_2O 含量 w	

5.4.6　思考题

(1) 含水量对型砂的强度和透气性有何影响？

(2) 紧实率可以反映黏土砂的哪些性能？

(3) 说明快速法测定透气性的原理和存在的问题。

(4) 测定型砂的发气性时为什么要测定发气量和发气速度两部分？

(5) 为什么要控制水玻璃砂回用砂中的 Na_2O 含量？怎样测定？

参考文献

[1] 王祥生. 铸造实验技术 [M]. 南京：东南大学出版社，1990.

[2] 中华人民共和国国家质量监督检验检疫总局，中国国家标准化管理委员会. GB/T 2684—2009　铸造用砂及混合料试验方法 [M]. 北京：中国标准出版社，2009.

5.5　实验 5　浇注系统的水力模拟综合实验

5.5.1　实验目的

(1) 了解浇注系统的基本组成和结构形式。

(2) 掌握在充填过程中浇注系统各组元产生的主要物理现象。

(3) 掌握浇注系统各组元结构对充填物运动状态和规律的影响。

5.5.2　实验原理

浇注是液态合金充填铸型的过程，浇注系统是液态合金流入铸型型腔的通道。浇注系统包括浇口杯、直浇道、横浇道和内浇道四个组元。这些组元的结构是否合理、尺寸是否合适、内浇道与铸件相连接的位置是否适当等，均与获得的铸件质量关系密切。正确合理地设计浇注系统，必须了解和运用液态合金在浇注系统各组元中的运动状态和规律。浇注系统一般不长，流经时间短，拐弯多且断面面积和流速有变化，因而液态合金在浇注系统中多呈紊流状态。此外，浇注的液态合金有一定的过热度，虽然合金液和铸型型壁之间有强烈的热交换过程，但在浇道壁上的结晶凝固并不显著，浇道断面缩小的影响和由于温度降低而使黏度增加、流动性降低的影响均可忽略不计。所以液态合金在浇注系统中的流动，便和一般液体的流动规律一致。流体力学的理论（能量守恒定律、伯努利方程、托里拆利定理、连续流动定律、帕斯卡定律理论、层流与紊流理论、斯托克斯定律等）在一定程度上能够应用于浇注系统，它是浇注系统设计的理论基础。

为便于观察和测定某些数据，对液态合金在浇注系统各组元中的运动状态和规律的研究，常借助模型试验法。利用模型试验，可以观察充填过程中烧口杯内出现的水平涡流及吸气现象、垂直涡流及挡渣效果；研究直浇道中的吸气现象及防止措施；观察横浇道的挡渣过程及其末端延长段阻止初期渣及冷污铁水的效果，并可测定横浇道各断面的压力分布，浇注系统的局部阻力系数和流量系数。

模型试验法通常采用有机玻璃一类透明材料来制造浇注系统模型，用水作合金的模拟物，用聚苯乙烯或经处理的木屑作渣团模拟物，观察它们在模型中流动时出现的现象，测定有关数据，借以推断液态合金在浇注系统中可能出现的物理现象，计算阻力系数和流量系数的值。显然，要使模型中水的运动特性和液态合金在铸型中的运动特性相似，必须遵照相似原理和自动模化的要求设计和制造模型。模型在自模区工作时，流量系数、阻力损失的值与雷诺数无关，即与黏度无关，所以用黏度不变的室温水模拟黏度略有变化的铁水流动是可行的。图 5-20 即为实现上面提到的试验要求，按照相似原理设计制造的一套模型。

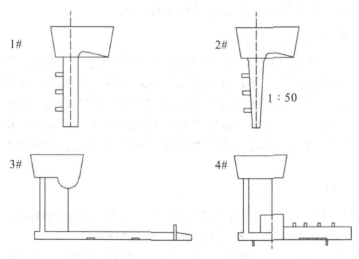

图 5-20　浇注系统模型图

5.5.3　实验仪器、设备与材料

（1）实验仪器、设备：浇注系统水模拟实验台、各种浇注系统有机玻璃模型、U型测压计、乳胶管、钢板尺、支架。

（2）实验材料：聚苯乙烯泡沫颗粒。

5.5.4　实验内容与步骤

5.5.4.1　浇口杯中水平与垂直旋涡和吸取现象观察

取 1♯ 模型进行浇注实验。分别按表 5−20 的五组实验条件进行试验，观察并记录每次实验过程中浇口杯中水平漩涡、垂直漩涡的形成及阻渣、进气情况。

表 5−20　几组不同的浇注实验条件

实验序号	浇注位置	浇口杯内液面	浇注流股	浇注方向
1	低	浅	小	逆向
2	低	高	小	逆向
3	高	高	小	逆向
4	低	高	大	逆向
5	低	高	小	侧向

比较实验序号 1 与实验序号 2，注意观察浇口杯内液面深浅对实验结果的影响。

比较实验序号 2 与实验序号 3，注意观察浇注位置高低对实验结果的影响。

比较实验序号 2 与实验序号 4，注意观察流股大小对实验结果的影响。

比较实验序号 2 与实验序号 5，注意观察浇注方向对实验结果的影响。

5.5.4.2　直浇道模型中的真空吸气现象和防止方法

1. 以 1♯ 模型进行浇注实验

直浇道模型 1♯ 为两单元，即除浇口杯之外，还有直浇道。直浇道横截面面积上下相等。因此，由水力学原理可知，直浇道口内各截面上将出现负压，维持浇口杯内液面呈接近充满状态，注意观察模型的直浇道上的三个小孔的吸气现象，并标出上、中、下三个小孔的吸气严重程度。若以手指逐渐堵塞直浇道下出口，使出口面积逐步缩小，阻力增大，注意观察三个小孔的吸气现象的变化。分析三个小孔由吸气逐步转化为正压出流的原因。

2. 以 2♯ 模型进行浇注实验

2♯ 模型也是两组元，即浇口杯和直浇道。但 2♯ 模型的直浇道带有上大下小的锥度（1/50），2♯ 模型的实验条件及观察内容与 1♯ 模型相同。

在实验中用 U 型测压计分别测出上、中、下三个小孔的负压值，并记录在表 5−21 中。

5.5.4.3　横浇道的挡渣效果

以模型 3♯ 进行浇注试验。该模型的特点是，当只使用 1 个内浇口时，为横/内控

制式浇注系统，内浇口开在横浇道下侧面。直浇道最小截面直径为 18 mm、截面面积为 254 mm²；横浇道呈高梯形，从直浇口的一侧进水，截面上底为 12 mm，下底为 16 mm，高为 18 mm，截面面积为 252 mm²；内浇道呈扁平梯形，2 个内浇口位于横浇道一侧，截面上底为 20 mm，下底为 18 mm，高为 5 mm，截面面积为 192 mm²。其浇口比为

$$F_{直} : F_{横} : F_{内} = 254\ mm^2 : 212\ mm^2 : 192\ mm^2 = 1 : 2 : 0.76$$

当用橡皮泥堵塞 2 号内浇口，使用 1 号内浇口时，末端延长段长度为 230 mm；当堵塞 1 号内浇口，使用 2 号浇口时，末端延长段长度为 110 mm。在直浇口底部放入少许渣团模拟物，然后依次进行两种情况下的浇注试验。观察不同的末端延长段对挡渣效果的影响。特别注意每次浇注初期，当第一股液流到达横绕道末端时的流动状态和渣团的运动情况（包括渣团返回情况）。

5.5.4.4　离心集渣包式浇注系统挡渣效果

以模型 4# 进行浇注试验。该模型直浇道最小截面直径为 18 mm、截面积为 254 mm²；F_1横浇道呈高梯形，从直浇口的一侧进水，截面上底为 20 mm，下底为 22 mm，高为 25 mm，截面积为 525 mm²；F_2横浇道呈矮梯形，截面上底为 24 mm，下底为27 mm，高为 20 mm，截面面积为 510 mm²；内浇道呈扁平梯形，2 个内浇口位于横浇道一侧，截面上底为 17 mm，下底为 19 mm，高为 7 mm，截面面积为 252 mm²。其浇口比为

$$F_{直} : F_{横1} : F_{横2} : F_{内} = 254\ mm^2 : 525\ mm^2 : 510\ mm^2 : 252\ mm^2 = 1 : 2 : 2 : 1$$

末端延长段长度约 80 mm。进行浇注实验时，将渣团模拟物放入浇口杯内，注意观察浇注系统的流动状态及横浇道各部位的挡渣效果。在图上示意地画出"渣团"的停留位置（在试验中内浇口面积可以用橡皮泥加以调节，以适应所需要的断面积比）。

5.5.5　实验记录与数据处理

将实验结果填入表 5-21。

表 5-21　直浇道内不同位置的负压值

不同位置	h（毫米汞柱）	
	1# 模型	2# 模型
上孔		
中孔		
下孔		

5.5.6　思考题

（1）根据实验结果说明产生水平旋涡的原因及防止方法。

（2）有机玻璃直浇道中的吸气现象在砂型中是否存在？为什么？

参考文献

[1] 王祥生. 铸造实验技术 [M]. 南京：东南大学出版社，1990.

[2] 贾志宏，傅明喜. 金属材料液态成型工艺 [M]. 北京：化学工业出版社，2007.

5.6 实验6 液态金属凝固过程模拟综合实验

5.6.1 实验目的

（1）深化理解金属的凝固过程和凝固组织的形成过程。

（2）深化理解凝固中的孕育期、结晶潜热、异质形核、凝固缺陷等现象。

5.6.2 实验原理

液态金属的凝固过程中，金属的不透明性阻止了液相流动变化情况的实时观测。由于实际钢锭解剖的困难，物理模拟是建立在相似原理的基础上，所以要求模型的物理本质与原型相同，并且和原型在几何尺寸上是相似的。物理模型的实验研究是将原型的几何尺寸和实验条件按照一定的比例进行简化，在相似原理的指导下，利用合理的测试手段，对所要研究的原型的物理模型以及整个实验系统进行有效的观察、测试，以获得有效的实验参数及结果。大量研究实验表明，某些溶液或有机透明物质的凝固过程同金属凝固过程很类似，如 NH_4Cl、$Na_2S_2O_3$、丁二腈苯，它们都具有透明性，并且它们的凝固区间接近室温，所以更适于对实验条件的控制和对凝固过程的直接动态观测。通过水溶液或有机透明物质丁二腈苯凝固模拟实验，大大深化了人们对界面生长、界面稳定性、柱状晶、等轴晶转变及宏观偏析等现象的认识。

本实验采用硫代硫酸钠为介质，根据相似性原理，进行金属凝固模拟实验，通过有机玻璃观察凝固中的晶核形成、晶体生长和凝固缺陷形成过程。

5.6.2.1 物性参数

本实验采用分析纯硫代硫酸钠，分子式为 $Na_2S_2O_3 \cdot 5H_2O$，分子量为 248.17，密度为 1.79 g/cm^3，体积收缩 7%～9%，熔点为 48℃～52℃，固相线温度为 44℃～45℃，沸点为 100℃，导热系数为 0.73 W/m·℃，固态比热容为 5.56 kJ/kg·℃，液态比热容为 138 kJ/kg·℃，结晶潜热为 118.1 kJ/kg，56℃溶于结晶水中，使用前试剂应在 40℃恒温干燥 24 小时，除去多余水分。

5.6.2.2 实验模型装置

实验选择模型比为 1:10，所用模型如图 5-21 所示。实验模型中，用于模拟钢锭模两侧由铜板制作而成，模拟钢锭中心部分前后由有机玻璃制作而成，从而实现较好的绝热效果，同时方便实验过程中进行观察记录。

图 5—21　凝固模拟装置

5.6.2.3　初始条件

实际钢的液相线温度为 1490℃，实际浇铸温度为 1540℃，硫代硫酸钠液相线温度为 50℃，实际模拟过程的浇铸温度根据下面的比例关系式得到：

$$(T_{钢液} - T_{钢液液相线})/(T_{试剂} - T_{试剂液相线}) = A$$

$A=10$，因此，模拟实验的浇铸温度为 55℃。但是考虑到浇铸时间长，浇铸过程散热较快，温度降低速度快，所以本模拟实验拟定浇铸温度为 62℃，以保证在浇铸完成时硫代硫酸钠的温度为 55℃。

5.6.2.4　冷却条件

本实验主要通过循环水来进行冷却，通过调整恒温箱的工作稳定从而改变冷却水的温度，达到实验所要求的冷却条件。

为了减少硫代硫酸钠凝固过程受其他条件的影响，在实验过程中应注意以下几个问题：在用硫代硫酸钠模拟特厚扁钢锭的凝固过程时，最重要的是要严格控制从有机玻璃部分和顶部的散热，使结晶进程由冷却壁向有机玻璃部分生长；在实验过程中要避免液态时的对流、搅拌和振动，以阻止界面前方的晶粒游离；要尽量提高硫代硫酸钠纯净度，减少杂质，避免非匀质形核以及给观察造成的假象；为了促进凝固应该尽量提高冷却强度，本实验中可以提高水的流速来达到目的，从而减少了非主要因素对实验的影响。

5.6.3　实验仪器、设备与材料

（1）实验仪器、设备：自制定向凝固装置、恒温箱、天平。

（2）实验材料：模拟物：硫代硫酸钠。

（3）辅助器材：钢尺、橡胶水管、温度计（固定夹）、玻璃棒、烧杯、酒精灯（铁

架）、石棉网、厚棉手套、长镊子、钢片尺、透明胶带。

（4）化学试剂：冰、乙醇。

5.6.4　实验内容与步骤

（1）将水浴锅、模型等设备用软塑料水管正确连接，并向水浴锅内注入足量的水，设置水浴锅温度，进行加热，达到设定温度。

（2）将硫代硫酸钠放入烧杯内，用电炉或酒精灯加热到 62℃使之熔化。在加热过程中需要用玻璃棒不断进行搅拌，加速硫代硫酸钠的熔化，使液相温度均匀。

（3）在硫代硫酸钠液体温度达到 62℃时，用吹风机将实验模型预热，准备进行浇注。

（4）浇注，同时通冷却水，开启水浴锅循环泵，进行循环。

（5）浇注结束后，在顶部使用照明灯进行加热，或使用有机玻璃板封闭进行绝热保温。

（6）每隔 5 min 或 10 min，使用数码相机记录凝固过程，用钢尺测量凝固层厚度，用温度计测量温度。由平方根定律计算凝固系数 K 和凝固速度 v，Δd 为凝固层厚度增量，Δt 为时间间隔，数据记录见表 5-22。

（7）凝固完全后，记录凝固时间，观察缩孔位置及凝固结构。

（8）最后将模型置于 80℃～100℃热水中，短暂浸泡后，将凝固体从模型中取出，经打磨后做进一步观察。

5.6.5　实验记录与数据处理

表 5-22　实验数据记录表

参数	序号				
	1	2	3	4	5
Δd（mm）					
T（℃）					
Δt（min）					
v（mm·min^{-1}）					
K（mm·min$^{-1/2}$）					
冷却水温度： 是否加入形核剂：					

（1）记录凝固组织形成过程的图像（拍摄照片）。

（2）采用平方根定律计算凝固速度，绘制凝固层厚度—凝固时间曲线、温度—凝固时间曲线、凝固系数—凝固层厚度曲线、凝固速度—凝固层厚度曲线。

5.6.6　思考题

（1）分析凝固过程中的组织形成过程、凝固组织特征及其影响因素。

（2）分析凝固可能产生的缺陷类型与形成原因。

参考文献

[1] 沙明红，李娜，宋波，等. 硫代硫酸钠模拟液态金属凝固实验 [J]. 实验技术与管理，2010，27（2）：27−29.

[2] 李恒，白博峰，苏燕兵，等. 用 NH_4Cl-H_2O 溶液共晶凝固实验模拟 Bridgman 法晶体生长过程 [J]. 西安交通大学学报，2007，41（11）：1298−1302.

5.7　实验 7　铸钢综合实验

5.7.1　实验目的

（1）了解中频感应炉熔炼合金材料的原理。

（2）掌握铸钢熔炼和浇注的工艺过程。

（3）了解熔炼、浇注工艺对铸钢材料组织和性能的影响。

5.7.2　实验原理

5.7.2.1　中频感应熔炼

1. 感应电炉工作原理与基本电路

感应电炉炼钢是利用交流电感应的作用，使坩埚内的金属炉料（或钢液）本身发热而熔融的一种炼钢方法。在一个用耐火材料筑成的坩埚外面套有螺旋形的感应线圈，坩埚内盛装的金属炉料如同插在线圈中的铁芯，当线圈上通交流电时，由于交流电的感应作用，在金属炉料的内部产生感应电动势，并因此产生感应电流涡流，由于金属炉料的电阻，产生电热效应，感应电炉进行金属熔炼所用的热量就是利用这种原理产生的。感应电炉的基本电路一般由变频电源、电容、感应线圈和坩埚组成，如图 5−22 所示。

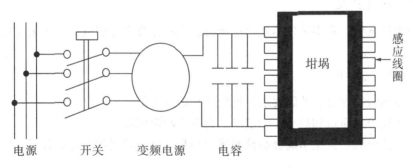

图 5−22　感应电炉工作原理示意图

2. 感应电炉的类型

熔炼金属用的感应电炉一般有有芯感应电炉和无芯感应电炉，有芯感应电炉一般用于铸铁和非铁合金的熔炼，而无芯感应电炉主要用于铸铁熔炼、炼钢和高温合金的熔炼。按照电流频率可分为工频、中频和高频感应电炉。按照坩埚材料的性质不同，可分为酸性感应电炉和碱性感应电炉。酸性感应电炉的坩埚是用硅砂筑成的，碱性感应电炉的坩埚是用镁砂筑成的，现在出现了一些中性炉衬材料。酸性感应炉可用于熔炼各种碳钢和中低合金钢，使用范围广。由于酸性炉衬限制了渣的碱度，一般的酸性渣不能很好地完成脱硫和脱磷，因此，感应电炉炼钢所用炉料废钢和回炉料，其成分应接近钢液的终点成分，所用炉料必须是低碳低硫的，一般应低于合金的规格上限 $0.005\% \sim 0.01\%$。除了化学成分要符合要求外，还应具有适当的尺寸，使炉料能够有效加热。在实际操作中可用一些碎料充填空隙，以提高坩埚内炉料的致密度。"炼钢就要炼渣，只要渣炼好了，钢也就差不多了"，这种说法对原始炉料与终点要求有很大距离的情况下非常适宜。酸性感应电炉炼钢由于使用的炉料成分与钢液终点成分接近，在这种情况下，没有必要教条地强调炼渣。按酸性感应电炉炼钢的要求，熔化期不必造渣，以充分利用此时的氧化气氛，充分地氧化，得到沸腾；还原期的造渣操作应按还原期要完成的任务而操作。还原期的主要任务有四个方面：一是升温，二是脱氧，三是脱硫，四是调整成分。

3. 感应电炉的特点

感应电炉炼钢由于整个熔炼过程中金属液自始至终处于强烈的电磁搅拌中，因而终点成分均匀度高，宏观偏析小，而且易于各类夹杂物的上浮，可以得到基体比较纯净、成分比较均匀的钢液。另外，与电弧炉炼钢相比，感应电炉利用电磁感应原理使炉料本体发热，表现为发热快、熔炼周期短、热效率高等特点；由于加热能源清洁，加热过程中没有大量的火焰和气体放出，污染小；由于没有电弧的超高温作用，使得钢中元素的烧损率较低。

由于感应电炉炼钢具有熔炼周期短、热效率高、操作简单且合金烧损较少、环保的特点，在铸造行业使用越来越普遍。但实际生产中感应电炉炼钢都主要集中在冶炼吨位 1.5 吨以下，冶炼吨位超过 5 吨的感应电炉炼钢还较少，特别是大吨位的酸性感应电炉就更少了。

5.7.2.2 配料计算

感应电炉炼钢，多半采用不氧化法熔炼，配料计算多参照电弧炉不氧化法配料计算方法进行。

1. 配料注意事项

（1）根据铸钢牌号和性能要求，确定合理的控制值。

（2）根据炉料质量和炉子实际情况，合理地确定回收率。

（3）主要金属炉料化学成分必须明确，当只知道回炉料牌号时，各元素均按照中上限计算。

（4）含 C 量按中限配入，炉料中的 C 不计烧损。

（5）硫磷含量控制：碱性炉熔炼，S，P 含量不大于标准规定值；酸性炉熔炼，S，P 含量应比标准规定值低 $0.005\% \sim 0.010\%$。

2. 配料计算步骤

为了简化运算，以炉料代替钢液量。

（1）计算铁合金加入量。

$$铁合金加入量（kg）=\frac{炉料总量（kg）×控制值（\%）÷回收率（\%）-回炉料含该元素量（kg）}{铁合金中该元素含量（\%）}$$

低合金钢：

$$铁合金加入量（kg）=\frac{出钢量（kg）×[控制成分（\%）-炉内钢液元素含量（\%）]}{铁合金中元素含量（\%）×收得率（\%）}$$

高合金钢：

$$铁合金加入量（kg）=\frac{炉内钢液量（kg）×[控制成分（\%）-炉内钢液元素（\%）]}{[铁合金成分（\%）-控制成分（\%）]×收得率（\%）}$$

（2）计算碳素废钢（或原料纯铁）预加量。

碳素废钢预加量（kg）=炉料总量（kg）-回炉料重量（kg）-铁合金总量（kg）

（3）核算炉料中 C，Si，Mn 平均含量。

$$平均含量(\%)=\frac{\sum 各种炉料重量(kg)×元素含量(\%)}{炉料总量(kg)}×100\%$$

（4）计算生铁、硅铁、锰铁加入量。

$$加入量=\frac{炉料总量(kg)×[控制值(\%)÷回收率(\%)-炉料中平均含量(\%)]}{生铁含 C 量（或硅铁、锰铁中 Si、Mn 含量)(\%)}$$

注意：使用高碳锰铁配料时，因为锰铁要带入较多的碳，生铁的加入量应比实际计算结果适当减小。

（5）碳素钢实际加入量。

碳素钢实际加入量（kg）=碳素废钢预加量（kg）-生铁加入量（kg）-硅铁加入量（kg）-锰铁加入量（kg）

（6）验算硫、磷含量。

$$\frac{\sum 各种炉料重量(kg)×各种炉料 S,P 含量(\%)}{炉料总量(kg)}×100\%≤炉料中 S(P) 允许含量(\%)$$

5.7.2.3　钢水浇注

浇注是指将熔炼好的金属液浇入铸型（铸锭模）的过程。浇注温度、浇注速度等工艺参数对铸钢材料的质量有重要影响。通常，提高浇注温度可以增加合金流动性，防止铸件产生浇不足、冷隔等铸造缺陷，但浇注温度过高，金属的总收缩量增加，吸气增多，氧化严重，铸件容易产生缩孔、缩松、粘砂、气孔、粗晶等缺陷，因此，在保证足够流动性的前提下应尽量降低浇注温度。金属液的充型过程是形成铸锭非常重要的阶段。充型过程中液态金属充填型腔的顺序、平稳性以及充型时间等都会造成铸件缺陷的产生。若浇注速度过慢，容易造成冷隔或浇不足的缺陷；如果浇注速度过快，易产生夹杂等缺陷，过大流速冲击铸型的型壁还可能使型壁破损，产生砂眼或多肉等缺陷。充型过程还影响铸锭的温度场。

金属浇注是高温操作，必须注意安全，必须穿戴安全防护装置，严格按照操作流程进行操作，预防危险。浇注前，必须清理浇注行进通道，防止摔倒。浇注时必须切断加热电源。在浇注前对模具进行预烘，防止模具中残留水分导致金属溶液飞溅。

5.7.2.4 铸钢铸态组织与性能检测

1. 金相组织观察

通过在铸锭上取样，制备铸钢的金相试样。经浸蚀后，在金相显微镜下确定铸钢的铸态组织。

铸钢的含碳量通常处于低、中碳范围，一般不超过 0.6%，高碳铸钢很少。按化学成分，铸钢分为铸造碳钢和铸造合金钢。铸造碳钢又可分为铸造低碳钢、铸造中碳钢、铸造高碳钢三种，铸造合金钢也可分为铸造低合金钢、铸造中合金钢和铸造高合金钢三种。铸造合金钢中常见的合金元素有 Mn，Si，Cr，Ni，Mo，W，V，Cu，Nb，Zr，Ti，B，Re 等。铸钢的铸态组织特点：晶粒粗大，偏析，存在铸造缺陷。

由于铸钢浇注温度高、冷却速度较慢，导致奥氏体晶粒长大，凝固组织为粗大树枝晶。在钢液的冷却过程中，有部分铁素体由奥氏体晶界析出并向晶粒内部生长或在奥氏体晶内独立析出，最终形成部分片状铁素体分布在珠光体中，即形成魏氏组织。魏氏组织的金相形貌：分布在晶界上的魏氏组织常为锯齿状或成排分布的羽毛状从原奥氏体晶界伸向晶内；在原奥氏体晶内的魏氏组织铁素体常呈针状、针片状或三角形。魏氏组织的形貌受奥氏体化温度和冷却速度的影响。奥氏体化温度越高，魏氏组织铁素体的针越长、越粗，不同位向的铁素体针越容易彼此接触，越易形成晶内魏氏组织铁素体针片。冷却速度慢时，魏氏组织易呈三角形；冷却速度快时，魏氏组织易呈羽毛状成排分布。

由于钢液凝固时主要以树枝晶方式生长，先结晶的枝干含杂质元素和合金较少，最后凝固部分和树枝晶间杂质元素和非金属夹杂物偏聚，这使得晶界与晶内成分不一致，称为枝晶偏析。枝晶偏析属于微观偏析。金属铸锭中各宏观区域化学成分不均匀，即为宏观偏析。宏观偏析与材料本性、浇铸条件、冷却条件、铸件形状等许多因素有关。冷却速度越慢，微观偏析和宏观偏析越严重。

属于铸锭的宏观组织缺陷包括缩孔、缩松、气孔、热裂纹、夹杂物，以及由固态收缩引起的冷裂纹、白点等。这些缺陷不能通过压力加工去除，它们破坏了金属的连续性，恶化了铸钢的性能，必须严格控制。

2. 力学性能检测

从铸锭上取样，检测和分析铸钢的抗拉强度、屈服强度、硬度、冲击韧性等力学性能。

3. 其他性能检测

从铸锭上取样，根据需要检测和分析铸钢的导热性、热膨胀性、耐磨性、抗腐蚀性、高温抗氧化性等性能。

5.7.3 实验仪器、设备与材料

(1) 实验仪器、设备：中频感应熔炼炉、箱式电阻炉、搅拌勺、浇勺、电子秤、铸型、金相显微镜、抛光机、切割机、金相切割机、万能试验机、硬度计、冲击试验机。

(2) 实验材料：废钢、硅铁、锰铁、铬铁、钼铁、钒铁、纯镍等炉料若干，铸造生

铁、碎电极、焦炭粉等增碳材料若干，铝粉、硅钙粉等脱氧材料若干，生石灰、萤石、氟石、珍珠岩等造渣材料若干，金相砂纸；硝酸、酒精等腐蚀液。

5.7.4　实验内容

（1）铸钢材质成分的选择或设计。

（2）铸钢熔炼工艺设计及配料计算。

（3）配料计算。

（4）铸钢熔炼操作。

（5）钢水浇注铸锭。

（6）铸钢金相组织观察。

（7）铸钢的强度、硬度等性能检测。

5.7.5　实验记录与数据处理

将实验结果填入表 5-23。

表 5-23　铸钢实验数据记录表

铸钢材质成分	
铸钢熔炼工艺及关键参数	
配料情况	
浇注工艺及关键参数	
铸钢金相组织及图片	
铸钢性能	

5.7.6　思考题

铸态组织与平衡组织之间有何差异？

参考文献

[1] 胡汉起. 铸钢及其熔炼技术 [M]. 北京：化学工业出版社，2010.

[2] 闫庆斌. 铸造合金熔炼及控制 [M]. 长沙：中南大学出版社，2011.

5.8　实验 8　铝合金熔铸综合实验

5.8.1　实验目的

（1）掌握坩埚电阻炉熔炼铝合金的工艺和过程。

（2）了解熔炼工艺对铸造铝合金质量的影响。

（3）掌握铝合金软材料金相试样的制备技巧。

5.8.2 实验原理

5.8.2.1 铝合金的类型和主要合金元素及其作用

铝合金是工业中应用最广泛的一类有色金属结构材料，在航空、航天、汽车、机械制造、船舶及化学工业中已大量应用。铝合金按加工方法可以分为形变铝合金和铸造铝合金两大类。

形变铝合金能承受压力加工，可加工成各种形态、规格的铝合金材，主要用于制造航空器材、建筑用门窗等。形变铝合金又分为不可热处理强化型铝合金和可热处理强化型铝合金。不可热处理强化型铝合金不能通过热处理来提高机械性能，只能通过冷加工变形来实现强化，它主要包括高纯铝、工业高纯铝、工业纯铝以及防锈铝等。可热处理强化型铝合金可以通过淬火和时效等热处理手段来提高机械性能，它可分为硬铝、锻铝、超硬铝和特殊铝合金等。

铸造铝合金按化学成分可分为铝硅合金、铝铜合金、铝镁合金、铝锌合金和铝稀土合金，其中铝硅合金又有过共晶硅铝合金、共晶硅铝合金、单共晶硅铝合金，铸造铝合金在铸态下使用。

根据成分特点，铝合金分为三个系列。

（1）铝硅系：合金中硅含量在共晶点附近，合金的流动性好，铸造性能好，不易产生裂纹，致密性好，热膨胀量小，导热性好，耐腐蚀，适合压铸大型薄壁复杂铸件。但是其机械性能不够高，切削性稍差，阳极氧化不理想。

（2）铝硅铜系：合金具有最佳综合性能，应用广泛，尤其在汽摩行业。

（3）铝镁系：合金的强度、塑性、耐蚀性和表面质量最佳，但收缩和膨胀量大，铸造性能差。

铝合金中常见的合金元素及其作用如下：

（1）硅：铝与硅的共晶点在 11.7%，共晶合金的凝固温度范围最小，补缩及抗热裂性最好，共晶点附近的合金都有良好的流动性，适合铸造薄壁、复杂大型的铸件。随着含硅量的提高，强度与硬度也有所提升，但伸长力下降，切削性能变差，而合金对坩埚的熔蚀也增加。

（2）铜：铜对于铝合金可提高其机械性能，改善切削性，但耐蚀性降低，热裂倾向增大。

（3）镁：铝镁合金耐蚀性好，但由于凝固温度范围大，有热脆性，故铸件易于产生裂纹，其流动性随着镁含量的提高而改善，但相应收缩也增加。对于铝硅系合金而言，镁有强化效能，提高耐蚀性，改善电镀、阳极氧化的性能及铸件表面质量。但对铝硅铜系合金而言，必须控制其含量，因为镁会造成热裂、冷脆，降低伸长率和冲击韧性。

（4）铁：铁能缓解铝与模具的亲和力，通常控制在 $0.6\%\sim1\%$ 之间，过高的含铁量会在铸件中产生 $FeAl_3$ 针状相，降低性能。在铝硅系及铝硅铜系合金里，过量的 Fe 形成金属间化合物，造成脆性，在切削时会影响表面粗糙度。

（5）锰：适量锰能中和过量铁的不利影响，但不大于 0.5%。

（6）锌：可提高流动性，改善机械性能，但高温脆性大，产生热裂。

（7）锡：改善切削性能，降低强度和耐蚀性，有高温脆性。

（8）镍：少量的镍能改善机械性能，对耐蚀性不利。

（9）铅：改善切削性能，但有损耐蚀性。

（10）铬：改善耐蚀性。

（11）钛：细化结晶，改善性能。

5.8.2.2　铝合金熔炼设备、工具的选择以及炉料的准备

1. 熔炼设备的选择

铝合金的熔炼炉主要有坩埚电阻炉、燃气炉、感应电炉等，其中燃气炉的效力较高。保温炉：最常用的是井式坩埚炉，可以是电阻炉也可以燃油、燃气炉。

对于金属型铸造可采用两种熔炼设备，使用燃气连续熔化炉熔化铝液，然后转包到坩埚电阻炉进行后续处理（精炼及变质）；也可使用坩埚电阻炉熔化铝液及进行后续处理（精炼及变质）。采用坩埚电阻炉熔化铝液，铝液温度控制 750℃ 以下，熔化过程的铝液吸气较少；采用燃气连续熔化炉熔化铝液，铝液温度控制容易超过 750℃，熔化过程的铝液吸气倾向较大。

2. 熔炼工具的选择和准备

熔炼前熔炼工具的准备对铝液熔炼质量影响较大，坩埚采用石墨及 SiC 材质，使用前需进行预热烘干。如采用金属材质坩埚，最好选用不锈钢材质；如选用铸铁材质坩埚，以合金球墨铸铁为好。常用的浇包、浇勺等多采用不锈钢制作。

新坩埚及长期未用的旧坩埚，使用前均应吹砂，并加热到 700℃～800℃，保持 2～4 h，以烧除附着在坩埚内壁的水分及可燃物质，待冷到 300℃ 以下时，仔细清理坩埚内壁，在温度不低于 200℃ 时喷涂料。坩埚使用前应预热至暗红色（500℃～600℃），并保温 2 h 以上。新坩埚在熔炼之前，最好先熔化一炉同牌号的回炉料。钟罩、压瓢、搅拌勺、浇勺、锭模等使用前均应预热，并在 150℃～200℃ 温度下涂以防护性涂料，并彻底烘干，烘干温度为 200℃～400℃，保温 2 h 以上，使用后应彻底清除表面上附着的氧化物、氟化物，最好进行吹砂。钟罩、压瓢、搅拌勺、浇勺、锭模等的涂料厚度以 0.3～0.8 mm 为宜，坩埚涂料可稍厚一些。涂料最好选掉专用的金属型非水基涂料，也可自行配制，基本配方如表 5-24 所示，使用前涂料需预热到 50℃～90℃。

表 5-24　涂料配方

成分	氧化锌或铝矾土	水玻璃	表面活性剂	水
配比	占水量 10%～20%	占水量 8%～15%	占水量 1%	100%

3. 炉料的准备

熔炼所使用的炉料需存放在干燥、不易混淆和污染的地方，铝锭按炉号分批次摆放，中间合金及其他炉料应分隔摆放。炉料使用前应经吹砂处理，以去除表面的锈蚀、油脂等污物。放置时间不长，表面较干净的铝合金锭及金属型回炉料可以不经吹砂处

理，但应消除混在炉料内的铁质过滤网及镶嵌件等，所有的炉料在入炉前均应进行预热烘干处理（大于100℃，超过2 h），以去除表面附着的水分。对于所使用的盐类变质剂和除气剂，塑料密封包装在使用前不允许打开，在潮湿季节，使用前最好进行烘干处理。

5.8.2.3　铝合金的熔炼工艺

铝合金的熔炼一般均有熔炼及保温两个过程。铝合金熔炼的工艺流程如下：

熔炉及工具准备、炉料准备、快速分析精炼剂准备→熔炉预热→装料→熔化→炉前检查→调整成分→精炼和除渣→调温→浇入保温炉→（炉内精炼）→变质处理→浇注成型。

（1）装料：铝锭应符合国家标准的要求，使用前要经过预热，将水分全部蒸发掉，因为水在炉内外发生分解，产生O_2与H_2，其中的O_2与铝合成Al_2O_3成为夹杂，而H_2则在熔液里转为铸件的气孔。旧料：浇道、废铸件及溢流槽等旧料中必定含有大量的水、油污杂物和涂料，应该在清理和烘干后投入炉内熔炼。通常旧料使用量不超过50％。

（2）熔化：铝合金熔炼温度常在670℃～750℃范围内，过高的温度会加剧铝的氧化过程，过低的温度则使铝液呈粥状，使熔渣及杂质不易分离。漂浮于液面的渣要及时清除，因为在液面上生成的氧化铝薄膜结构很致密，有防止进一步氧化的作用，但由于氧化铝的比重与铝合金非常接近，故它残留在铝液内不会自动漂浮上液面，需用精炼的办法来去除。以熔炼ZL101A为例，熔化工序操作如下：将铝锭或回炉料在坩埚内熔化（坩埚容量的1/3），熔化温度小于730℃，然后将规定重量的硅（块度适宜）加入已熔化的铝合金液中，加完以后，用铝锭将硅块压入铝合金液内部，不允许硅块裸露在空气中，加热熔化，待全部熔化后，搅拌均匀，将温度调整到680℃～700℃，用钟罩将镁压入铝合金液中的，移动钟罩，待镁全部熔化后，将钟罩从铝合金液中提出，铝钛硼丝在精炼前加入。

（3）炉前检查：铝合金熔炼完成后，对其应该进行化学成分分析，应用最广泛的是光谱仪测量，如不合格则转入下一步的调整过程。另外还要全面检查金相、机械性能等。

（4）调整成分：按分析结果，缺什么补什么，但是要求加入的是中间合金，如果是铝则可以直接加入。

（5）精炼：合金的精炼是为了获得纯净合金液，去除铝合金中的气体、非金属夹杂物和其他有害元素，减少隐患。

①精炼剂：通常为氯化锌、六氯乙烷、氯气、氮气和氯化锰，二氧化钛加氯化锰，后者用于特殊合金，镁铝合金使用的精炼剂更不一样。氯盐要吸湿，故必须经过烘烤才能使用。用氯盐精炼比较好，原理是在炉内发生化学反应生成$AlCl_3$（沸点为121℃）在合金内是气态，上浮过程中把杂质、气体等吸附在一起上浮，效果很好，但烟雾很大，对环保而言不理想。氯气精炼是目前效果最好的方法，但其精炼过程中产生的HCl腐蚀和污染严重。氮气精炼效果尚可，使用方便，无毒无味。近年来开发了不少无毒精炼剂，除气效果可以，但除渣作用不大，但综合效果尚无一个十分理想的品种。

②精炼剂的使用量：通常精炼剂与合金的比例为 2%~4%。

③精炼温度：精炼温度通常为 700℃~740℃，精炼 10 min，静置 15 min。吹氯精炼温度不超过 700℃，气压 0.1~0.2 MPa。

④精炼方式：a. 盐类除气。最常见的是用钟罩将精炼剂压到距炉底 100 mm 左右加以搅动。钟罩大小根据精炼剂的使用量确定，钟罩上的出气孔以 ϕ3~5 mm 为宜。处理温度为 710℃~750℃，总加入量分为两次加入较为合理。操作时，钟罩一般要求压入到坩埚底部，并在熔池内缓慢移动（不要刮碰坩埚底部和坩埚壁），直至反应完成。熔炉上排风罩不小于坩埚直径。b. 吹氩精炼。旋转喷吹氩气精炼装置比单管吹气方式效果好，总的原则为铝合金液表面在处理时，无明显大气泡产生。喷吹工艺可调节的参数有吹头转速、进气压力、进气量、精炼时间、铝液温度、吹头在坩埚中的工作位置。也有用氮气作载体将精炼剂喷吹进入铝液来达到目的。

（6）调温：将合格合金液的温度调整至适宜温度（如 710℃），然后浇入保温炉待用。

（7）变质处理：铸造铝硅合金变质处理的目的是细化合金组织，改变共晶硅形态，提高铸件的力学性能。①钠盐变质：对于变质后的铝合金液，如在 1 h 内浇注完成，建议使用钠盐变质。其工艺过程为预热三元变质剂，在 735℃~750℃将钠盐均匀撒在铝合金液表面，使之产生分散的橘黄色火苗，时间 3~8 min。如采用氩气旋转喷吹精炼，建议二者复合使用。钠盐加入量为 1.5%~2.5%。②锶变质：对于变质后的铝合金液，如在 1 h 内不能浇注完成，使用锶变质，建议使用铝锶合金（10% Sr）作为变质剂，不建议采用锶盐变质。其工艺过程为在铝合金熔化见铝水后，尽快加入铝锶合金，而且要保证在加锶 1 h 后进行浇注。一般要求加入锶后进行精炼处理。锶的加入量 0.01%~0.03%。

最后浇注成锭子或铸件，浇注过程中注意控制浇注温度和控制浇注速度，注意挡渣。

5.8.2.4　铸造铝合金金相试样的制备和铸态组织观察

铝合金金相组织的观察包括磨光、抛光、浸蚀、观察四个步骤。

软金属在磨光过程中的黏着感觉与碳钢样品有显著区别，特别是在 400 目以上的细砂纸的磨光操作中尤其明显。同时，镶嵌样品磨面上性质不同的金属材料、镶嵌材料的复杂性，在手感、稳定的控制上，与整体金属样品也存在差异。

对于软金属在抛光过程中质量的波动以及容易造成内部变形层的特点，注意随时检查、关注。浸蚀的时候，为了使样品表面浸蚀均匀，要将样品表面倾斜放置在腐蚀液中，便于气泡的逸出。同时，不要一直在烧杯中的同一个位置长时间停留，应当多次转换位置，保证腐蚀液不会出现局部失效。浸蚀完成后，利用金相显微镜观察铝合金的组织。

5.8.3　实验仪器、设备与材料

（1）实验仪器、设备：坩埚电阻炉、箱式电阻炉、钟罩、压瓢、搅拌勺、浇勺、电子秤、铸型、金相显微镜、抛光机、切割机、金相切割机、万能试验机、硬度计。

（2）实验材料：铝锭若干，铝硅、铝钛、铝镁、铝铜等中间合金若干，变质剂等其他辅助材料，金相砂纸，混合酸腐蚀试剂（HF 1.0%，HCl 1.5%，HNO$_3$ 2.5%，水95%；蚀刻时间为 1~5 min）等。

5.8.4 实验内容

（1）铸造铝合金材质成分的选择或设计。
（2）铝合金熔炼工艺设计及配料计算。
（3）配料计算。
（4）铝合金熔炼操作。
（5）铝液浇注铸锭。
（6）铸造铝合金金相试样制备和组织观察。

5.8.5 实验记录与数据处理

将实验结果填入表 5-25。

表 5-25 铝合金熔铸实验数据记录表

铸造铝合金材质成分	
铝合金熔炼工艺及关键参数	
配料情况	
变质剂	
浇注工艺及关键参数	
铸造铝合金金相组织及图片	

5.8.6 思考题

（1）熔炼温度和熔炼时间对铝合金铸件质量有何影响？该如何控制？
（2）制备铝合金金相试样与制备钢铁材料金相试样有何差异？

参考文献

[1] 唐剑，王德满，刘静安，等. 铝合金熔炼与铸造技术 [M]. 北京：冶金工业出版社，2009.
[2] 中华人民共和国国家质量监督检验检疫总局，中国国家标准管理委员会. YS/T 11—1991 铝及铝合金电阻熔炼炉、保温炉 [M]. 北京：中国标准出版社，1991.

第6章　焊接成型实验

6.1　实验1　异种材料的高频感应钎焊及接头微观组织与性能分析

6.1.1　实验目的

（1）掌握感应钎焊的设备和基本工艺，深化对工艺参数影响焊接接头的理解。

（2）基于感应钎焊实验培养学生研究材料工程中成分—工艺—组织—性能关系问题的思维。

6.1.2　实验原理

6.1.2.1　钎焊

钎焊技术是采用（或过程中自动生成）比母材熔化温度低的钎料，采取低于母材固相线而高于钎料液相线的操作温度，通过熔化的钎料将母材连接在一起的一种焊接技术。钎焊时，钎料熔化为液态而母材保持固态，液态钎料在母材的间隙中或表面上润湿，毛细流动，填充，铺展，与母材相互作用（溶解、扩散或产生金属间化合物），冷却凝固形成牢固的接头，从而将母材连接在一起。

钎焊的方式很多，按照热源种类和加热方法的不同，目前应用在硬质合金的钎焊技术主要包括氧—乙炔火焰钎焊、高频感应钎焊、真空钎焊等。高频感应钎焊是利用交变磁场—电场感应现象，使处于场中的焊件上产生涡流效应对焊件进行加热，然后使钎料熔化，达到焊接的目的。高频感应钎焊焊接过程中所使用的主要设备包括高频感应加热设备、频感应钎焊机械装置及水冷系统和控制系统。高频感应钎焊适应性强，可在各种气氛下钎焊，加热速度快，钎料液化过程短，还能防止母材晶粒长大，能量传输集中，接头平整、均匀、一致性强，合金损耗少，效率高，在钎焊过程中可以随时观察、调整，操作简单，劳动条件比较好，可实现大批量的自动或半自动钎焊，适合于大批量工业化生产。但是，高频感应钎焊加热速度过快，易使工件局部过热和钎料熔化不完全，从而产生裂纹，此外，功率过小，加热时间过长，容易造成焊件氧化，且对焊件形状有限制。虽然设备一次性投资大，耗电量多，但在工业化生产中，高频感应钎焊的成本非常低廉，目前广泛应用于硬质合金刀片、钎具等的制造中。

6.1.2.2 钎焊工艺参数

影响硬质合金与钢钎焊接头性能的因素有很多,主要包括以下几个方面:

(1)钎焊温度。

钎焊温度过低会降低熔融钎料的流动性,影响钎料对焊缝的填充,容易产生虚焊、气孔、夹杂等焊接缺陷,继而降低焊接接头的强度。同时,较低的钎焊温度不利于基体材料与钎料充分反应形成冶金结合。随钎焊温度的升高,除了钎料的润湿性不断提高之外,钎料与母材之间的相互扩散、溶解也有所增加,两者之间的冶金结合能力也不断提高,这使得在一定温度范围内钎焊接头的力学性能有所提高,但是温度过高将加剧被焊接材料和钎料的氧化,钎料中低熔点元素,特别是 Zn 的蒸发使钎料损失,降低钎料的性能。随钎焊温度的升高,母材基体的晶粒如硬质合金的 WC 相会发生长大,而且在焊后应力集中会加剧;焊缝组织也会随温度的升高而变得粗大,导致焊缝力学性能有所下降。同时,较高的钎焊温度使基体材料与钎料反应剧烈,容易形成脆性相,降低焊接接头强度,焊后容易产生裂纹。随钎焊温度的升高,液态钎料的流动性也不断升高,过高的流动性会导致钎料从焊缝中溢出,钎料的流失不仅不利于钎料吸收钎焊应力,而且会导致焊缝宽度下降,使得焊后残余应力增加。

(2)保温时间。

钎焊时增加保温时间有利于改善硬质合金与熔融钎料界面的润湿性,促进钎料与基体材料间元素的相互扩散,有利于形成冶金结合,焊缝组织成分更均匀,能够帮助提高焊接质量。但过长的保温时间会导致钎料中元素的蒸发,造成钎料流失,形成大量的脆性相,降低焊缝质量。随保温时间的延长,被焊母材晶粒不断长大,焊缝组织也随之长大,氧化趋势也明显增强,焊件整体的力学性能也开始下降。而保温时间过短,则会使基体材料与钎料之间扩散反应不充分,大大降低焊缝的结合强度,同时也会影响钎料对焊缝的填充,降低钎焊接头的力学性能。

(3)冷却速度。

焊后冷却速度过快,容易在焊缝处产生严重的焊接应力,焊后硬质合金可能会发生形变,甚至产生裂纹。冷却速度过慢,虽然可以防止裂纹,但是会导致母材晶粒长大,焊缝组织粗化,降低焊接质量,同时使焊接过程效率降低。在高频感应钎焊中,较慢的冷却速度虽然可以明显减小焊接应力,但对钢材基体的淬火不利,导致基体性能下降。在焊后冷却的过程中,保温温度过低,应力不能得到有效释放,对防止裂纹意义不大。在硬质合金钎焊后,适当的保温和缓冷工艺措施是减少裂纹的必要措施,一般可将焊件放入温度为 350℃~380℃ 的保温箱中保温 4~8 h,然后在空气或者石灰、硼砂等冷却介质中缓冷到室温。

(4)钎料选择。

钎料是钎缝的填充材料,钎料在加热熔化后,通过润湿母材表面,利用毛细作用填充整个钎缝,与母材之间发生相互溶解、扩散,发生合金化反应,最后使工件获得有效连接。因此,钎料的性能以及钎料与母材间的相互作用在一定程度上决定了钎焊接头的性能。在硬质合金钎焊工业中所使用的钎料主要有银基、铜基、镍基以及锰基钎料。目前广泛应用于工业化生产的是银基和铜基钎料。银基钎料对硬质合金具有较好的润湿性、焊缝填充性，钎焊温度较低，焊接应力小，焊后开裂倾向小，产品质量稳定。但银基钎料钎焊接头的适用范围具有局限性，使用银基钎料焊接工件的工作温度不宜超过200℃。相对于银基钎料，由于铜的熔点要高一些，因此铜基钎料的焊接温度相对较高，接头力学性能也更为突出，但铜基钎料在硬质合金表面的润湿性较差，另外由于铜钎焊温度较高，钎焊后在硬质合金侧容易产生裂纹。

6.1.3　实验仪器、设备与材料

（1）实验仪器、设备：超声清洗仪、感应加热设备、金相显微镜、维氏硬度计、金相抛光机、游标卡尺。

（2）实验材料：硬质合金、不锈钢、碳钢、铝合金、银基钎料、铜基钎料、三明治钎料、钎剂、生石灰等；10％铁氰化钾和氢氧化钠溶液，4％硝酸酒精溶液。主要钎料信息见表6-1。

表 6-1　主要钎料信息

钎料牌号	主要化学成份（％）	熔化温度（℃）	焊接温度（℃）	相当于其他标准牌号
BCu58ZnMn	Cu：58；Zn：38；Mn：4；Fe：少量	880～909	910～954	ChinaHL105
BAg-20Cd	Ag：19～21；Cu：39～41；Cd：14～16；Zn：余量	620～730	730～765	BAg20CuZnCd
CT861	AgCuZnNiMn/Cu/AgCuZnNiMn三明治焊料	640～695	635～760	AgCuZnNiMn

6.1.4　实验内容与步骤

（1）工艺选择。选择本次焊接实验中要研究的焊接工艺因素（钎料、电流、保温时间、冷却速度），填写表6-2，并记录钎剂、电压、电流、钎料厚度、钎料尺寸等其他实验参数。

（2）母材处理。试样表面要保持平整，并进行超声除油清洗；根据需要可进行抛光。

（3）涂刷钎剂。在母材表面刷上一层钎剂。

（4）放入钎料。将钎料放入母材之间，调整电流，确定最高温度和保温时间。

（5）焊后冷却。施焊结束后，采用空冷或生石灰中保温后冷却的方式进行。

（6）磨制试样。利用金刚石磨盘磨制金相，进行抛光，同时进行浸蚀（硬质合金用10％铁氰化钾和氢氧化钠，钢用4％硝酸酒精），并观察焊缝完整性与界面组织。

（7）硬度检测。检测钎焊接头界面硬度分布，绘制钎焊接头界面的显微硬度分布图，并与焊接前进行对比。

（8）组织观察。观察钎焊接头金相组织，画出钎焊接头界面微观组织与形貌。

6.1.5 实验记录与数据处理

（1）实验工艺参数记录表。

实验工艺参数见表6-2。

表6-2 实验工艺参数

试样号	母材1	母材2	钎料成分	钎料厚度（mm）	焊接温度电流（A）	保温时间	冷却形式
1							
2							
3							
4							

（2）绘制钎焊接头界面的显微硬度分布图（HV VS Position）。

（3）提供钎焊接头界面微观组织金相照片，并标注出硬质合金、钢、焊缝等部位及界面组织。

（4）结合实验现象与结果分析焊缝界面微观组织的形成原因。

6.1.6 实验思考题

试分析异种材料焊接界面结合强度的影响因素有哪些。

参考文献

[1] 罗蒙丽. 硬质合金钎焊技术的现状与发展 [J]. 硬质合金，2015，32（2）：108-118.

6.2 实验2 低碳钢熔焊接头分区微观组织与性能分析

6.2.1 实验目的

（1）观察与分析焊接接头的结晶形态和低碳钢焊接接头各区域的组织特征。

（2）掌握用金相显微镜分析焊接接头各区域组织分布特征的方法。

6.2.2 实验原理

焊接接头由焊缝区、熔合区和热影响区（HAZ）三部分组成。焊接时，由于对焊件进行了局部的不均匀加热，从而导致焊接接头上不同区域被加热的最高温度不同，而且焊后的冷却速度也不相同。因此，其组织特征存在明显差异。熔合区是焊接接头中焊缝向母材HAZ过渡的区域，熔合区的构成及附近各区的相对位置如图6-1所示。

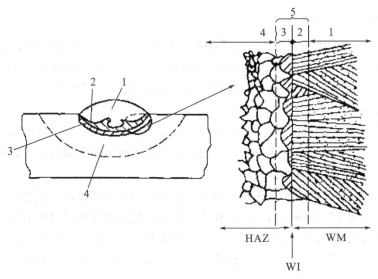

图 6-1　熔合区的构成

1-焊缝区（富焊条成分）；2-焊缝区（富母材成分）；3-半熔化区；4-HAZ；5-熔合区

1. 焊缝区的组织

熔焊时，焊缝区指由焊缝表面和熔合线（焊接接头横截面上经腐蚀所显示的焊缝轮廓线）所包围的区域。

其组织是由液态金属结晶得到的铸态组织。焊缝金属的结晶从熔合线上处于半熔化的晶粒开始，垂直于熔合线向熔池中心生长，形成柱状晶。焊缝是由熔池金属结晶凝固形成的，由于熔池金属冷却速度快且在运动状态下结晶，因此形成的组织为非平衡组织。焊接熔池金属开始凝固时，多数情况下晶体从熔合区半熔化的晶粒上以柱状晶形态长大，长大的主方向与最大散热方向一致。由于熔池各部位成分过冷不同，凝固形态也有所不同，焊缝金属凝固时的结晶形态如图 6-2 所示。不过，实际焊缝中由于化学成分、板厚、接头形式不同，不一定具有图 6-2 所示的全部凝固形态。另外，焊接工艺参数对凝固形态也有很大影响。

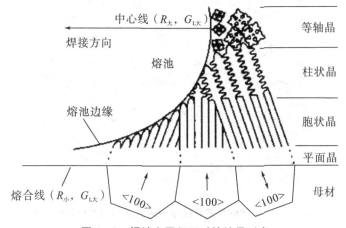

图 6-2　焊缝金属凝固时的结晶形态

R-晶体生长速度；G_L-溶池液态金属温度梯度（下标表示变大或变小）

2. 热影响区的组织

HAZ 是指在焊接热源作用于焊缝外侧处于固态的母材发生组织和性能变化的区域。由于焊接时 HAZ 上各点距离焊缝的远近不同，各点所经历的焊接热循环不同，因此整个 HAZ 的组织和性能分布是不均匀的。HAZ 的组织分布与钢的种类、不同部位的加热最高温度有关。

（1）低碳钢焊接热影响区中各点在焊接时被加热的最高温度及其焊后冷却的组织变化可与铁碳合金相图结合起来分析。根据焊接过程中组织变化的特征，低碳钢焊接接头的热影响区可分为如下几个区域。

①熔合区，即熔合线附近焊缝金属到基体金属的过渡部分，温度处在固相线与液相线之间，金属处于局部熔化状态，晶粒十分粗大，化学成分和组织极不均匀。冷却后的组织为过热组织，这段区域很窄（2~3 个晶粒宽度），金相观察实际上很难明显地区分出来，但该区对焊接接头的强度、韧性都有很大影响，往往熔合线附近是裂纹和脆断的发源地。

②过热区（被加热至 A_{c3} 线以上 100℃~200℃ 到固相线之间）。过热区的峰值温度在固相线以下到晶粒开始急剧长大的温度范围内，相应区域组织粗大；奥氏体晶粒急剧长大，形成过热组织。

③正火区（被加热至 A_{c3} 线到 A_{c3} 线以上 100℃~200℃ 之间）。正火区的峰值温度在 A_{c3} 线以上到晶粒开始急剧长大的温度范围内，加热时发生完全奥氏体相变，冷却后组织由细小的铁素体和珠光体组成。

④部分相变区（被加热至 A_{c1} 到 A_{c3} 线之间）。加热时发生奥氏体相变的组织冷却时转变为细小的铁素体和珠光体，未发生相变的铁素体继续长大成为粗大的铁素体，晶粒大小和组织不均匀。

图 6-3、图 6-4、图 6-5 是低碳钢焊接接头中的熔合区和过热区、正火区，以及低碳钢母材的显微组织。

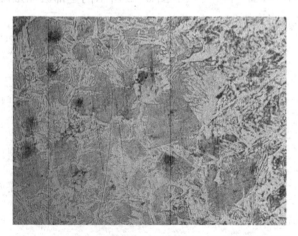

图 6-3 低碳钢焊接接头中的熔合区与过热区显微组织

图 6-4　低碳钢焊接接头中的正火区显微组织

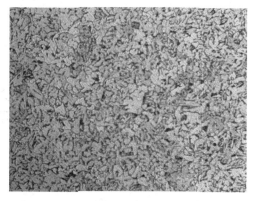

图 6-5　低碳钢母材显微组织

（2）易淬火钢（如中碳钢、合金钢等）的焊接热影响区在焊接后冷却时会产生淬硬组织（马氏体）。因此，其热影响区可分为淬火区（被加热至 A_{c3} 线以上）和部分淬火区（被加热至 A_{c1} 线～A_{c3} 线之间），见图 6-6。

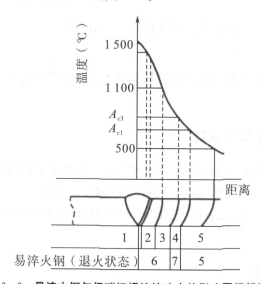

图 6-6　易淬火钢与低碳钢焊接接头中热影响区组织比较

1—熔合区；2—过热区；3—正火区；4—部分相变区；5—未受影响区（母材）；

6—淬火区；7—部分淬火区

6.2.3　实验仪器、设备与材料

（1）实验仪器设备：金相试样切割机、金相试样抛光机、电吹风、金相显微镜、维氏硬度计。

（2）实验材料：低碳钢（A3 钢、20 钢或 16Mn 等）熔焊试样，不同粒度的金相砂纸，抛光布、抛光液（粒径为 $0.3\sim1~\mu m$ 的 Cr_2O_3 粉末制成水的悬浮液）或抛光膏，浸蚀剂（4％硝酸酒精溶液）。

6.2.4 实验内容与步骤

1. 金相试样的制备

（1）取样。在室温下采用机械加工方法垂直切割焊缝，然后在断面上取金相观察试样。包括完整的焊缝及热影响区和部分母材，切割时注意加强冷却。

（2）金相试样的预磨、抛光与浸蚀。金相试样经过砂纸粗磨、细磨和 Cr_2O_3 粉制成水的悬浮液进行抛光，并进行浸蚀。

2. 焊接接头组织观察

（1）低倍观察焊接接头组织，寻找熔合线，然后高倍放大观察熔合区的组织特点。

（2）观察焊缝结晶的特点，并由熔合区开始向焊缝中心推移，观察焊缝组织的变化规律。

（3）观察 HAZ 的分区组织特点，包括过热区、正火区、部分相变区的组织，并与母材的进行对比。

（4）利用图像采集系统记录拍摄各区域金相组织照片。

3. 熔焊接头硬度分布

利用维氏硬度计检测焊接接头各区域的硬度，分析各接头各区域的性能特点与其组织特征的关系。

6.2.5 实验记录与数据处理

（1）保存规范的金相组织照片，图片要清晰、无划痕和附着污染物。标注焊接接头各组织名称，包括焊缝区、熔合线、HAZ 各区域、母材等。

（2）绘制熔焊接头界面的维氏硬度分布图（HV VS Position，纵坐标为硬度，横坐标为离熔合线的距离）。

6.2.6 实验思考题

焊接接头可以分为几个典型区域，各分区的微观组织和性能有何特点？简述其形成原因。

参考文献

［1］张会，冯小明. 材料成型及控制工程专业实验教程［M］. 西安：陕西科学技术出版社，2008.

第7章　塑性成形实验

7.1　实验 1　冲压模具拆装测绘实验

7.1.1　实验目的

（1）增加模具结构的感性知识。

①掌握冲模各部分零件的名称及其在模具中的作用。

②了解常用冲模材料及一般热处理要求。

③掌握模具零件的相互连接与配合关系。

④掌握典型冲压模具的结构及组成。

⑤了解冲模工作原理。

（2）培养实践动手能力。

本实验可以培养学生的动手能力，增强学生对本专业的兴趣，为以后从事模具设计工作打下基础。

（3）复习巩固制图知识。

画法几何在大学一年级时学习过，当时主要学习画图的基本方法。通过完成本实验的装配图，能在巩固制图知识的同时，复习计算机绘图和专业知识。

7.1.2　实验仪器、设备与材料

（1）实验仪器、设备：钳工台、内六角扳手、螺丝刀、铜棒、榔头、钢尺、游标卡尺等。

（2）实验材料：典型冲模 4 副。

7.1.3　实验内容与步骤

7.1.3.1　实验内容

（1）学生自行拆装冲模一副，并绘制该模具的装配简图。

（2）学习冲模结构的一般知识，分析成型零件的加工方法。

7.1.3.2 实验步骤

1. 冷冲压模拆装与测绘

（1）将模具从存放架上取下，放在钳工台上（注意：由于模具由能分开的上模、下模部分组成，为防止下模部分滑落，造成伤害，必须双手抬下模部分）。

（2）仔细观察冲模的外形结构，分清上模、下模部分，再抬住上模，用锤轻敲下模，将模具分开。

（3）仔细观察，了解模具中可见零件的名称、作用，初步掌握其所完成的冲压工序名称，以及毛坯与工件的大致形状。

（4）分别拆开上模、下模两大部分（注意：在拆装过程中，不允许用铁锤敲打模具的机加工面，以免造成模具主要零件的损伤；模具是单件生产的，装配后各零件的相对位置不变，它们之间的位置关系有标记，拆开前注意观察，以防复原时安装不上）。

（5）依次了解凸模、凹模的结构、形状、加工方法、固定方法，定位部分的零件名称、结构、形状及定位特点，卸料及压料部分的零件名称、结构、形状、动作原理及安装方式，导向部分的零件名称、结构、形状，固定零件名称、结构、形状等。

（6）拆开模具，测画模具非标准件的零件图。非标准件包括凸模、凹模、凸凹模、固定板、卸料板、垫板、侧刃及侧刃挡料、始用挡块、固定挡料、导料板、承料板、模柄、推板、打板、上下模座等。

（7）绘制模具的简要装配图。

（8）观察完毕后，将模具各零件擦拭干净，涂上机油，将拆散的模具零件按上模、下模两大部分依照一定顺序还原（注意标记方向），最终恢复成原状，检查是否装配正确。手抬模具下方，把它放回原处，整理好工具。

（9）检查装配正确与否后，在冲床上安装和调整冲模，并试冲出冲压件。

（10）整理清点拆装用工具，打扫现场卫生。

（11）经实验指导教师检查签名后，方准离开。

2. 冷冲压模具拆装与测绘过程

（1）级进模拆装过程。

①用撬杠或铜棒分开上、下模。

②拆开下模凹模部分。

a. 由下模座面向凹模方向打出销钉，卸下螺钉，分开凹模和下模座。

b. 卸下螺钉、导料板与凹模的销钉，使导料板和凹模分开。

c. 测画下模各零件。

③拆开上模凸模部分。

a. 卸下卸料螺钉，取下卸料板。

b. 由上模底顶面向固定板方向打出销钉，卸下螺钉，分开上模座、上垫板和凸模及固定板。

c. 将凸模从固定模板中打出。

d. 将模柄从上模座中打出。

e. 测画上模各零件。

④组装模具。

a. 将模柄装入上模座待用。

b. 将凸模装入固定板待用。

c. 组装下模。

Ⅰ. 将凹模放在下模座上，初步拧紧螺钉，装入销钉后再将螺钉拧紧。

Ⅱ. 将导料板放在凹模面上，初步拧紧螺钉，有始用挡料时，要将始用挡块放在导料板与凹模之间，打入销钉后再拧紧螺钉。

Ⅲ. 装入挡料销。

d. 组装上模。

Ⅰ. 在平放的下模，导板上放上两块平行垫铁。

Ⅱ. 将带固定板的凸模插入凹模型孔。

Ⅲ. 放上垫板。

Ⅳ. 合拢上模座，并初步拧紧螺钉。

Ⅴ. 打开上模，由固定板方向向上模座方向打入销钉后再拧紧螺钉。

Ⅵ. 装上卸料板。

e. 合拢上下模具。

（2）复合模的拆装过程。

复合模的拆装顺序和方法与级进模相同，只是各部分的零件名称和关系不同，可根据模具实物，参考级进模的拆装方法进行。

3. 拆装时的注意事项

（1）不准用榔头直接敲打模具，防止模具零件变形。

（2）分开模具前要将各零件连接关系做好记号。

（3）上、下模座的导柱、导套不要拆开，上模座与导套、下模座与导柱不要拆开，否则不能还原。

（4）画模具装配图时，应打开上模画下模的俯视图。

（5）装配图的右上角为冲件工序图，工序图的下边为排样图。

（6）模具零件可不标公差和表面粗糙度。但要注明零件名称，材料及必要的热处理要求。

7.1.4　相关知识

7.1.4.1　典型模具结构示意图

如图 7-1、7-2 所示均为典型的模具结构。图 7-1 为落料、冲孔正装复合模，图 7-2 为落料、拉深、冲孔复合模。示意图能清楚表达模具的工作原理、所完成的冲压工序、组成零件的作用和基本的装配关系，供实验时绘制所拆装模具的装配结构示意图作参考。

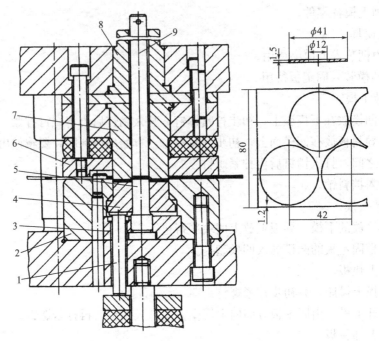

图 7-1 落料、冲孔正装复合模

1-顶件杆；2-落料凹模；3-冲孔凸模固定板；4，8-推件块；
5-冲孔凸模；6-卸料板；7-凸凹模；9-模柄

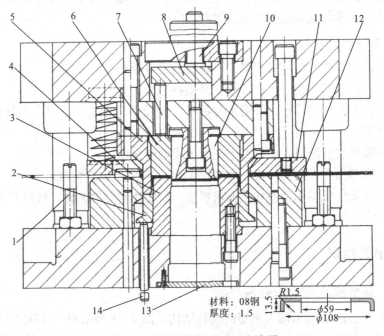

材料：08钢
厚度：1.5

图 7-2 落料、拉深、冲孔复合模

1-导向螺栓；2-压料板（卸料板）；3-拉深凸模（冲孔凹模）；4-挡料销；
5-拉深凹模（落料凸模）；6-顶出器；7-顶销；8-顶板；9-推杆；
10-冲孔凸模；11-弹性卸料板；12-落料凹模；13-盖板；14-托杆

7.1.4.2 冲模及其零件的分类

实验时，为便于理解和掌握模具的结构组成、工作原理，模具零件的作用等知识，应掌握冲模的分类、冲模零件的分类。

（1）冲模的分类。冲压件品种、式样繁多，导致冲压模具的类型复杂，根据不同方法，冲模分类如下：

①按完成的冲压工序性质，可分为落料模、冲孔模、切断模、整修模、弯曲模、拉深模、成型模等。

②按完成的冲压工序组合程度，可分为单工序模、级进模和复合模等。

③按导向方式，可分为无导向的开式模，有导向的导板模、导柱模等。

④按卸料方式，可分为刚性卸料模、弹性卸料模等。

⑤按送料、出件及排除废料的方式，可分为手动模、半自动模、自动模等。

（2）冲模零件的分类。冲模根据其复杂程度不同，一般都由数个、数十个甚至更多的零件组成。根据零件的作用可将冲模零件分为五个类型。

①工作零件：完成冲压工作的零件，如凸模、凹模、凸凹模等。

②定位零件：这些零件的作用是保证送料时有良好的导向和控制送料的进距，如挡料销、定距侧刃、导正销、定位板、导料板、侧压板等。

③卸料、推件零件：这些零件的作用是保证在冲压工序完毕后将制件和废料排除，以保证下一次冲压工序顺利进行，如推件器、卸料板、废料切刀等。

④导向零件：这些零件的作用是保证上模与下模相对运动时有精确的导向，使凸模、凹模间有均匀的间隙，提高冲压件的质量，如导柱、导套、导板等。

⑤安装、固定零件：这些零件的作用是使上述四部分零件联结成"整体"，保证各零件间的相对位置，并使模具能安装在压力机上，如上模板、下模板、模柄、固定板、垫板、螺钉、圆柱销等。

7.1.5 实验报告要求

（1）实验目的、内容、实验模具。

（2）简述拆装冲模的工作原理。

（3）简述一副冲模的拆装过程。

（4）根据实验模具，绘出该模具的装配结构示意图。

（5）按所拆装的模具，对模具零件进行分类。

7.1.6 实验思考题

（1）分析冲裁模与拉深模的工作原理与模具结构上的区别。

（2）分析冲裁模中弹性卸料与刚性卸料的区别。

7.1.7 相关附表（表7-1至表7-3）

表7-1 冲模主要零件配合关系参考表

试样号	相关配合零件	配合松紧程度	配合要求	配合尺寸测量值	配合尺寸调整值
1	凸模与凹模		凸模实体小于凹模洞口的一个间隙值		
2	凸模与凹模固定板		H7/m6 或 H7/n6		
3	上模座和模柄		H7/r6 或 H7/s6		
4	导柱与导套		H6/h5 或 H7/h6		
5	模座和导柱		H7/r6 或 H7/s6		
6	卸料板与凸模		卸料板孔大于凸模实体0.2~0.6		
7	销钉与待定位模板		H7/m6 或 H7/m6		

表7-2 冲模工作零件常用材料及硬度要求

模具名称	使用条件	推荐使用钢号	代用钢号	工作硬度 HRC
轻载冲裁模（$t<2$ mm）	<0.3 mm 软料箔带 硬料箔带 小批量、简单形状 中批量、复杂形状 高精度要求 大批量生产 高硅钢片（小型） （中型） 各种易损小冲头	T10A 7CrSiMnMoV T10A MnCrWV Cr2 MnCrWV Cr12MoV Cr5Mo1V Cr12 Cr12MoV W6Mo5Cr4V	T8A CrWMn Cr2 9Mn2V CrWMn 9CrWMn Cr4W2MoV Cr12MoV W18Cr4V	56~60（凸模） 37~40（凹模） 62~64（凹模） 48~52（凸模） 58~62（易脆折件56~58） 59~61
重载冲裁模	中厚钢板及高强度薄板 易损小尺寸凸模	Cr12MoV Cr4W4MoV W6Mo5Cr4V	Cr5Mo1V W18Cr4V，V3N	54~56（复杂） 56~58（简单） 58~61
重载拉深模	大批量小型拉深模 大批量大、中型拉深模 耐热钢、不锈钢拉深模	SiMnMo Ni-Cr 合金铸铁 Cr12MoV 65Nb（小型）	Cr12 球墨铸铁 GT-15	60~62 45~50 65~67（渗氮） 64~66
弯曲、翻边模	轻型、简单 简单易裂 轻型、复杂 大量生产用 高强度钢板及奥氏体钢板	T10A T7A CrWMn Cr12MoV Cr12MoV	9CrWMn	57~60 54~56 57~60 57~60 65~67（渗氮）

表7-3 冲模一般零件用料及热处理要求

零件名称及其使用情况		选用材料	热处理硬度 HRC
上模座	一般负荷一般负荷	HT200，HT250	—
	负荷较大	HT250，Q235	—
下模座	负荷特大，受高速冲击	45	（调质）28～32
	用于滚动导柱模架	QT400-18，ZG310-570	—
	用于大型模具	HT250，ZG310-570	—
模柄	压入式、旋入式和凸缘式	Q235，Q275	—
	通用互换性模柄	45，T8A	43～48
	带球面的活动模柄、垫块等	45	43～48
导柱	大量生产	20	（渗碳淬硬）56～60
导套	单件生产	T10A，9Mn2V	56～60
	用于滚动配合	Cr12，GCr15	62～64
固定板、卸料板、定位板		Q235（45）	（43～48）
垫板	一般用途	45	43～48
	单位压力特大	T8A，9Mn2V	52～55
推板	一般用途	Q235	—
顶板	重要用途	45	43～48
顶杆	一般用途	45	43～48
推杆	重要用途	Cr6WV，CrWMn	56～60
导料板		Q235（45）	（43～48）
导板模用导板		HT200，45	
侧刃、挡块		45（T8A，9Mn2V）	43～48（56～60）
定位钉、定位块、挡料销		45	43～48
废料切刀		T10A，9Mn2V	58～60
导正销	一般用途	T10A，9Mn2V，Cr12	56～60
	高耐磨	Cr12MoV	60～62
斜楔、滑块		Cr6WV，CrWMn	58～62
圆柱销、销钉		（45）T7A	（43～48）50～55
模套、模框		Q235（45）	（调质28～32）
卸料螺钉		45	（头部淬硬）35～40
圆钢丝弹簧		65Mn	40～48
蝶形弹簧		65Mn，50CrVA	43～48
限位块（圈）		45	43～48
承料板		Q235	—

续表7-3

零件名称及其使用情况			选用材料	热处理硬度 HRC
钢球保持圈			ZQSn10-1，2A04	—
压边圈	一般拉深	小型	T10A，9Mn2V，CrWMn	54~58
		大、中型	低合金铸铁 CrWMn，9 CrWMn	
	双动拉深		钼钒铸铁	—
中层预应力圈			5CrNiMo，40Cr，35CrMoA	45~47
外层预应力圈			5CrNiMo，40Cr，35CrMoA，35CrMnSiA，45	40~42

参考文献

[1] 曹建国. 金属冲压成形工艺与模具设计［M］. 北京：中国铁道出版社，2015.

[2] 王孝培. 冲压手册［M］. 北京：机械工业出版社，2005.

[3] 姜奎华. 冲压工艺与模具设计［M］. 北京：机械工业出版社，2007.

[4] 翁其金，徐新成. 冲压工艺及模具设计［M］. 北京：机械工业出版社，2005.

[5] 陈文琳. 金属板料成形工艺与模具设计［M］. 北京：机械工业出版社，2012.

[6] 模具实用技术丛书编委会. 冲模设计应用实例［M］. 北京：机械工业出版社，2005.

7.2 实验2 金属板料冲压成形性能实验

7.2.1 实验目的

（1）通过实验对板材冲裁变形的3个过程有深入认识，定性了解板材性能对冲裁项目的影响。

（2）了解液压冲压机的基本操作和工作原理。

（3）了解板材在冲压成型过程中，拉深系数、拉深高度、压边力、摩擦润滑、凸凹模间隙等因素对拉伸件质量的影响，同时对拉深和胀形过程中金属流动方向进行观察。

（4）掌握不同条件下板材拉深或胀形成形中拉深力、胀形力分别与行程和速度的变化关系，并能绘制曲线图。

7.2.2 实验原理

冲裁时板料的变形具有明显的阶段性，与单向拉伸相似，由弹性变形过渡到塑性变形，最后产生断裂分离。冲裁的变形过程如图7-3所示。

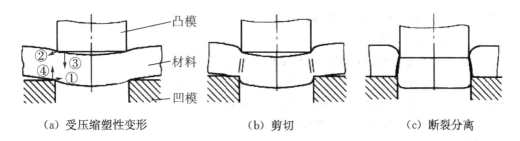

（a）受压缩塑性变形　　　　　（b）剪切　　　　　　（c）断裂分离

图 7-3　冲裁变形过程示意图

①—凹模对板料的侧压力；②—凸模对板料的侧压力；

③—凸模对板料的垂直作用力；④—凹模对板料的垂直作用力

第一阶段：弹性变形阶段。凸模接触材料，将材料压入凹模口。在凸、凹模的压力作用下，材料表面受到挤压产生弹性变形。出于凸、凹模之间存在间隙，使材料受压产生压缩、拉伸和弯曲变形。

第二阶段：塑性变形阶段。如图 7-3（a）所示，当凸模继续压入，出材料的应力状态满足塑性变形条件时，产生塑性变形。在塑性剪变形的同时，还有弯曲与拉伸变形，冲裁变形力不断增大，直到刃口附近的材料由于拉应力的作用出现微裂纹时，冲裁变形力就达到了最大值。

第三阶段：断裂分离阶段。如图 7-3（b）、（c）所示，当凸模仍然不断地继续压入，凸模刃口附近应力达到破坏应力时，先后在凹模、凸模刃口侧面产生裂纹。由于刃尖部分的静水压应力较高，因而裂纹起点不在刃尖，而是在模具侧面距刃尖很近的地方，而且在裂纹产生的同时也形成了毛刺。裂纹产生后沿最大剪应力方向向材料内层发展，使材料最后分离。

对于塑性较好的材料，冲裁时裂纹出现得较晚，因而材料被剪切的深度较大，所得断面的光亮面所占的比例大，圆角大，弯曲大，断裂面较窄，毛刺小。而塑性较差的材料，裂纹出现得较早，因而材料被剪切的深度较小，所得断面的光亮面所占的比例小，圆角小，弯曲小，断裂面较宽。

板材的冲压成型性能，除了冲裁工序，还需研究拉深和胀形两种方式。对金属板料冲压成型时，可对某些材料特性或工艺参数提出要求，如拉深性能指标、胀形性能指标。拉深系数是衡量拉深变形程度的指标，拉深系数越小，表明拉深直径越小，变形程度越大，坯料被拉入凹模越困难，因此越容易产生拉裂废品。一般情况下，拉伸系数 m 不小于 $0.5 \sim 0.8$。坯料塑性差的要按上限选取，塑性好的可按下限选取。一定状态的材料在一定条件下进行拉深，都有一个最小拉深系数，此系数称为极限拉伸系数，它对拉深工艺是一个很重要的参考指标。

（1）拉深实验计算。

最大试样直径 $(D_0)_{max}$ 的确定，一般而言，一组试样中，破裂和未破裂的个数相等时，$(D_0)_{max} = (D_0')_i$，其中 $(D_0')_i$ 为试样直径。

极限拉深率由下式获得：

$$LDR = (D_0)_{max}/d$$

式中　d——凸模的直径，单位为 mm。

（2）胀形实验计算。

①胀形时的变形程度可用胀形系数表示：

$$K_{胀} = d_{max}/d$$

式中　d_{max}——胀形后的最大直径，单位为 mm。

　　　d——圆筒毛坯的直径，单位为 mm。

②杯突值 IE 的计算。

所测数据为板材临破裂时的冲头压入深度 IE，即试样板料的杯突值。

7.2.3　实验仪器、设备与材料

（1）实验仪器、设备：电液伺服试验机、材料杯突试验机。

（2）实验工具：冲压成形模具（1 套）、胀形冲头（1 个）、划线及钳工工具（若干）、游标卡尺（若干）、棉纱、手套、煤油等。

（3）实验材料：板料若干块。

7.2.4　实验内容与步骤

按照实验内容和步骤进行操作，具体如下：

（1）冲裁变形实验。

①将上、下模具分别安装在液压冲压机上，调整好限位开关位置。

②在冲裁模具安装好并检查无误后，合上电源开关，接通电源，启动油泵。

③将"选择"按钮分别调到"冲裁"和"调制"位置，同时按下冲床操作盘两边的工作键。

④将板料放入模具中，按下"滑块下行"按钮，完成冲裁工序。

⑤按下"滑块回程"按钮，取出板料，并对断面和毛刺进行分析。

（2）拉深、胀形实验。

①安装拉深实验模具，进行板料拉深性能研究，掌握在不同成型条件下的金属板料的拉深性能。

a. 进行预试验，确定合理的压边力。

b. 将经过润滑处理的试样置于试验装置中，压紧后对试样进行拉深成型。

②安装胀形实验模具，进行板料胀形性能研究，分析在不同成型条件下的金属板料的胀形性能。实验时应保证试样压紧，直到试样的凸包上某个局部产生颈缩和破裂为止。

③改变压边圈（分别是有拉深筋和无拉深筋），进行胀形实验，改变压边力的大小，并观察成型情况和金属流动方向。首先安装胀形实验模具，进行板料杯突实验，并计算杯突值。

④对实验数据进行处理，同时比较拉深实验和胀形实验的区别。

7.2.5　实验记录与数据处理

实验后书写实验报告，要求写明实验名称，主要内容包括以下几个方面：

（1）绘出冲裁后板料断面的状况，并分析板料冲裁后光亮面、断裂面和圆角各自所占的比例。

（2）对产生光亮面和断裂面的现象进行分析，并分析毛刺形成的原因。

（3）对实验数据进行处理，计算极限拉深率、胀形系数、杯突值。

7.2.6　实验思考题

通过实验来总结有哪些因素影响拉深实验的结果。

参考文献

［1］李慧中. 金属材料塑性成形实验教程［M］. 北京：冶金工业出版社，2011.

第 8 章　冶金工程实验

8.1　实验 1　扩散实验

8.1.1　实验目的

（1）了解引起固态物质中质点扩散的原因和规律。

（2）熟悉用 C—V 特性仪测定扩散系数的实验方法。

8.1.2　实验原理

扩散是一种由热运动所引起的杂质原子或基质原子的输送过程。它不仅对物质的结晶过程有影响，对其他动力学过程也有重要的作用。可以认为扩散代表了微粒的活动性，在物质中若原子分布不均匀，存在浓度梯度，则在物质中就会产生使浓度趋于均匀的定向扩散流；如果存在温度梯度，也会产生粒子的这种定向流。在后一种情况下发生的是所谓的热扩散，在一般情况下，出现扩散的热力学条件是物质中存在着化学位梯度。

由浓度梯度的存在所引起的扩散流 J 由下列微分方程描述：

$$J = -D \frac{\partial N}{\partial x} \qquad (8-1)$$

式中　N——扩散粒子的浓度；

　　　D——扩散系数，单位为 cm^2/s。

负号表示扩散向浓度减小的方向进行。

式（8-1）称为菲克第一定律，它描述了在稳定状态下扩散物质经过单位表面积的渗透速度，由于固体中的扩散通常是在不稳定状态下进行的，即扩散物质的浓度分布随时间和距离而变化，这时菲克第一定律便不适用了，而利用另一个微分方程，即菲克第二定律：

$$\frac{\partial N}{\partial t} = D \frac{\partial^2 N}{\partial^2 x} \qquad (8-2)$$

对于给定的扩散系数，菲克第二定律描述了作为时间函数的扩散粒子浓度在物质各点的分布特性。显然，扩散系数是表征扩散速度的物质常数，而扩散系数可由实验方法得到。

　　扩散系数的测定有许多方法。这些方法基于样品中扩散物质的浓度分布对于扩散退火时间和温度的依赖关系，而浓度分布的确定量要借助于化学、光谱、X 射线照相、电子照相、放射性或其他的元素分析方法。这些是直接测量法，也可用间接法，即借助于扩散物质的掺入所引起的物质某些物理性质改变的特性，如微观硬度、导电性、温差电动势系数等。

　　半导体方法测定扩散系数属于间接的方法，主要利用研究扩散元素的渗入所决定的半导体样品中各部分电学性质改变的方法。这种方法的优点是比较简单，缺点是有局限性，不像放射性同位素方法那样能普遍适用于各种材料，但是它还是有代表性的，在半导体中的扩散和在其他固体中一样，与真实晶体中的结构缺陷及各种不完整性（杂质、位错等）是紧密相关的。

　　实验应用 C—V 特性仪测量硅半导体外延层杂质浓度分布曲线，以估计扩散系数和规律。半导体的特性之一是引入施主或受主杂质后，可使其具有电子型或空穴型导电性。因此，把相应杂质加入试样表层，必将产生一个狭窄的过渡区，即所谓电子—空穴结。当扩散退火条件给定时，通过测定边界的杂质浓度纵向分布，即可估计其扩散系数和规律。

　　当金属和功函数低的 N 型半导体接触时，将有电子从半导体流向金属，这时半导体表面带正电，金属表面带负电，两者之间出现一个接触电势差，从而使半导体能带向上弯曲，形成电子的表面势垒（图 8-1）。在势垒区中，由于势能较高，电子浓度将相应低于体内。其结果是施主的正电荷不能全被电子所中和，形成了由电离施主构成的带正电的空间电荷。如势垒足够高，则势垒区的电子数量极少，而且杂质也几乎都离化了，故势垒区的空间电荷近似等于全部离化的杂质电荷。符合这种情况的表面势垒区也称作耗尽层。当外加反向偏压时（即金属接负，半导体接正），势垒将升高，而且耗尽层宽度也相应增大。耗尽层厚度变化，必然引起空间电荷量的改变，与此同时，在金属表面引起一个等量的负电荷变化。显然，这种由于电压变化引起势垒区内两个界面正、负电荷的变化，相当于一个电容器的效应，结构与平极电容器相当，如图 8-1 所示。

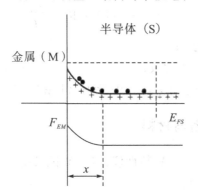

图 8-1　半导体能带的变化

　　因为势垒区的载流子基本耗尽，可以视为介电常数（K）不变的绝缘介质，而势垒区的两面相当于平行板电容器的两个极板，对于宽度为 x 的耗尽层，其电容量 C 可用下式表述：

$$C = \frac{\varepsilon_0 KA}{x} \qquad\qquad (8-3)$$

式中 ε_0——真空介电常数；

$\quad\quad K$——是半导体介电常数；

$\quad\quad A$——截面面积，若金属与半导体是一直径为 D 的原点，则 $A = \pi D^2/4$。

应该指出，耗尽层并不同于简单的电容器，因为耗尽层厚度 x 是随偏压而变化的，故它的电容量也随偏压而变化（图 8-2）。因此，改变直流偏压，可以得到在不同偏压下的耗尽层，即具有不同厚度时的电容值。

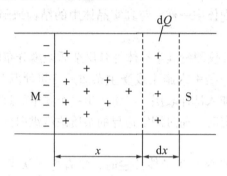

图 8-2　两个界面处正、负电荷的变化

按电容定义：

$$C = \frac{dQ}{dV} \qquad\qquad (8-4)$$

令离界面 x（μm）处的空间电荷浓度为 $N(x)$（原子/cm²），在上述耗尽层的假定下，则 $N(x)$ 也等于该处的杂质浓度。根据半导体物理的原理，可以推导：

$$N(x) = \frac{(2.763 \times 10^{12})C^2}{kd^4(-\frac{dC}{dV})} \qquad\qquad (8-5)$$

$$x = (4.487 \times 10^{-3})\frac{kd^2}{C} \qquad\qquad (8-6)$$

式中 C——电容，单位为 F；

$\quad\quad k$——半导体 Si 的介电常数；

$\quad\quad d$——Si 外延接触面直径，$d = 192$ 密耳（1 密耳 $= 2.54 \times 10^{-3}$ cm）。

8.1.3　实验仪器、设备与材料

（1）实验仪器、设备：C—V 特性仪、X—Y 记录仪。

（2）实验材料：Si 材料。

8.1.4　实验内容与步骤

（1）C—V 特性仪使用前的准备、检查和调试。

（2）X—Y 记录仪使用前的准备和调试。

（3）把 C—V 特性仪和 X—Y 记录仪相连接。

（4）把试样接入 C—V 特性仪中，测定 C—V 关系曲线，重复测定三次。

8.1.5 实验记录与数据处理

（1）根据 C—V 曲线求 $-\mathrm{d}C/\mathrm{d}V$。

（2）按原理中的两个公式，计算 $N(x)$ 及 x 值，完成表 8-1。

表 8-1 扩散实验数据记录表

C	V	$N(x)$	x

（3）作 $N(x)$—x 图（即浓度分布曲线）。

8.1.6 实验思考题

分析 Si 材料中质点扩散的原因。

参考文献

［1］潘清林，孙建林. 材料科学与工程实验教程金属材料分册［M］. 北京：冶金工业出版社，2011.

8.2 实验 2 利用瞬态平面热源法测导热系数

8.2.1 实验目的

掌握瞬态平面热源法测导热系数的原理和方法。

8.2.2 实验原理

瞬态平面热源法（transient plane source method），也称 HotDisk 法，可方便、快捷、精确地测量多种类型材料的热导率、热扩散率以及体积热容。它使用一种薄层圆盘形双螺旋结构探头（图 8-3），同时将其作为平面热源和温度传感器。这种结构可以使探头的面积最小而电阻最大，这样就增加了瞬间温度记录的灵敏度。

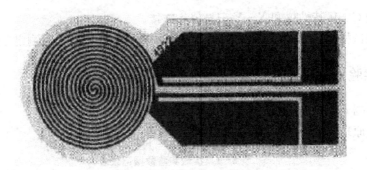

图 8-3 双螺旋结构的 TPS 探头

HotDisk 测量系统（图 8-4）进行测量时，探头被放置于两片表面光洁平整的相同试样中间，当电流通过探头时，产生热量使探头温度上升，同时产生的热量向探头两侧的试样进行扩散，热扩散的速度依赖于材料的热传导特性和探头的尺寸，探头的热阻系数（TCR）随温度的变化而变化，通过记录温度与探头的响应时间，材料的这些热传导特性可以被计算出来。

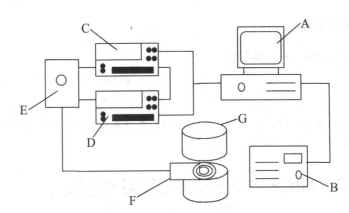

图 8-4 HotDisk 测量系统

A—计算机；B—运算器；C，D—keithley；E—电桥；F—探头；G—试样

HotDisk 法在测试时，假设试样是无限大的，当探头通电加热时，其阻值随时间的变化可表示为

$$R(t) = R_0\{1 + \alpha[\Delta T_i + \Delta T_{ave}(\tau)]\} \tag{8-7}$$

式中　t——时间；

　　　R_0——$t=0$ 时探头的阻值；

　　　A——探头的热阻系效（TCR）；

　　　ΔT_i——保护层薄膜两边的温度差；

　　　$\Delta T_{ave}(\tau)$——假设探头和被测试样完全接触时的平均温度上升值。

ΔT_i 表示试样和探头之间的热接触度。当 $\Delta T_i = 0$ 时，表示试样与探头之间的完全热接触。通常经过一个很短的时间 Δt_i 之后，ΔT_i 是一个常量。这段时间可以表示为

$$\Delta t_i = \frac{\delta^2}{a_i} \tag{8-8}$$

式中　δ——保护层厚度；

　　　a_i——保护层材料的热扩散系数。

$\Delta T_{ave}(\tau)$ 可表示为

$$\Delta T_{ave}(\tau) = \frac{P_0}{\pi^{3/2} r \lambda} D(\tau) \tag{8-9}$$

式中　P_0——从探头输出的总功率；

　　　r——探头的半径；

　　　λ——待测试样的热导率；

　　　$D(\tau)$——无量纲时间函数，其中 $\tau = \sqrt{\dfrac{t}{\theta}} = \sqrt{\dfrac{t\alpha}{r}}$，$t$ 是测试时间，$\theta = r^2/\alpha$ 是特征时间，α 是待测试样的热扩散系数。

将以上公式代入式（8-7），可得

$$R(t) = R^* + C \cdot D(\tau) \tag{8-10}$$

其中

$$R^* = R_0(1 + \alpha \Delta T_i)$$
$$C = \frac{R_0 \alpha P_0}{\pi^{3/2} r \lambda} \tag{8-11}$$

8.2.3　实验仪器、设备与材料

实验仪器、设备：导热系数测定仪、电热鼓风恒温干燥箱、PTFE 模具、电动精密增力搅拌器。

实验材料：石墨粉、电解铜粉、电解铝粉、铁粉、液态环氧树脂 E-44、固化剂 650 型低分子聚酰胺、硅烷偶联剂 3-胺基三乙氧基硅烷。

8.2.4　实验内容与步骤

随着电子元器件的微型化与高性能化，逻辑电路的体积越来越小，快速散热能力成为影响其使用寿命的重要因素。环氧树脂因具有优良的物理机械性能、电绝缘性能和黏结性能，通常用作导热胶黏剂的高分子基体，但其热导率较低（0.18 W/mK），散热性能较差，已难以适应微电子技术和封装技术的快速发展。目前的研究主要是通过在高分子基体中添加高导热性填料来实现材料整体导热系数的提高，即为填充型导热胶复合材料。本实验选取石墨、铜粉和铝粉等三种具有导热填料与环氧树脂制备导热胶黏剂，研究三种导热材料的导热性能的变化，并对比讨论三种填料在填充质量不同时的导热系数。实验步骤如下：

（1）称取计算量的环氧树脂和固化剂（按 1:1 的质量比），并慢速混合，可根据粘度调节需要加入 0~30% 的丙酮稀释。

（2）然后称取配比的导热填料和一些其它助剂加入上述混合的树脂和固化剂中，进行约中速搅拌混合，得到导热胶黏剂。环氧树脂:填料的质量比范围为（石墨 1:1~1:1.3，铝 1:1~1:4，铜 1:1~1:4，铁 1:1~1:4）

（3）将胶黏剂浇铸到直径大于 45 mm、厚度大于 15 mm 的 PTFE 模具中 80℃恒温 30 min 后自然固化成型。

（4）进行导热系数测试。

8.2.5　实验记录与数据处理

（1）记录不同参数下测定导热系数时的原始数据。

表 8-2　测定导热系数记录表

序号	导热填料种类	质量比（树脂：固化剂：填料）	导热系数
1			
2			
3			
4			

（2）根据实验结果分析各工艺参数对导热系数的影响。

8.2.6　实验思考题

哪些因素会影响瞬态平面热源法测量导热系数时的准确度？

参考文献

［1］胡芃，陈则韶. 量热技术和热物性测定［M］. 合肥：中国科学技术大学出版社，2009.

［2］姜自超，汪宏涛，戴丰乐，等. 基于瞬态平面热源法的磷酸镁水泥石导热系数研究［J］. 新型建筑材料，2017：82-85.

［3］符远翔，姚汉伟，吕树申. 填料导热胶黏剂的性能研究［J］. 工程热物理报，2012，33（12）：2137-2139.

第9章　表面工程实验

9.1　实验1　碳钢表面化学镀镍设计性实验

9.1.1　实验目的

（1）了解化学镀镍的基本原理。
（2）掌握镍磷镀层化学镀镀液的配方组成及作用。
（3）掌握化学镀的施镀工艺。

9.1.2　实验原理

化学镀也称无电解镀或自催化镀，是在无外加电流的情况下借助合适的还原剂，使镀液中金属离子还原成金属，并沉积到基底表面的一种镀覆方法。化学镀技术是在金属的催化作用下，通过可控制的氧化还原反应产生金属的沉积过程。

9.1.2.1　化学镀镍的基本原理

目前，化学镀镍（镍磷合金）有四种沉积机理，即原子氢态理论、氢化物传输理论、电化学理论及羟基—镍离子配位理论。最为人接受的是原子氢态理论。

（1）化学镀镍溶液加温后，在催化作用下，次亚磷酸根脱氢形成亚磷酸根，同时析出初生态原子氢，即

$$H_2PO_2^- + H_2O \longrightarrow HPO_3{}^{2-} + H^+ + 2[H]$$

（2）初生态原子氢被吸附在催化金属表面上使其活化，使溶液中的镍阳离子还原，在催化金属表面上沉积金属镍，即

$$Ni^{2+} + 2[H] \longrightarrow Ni + 2H^+$$

（3）随着次亚磷酸根的分解，还原成磷，即

$$H_2PO_2^- + [H] \longrightarrow H_2O + OH^- + P$$

（4）镍原子和磷原子共沉积，形成镍-磷合金层；原子态的氢还会合成氢气放出。

$$Ni + P \longrightarrow Ni - P$$

$$2[H] \longrightarrow H_2 \uparrow$$

163

9.1.2.2　镀液配方组成及作用

（1）镍盐。一般随镍盐浓度升高，沉积速度加快。但镍盐过高时，速度过快易失控，发生镀液自分解，同时镍盐含量还受络合剂、还原剂比例的制约，通常在 20～35 g/L 范围。

（2）次磷酸钠。其用途取决于镍盐的含量。化学镀镍在 pH=4 以上，次磷酸盐都能将镍离子还原，通常沉积 1 g 镍需消耗 5.4 g 次磷酸钠。含量高，沉积速度快，但镀液稳定性差。化学镀镍的沉积速度、质量及镀液稳定性又取决于 $Ni^{2+}/H_2PO_2^-$ 的比值。

（3）络合剂。随着反应的进行，亚磷酸盐将不断积累，当 HPO_3^{2-} 的含量高到一定程度时，就会有亚磷酸镍沉淀析出，将成为潜在的促进溶液自然分解的因素。为此，加入络合剂以络合镍离子，避免产生沉淀。常用的络合剂有乙醇酸、乳酸等二官能配体酸和苹果酸、柠檬酸盐等三官能配体酸。镍离子通过与络合剂中的 O 或 N 形成共同配价键连成一个具有封闭环的镍整合物。

（4）稳定剂。化学镀镍正常工作中，也有微量的镍或镍－磷在全部镀液中自发形成，或析于槽壁，或悬浮于镀液中，这就形成了催化核心，导致镀液的自然分解，而且沉积速度越快的镀液自然分解的趋势也越大。这种分解还易受到亚磷酸镍或落入槽中的尘埃的触发作用。镀液装载量过大，对镀液稳定性也有不利的影响。化学镀镍最棘手的问题是镀液的不稳定，所以必须加入稳定剂。化学镀镍稳定剂可分为四类：①重金属离子，如 Pb^{2+}，Bi^{2+}，Sn^{2+}，Zn^{2+}，Cd^{2+}，Sb^{2+}；②含氧酸盐，如钼酸盐、碘酸盐、钨酸盐等；③含硫化合物，如硫脲及其衍生物、巯基苯骈噻唑、黄原酸酯、硫代硫酸盐、硫氰酸盐等；④有机酸衍生物，如甲基四羟基邻苯二甲酸酐、六内亚甲基四邻苯二甲酸酐等。稳定剂的作用机理：有的稳定剂如金属阳离子等通过优先吸附于镀液中有催化活性的微小镍核粒上或胶粒表面上，使其“中毒”而失去催化活性；有的通过配位作用使亚磷酸与镍核形成微粒，也能抑制镀液的自分解。必须注意稳定剂浓度绝不能高，否则也将“毒化”固体催化表面，还可能导致整个镀液失效。有些稳定剂同时具有增加光泽、提高沉积速度和耐蚀性的作用。

（5）pH 值和缓冲剂。镀液的 pH 值对化学镀镍过程的影响可概括如下：

①当 pH 值增大时，沉积速度随之提高；反之沉速减缓。对于酸性镀液，pH<3 时，沉积反应实际上已终止。

②当 pH 值增大时，所得沉积层含磷量降低。

③增大 pH 值会降低次磷酸盐还原剂的利用率，此时，相当部分还原剂消耗于析氢。

④对于酸性化学镀镍液，当 pH 值增大时，亚磷酸盐的溶解度降低，亚磷酸镍沉淀析出将有触发镀液自然分解的危险。如果 pH 值继续提高，那么，次磷酸盐氧化成亚磷酸盐的反应将由催化反应转化为自发性的均相反应，这时，镀液很快就分解而失效。

为保持镀液 pH 值的稳定性，常加入乙醇酸、醋酸、乙二酸、丁二酸等的钠盐或钾盐作缓冲剂，含量通常为 10～20 g/L。使用过程中，由于副反应将使 pH 值逐渐降低，为此，在次磷酸钠中拌些碱性物质（如碳酸钠）一起加入是很有效的。必须经常测定镀液的 pH 值变化，并用 1：4 的氨水进行调整，有时也可用稀的氢氧化钠溶液。

（6）温度。镀液温度是影响化学镀镍沉积速度最重要的因素之一。沉积速度几乎是随温度成指数地增大，为取得高的沉积速度，许多镀液都尽可能使用较高的工作温度。酸性镀液 pH=4～5，工作温度低于 70℃，则反应实际上已不能进行，一般保持 90℃～95℃。碱性镀液可以用稍低的温度（45℃以下）工作，通常只能在活化过的非导体表面上产生薄的镀层，再用电镀方法加厚。但是镀液温度也不能太高，大于 95℃常会因沉积太快而失控，也会导致亚磷酸盐迅速增加，这些都将触发镀液的自分解。重要的是，必须保持镀液工作温度的相对恒定，因沉积层中磷含量随温度而变化，温度波动幅度大，就会产生分层的片状沉积。另外，加热一定要均匀，特别要防止局部过热。

在铁、钴、镍、铑和钯上可直接化学镀镍，因上述基体本身就具有自催化作用；电位比镍负的铝、镁、钛、铍等金属，浸入化学镀镍液后，靠置换反应在其表面沉积一层有自催化作用的镍，所以也无需经活化程序就能直接镀镍。但是铝与化学镀镍层的结合力不好，容易起泡，最好在化学镀镍之前先进行浸锌处理。对于无催化作用且电位较正的金属，如铜及其合金、锰、银及高强度铁合金等，需要用其他方法来引发起镀。

9.1.3 实验仪器、设备与材料

（1）实验仪器、设备：恒温槽、电吹风、金相显微镜、抛光机、电子天平、分析天平、金相试样切割机。

（2）基底材料：铁片、铜片、不锈钢、塑料等。

（3）辅助器材：烧杯、量筒、滴管、玻棒、pH 试纸、砂纸、镊子。

（4）化学试剂：蒸馏水、$NiSO_4$、$SnCl_4$、NaH_2PO_2、乳酸、柠檬酸钠、丁二酸、乙酸等。

9.1.4 实验内容与步骤

每位同学自主设计一种化学镀实验方案，基底可以为铁片但不限于铁片，镀层可以为 Ni-P 合金但不限于 Ni-P 合金。要求化学镀镀层在基底上覆盖均匀且不脱落，厚度在 10 μm 以上。

实验内容及步骤如下：

（1）化学镀实验方案设计。设计报告经实验指导教师批阅、认可后方可进行后续操作，对于不可行、不完善或实验条件不具备，无法实现的实验方案，须在实验指导教师的指导下修改和完善。

（2）实施实验方案，完成化学镀镀层的制备。包括以下几点：

①对基底试样进行前处理，包括打磨、除油、除锈、清洗和活化。用分析天平称量处理好的基底试样，记为 m_0，并拍照记录处理好的基底表面情况。

②配制镀液。

③施镀。例如，将配置好的镀液置于恒温槽中加热至 85℃，将处理好的基底放入镀液中，观察镀件表面发生的现象。当温度上升至 90℃时，恒定此温。保持镀 60 min

后将镀件取出，用电吹风干燥试样。

（3）观察镀件表面状态的变化，拍照记录镀好的镀件表面情况，并称重。

（4）厚度检测。用金相试样切割机将镀好的试样切开，经金相砂纸和抛光机磨抛后，用金相显微镜观察镀层截面，并利用比例尺计算镀层厚度。

9.1.5　实验记录与数据处理

将实验结果填入表 9—1。

表 9—1　化学镀实验数据记录表

记录项目	前处理后化学镀前的基底	化学镀镀件
表面形貌（照片）		
重量		
镀层厚度	—	
化学镀镀液配方		
工艺参数	施镀温度：_____，施镀时间：_____	

9.1.6　实验思考题

（1）施镀前对基底进行前处理的作用是什么？

（2）施镀温度对化学镀镀层有何影响？

参考文献

［1］姚寿山，李戈扬，胡文彬. 表面科学与技术［M］. 北京：机械工业出版社，2005.

［2］伍学高，李铭华，黄渭成. 化学镀技术［M］. 成都：四川科学技术出版社，1985.

9.2　实验 2　碳钢表面电镀铜设计性实验

9.2.1　实验目的

（1）掌握电镀铜的基本原理。

（2）掌握电镀铜镀液的主要成分和作用。

（3）了解电镀和电镀镀层的特点。

9.2.2　实验原理

电镀是指在含有欲镀金属的盐类溶液中，以被镀基体金属为阴极，通过电解作用，使镀液中欲镀金属的阳离子在基体金属表面沉积，形成镀层的一种表面加工方法。

电镀本质上是一种电化学过程。电镀时，镀层金属作阳极，被氧化成阳离子进入电镀液；待镀的金属制品作阴极，镀层金属的阳离子在金属表面被还原形成镀层。为排除其他阳离子的干扰，且使镀层均匀、牢固，需用含镀层金属阳离子的溶液作电镀液，以保持镀层金属阳离子的浓度不变。电镀层厚度从几微米到几十微米不等，电镀能增强金属制品的耐腐蚀性，增加硬度和耐磨性，提高导电性、润滑性、耐热性和表面美观等性能。

电镀的基本原理如图 9-1 所示。在分别接入直流电源正、负极的两洁净铜片间，以硫酸铜溶液作为介质，就构成了一个简单的电镀铜装置。被镀的零件为阴极，与直流电源的负极相连，金属阳极与直流电源的正极联结，阳极与阴极均浸入镀液中。当在阴、阳两极间施加一定电位时，则在阴极发生如下反应：一方面，从镀液内部扩散到电极和镀液界面的金属离子 Cu^{2+} 从阴极上获得电子，还原成金属 Cu；另一方面，在阳极发生与阴极完全相反的反应，即阳极界面上发生金属 Cu 的溶解，释放电子生成金属离子 Cu^{2+}。可见，阴极过程对电镀层的质量起决定性作用。

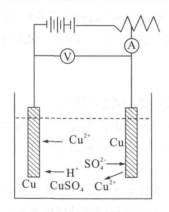

图 9-1　电镀铜实验原理图

电镀层的形成过程是一个电结晶的过程，主要存在以下几个基本步骤。

（1）液相传质步骤：阴极表面附近的金属离子参与阴极反应并迅速消耗，形成从阴极到阳极金属离子浓度逐渐增大的浓度梯度，金属水合离子或络合离子在溶液内部以电迁移、扩散和对流的方式向阴极表面转移。

（2）电化学还原步骤：包括前置转换和电荷转移。在进行电化学还原前，金属离子的主要存在形式是在阴极附近或表面发生化学转化，转变为参与电极反应的形式，这一过程称为前置转换步骤；然后，金属离子再以此形式在阴极表面得到电子，还原为金属原子，这一过程称为电荷转移步骤。

（3）电结晶步骤：金属原子在阴极表面形成新相，包括晶核的形成和生长。离子还原后变为原子，形成二维晶核，在原有的金属晶格上延续生长，生长为单原子薄层，在新的晶面上继续形核长大，逐渐形成镀层。

电镀镀液通常由含有镀覆金属的化合物、导电盐、缓冲剂、pH 调节剂和添加剂等的水溶液组成。通电后，电镀液中的金属离子在电场作用下移动到阴极上还原成镀层。阳极的金属形成金属离子进入电镀液，以保持被镀覆的金属离子的浓度。

（1）主盐。主盐是指镀液中能在阴极上沉积出所要求镀层金属的盐，用于提供金属离子。镀液中主盐浓度必须在一个适当的范围内，主盐浓度增加或减少，在其他条件不变时，都会对电沉积过程及最后的镀层组织有影响，比如，主盐浓度升高，电流效率提高，金属沉积速度加快，镀层晶粒较粗，溶液分散能力下降。

（2）导电盐。导电盐是电镀中除主盐外的某些碱金属或碱土金属盐类，主要用于提高电镀液的导电性，对主盐中的金属离子不起络合作用。有些附加盐还能改善镀液的深镀能力、分散能力，产生细致的镀层。

（3）络合剂。络合剂是指能络合主盐中金属离子的物质。有些情况下，若镀液中主盐的金属离子为简单离子，则镀层晶粒粗大，因此，要采用络合离子的镀液。获得络合离子的方法是加入络合剂，即能络合主盐的金属离子形成络合物的物质。络合物是一种由简单化合物相互作用而形成的"分子化合物"。在含络合物的镀液中，影响电镀效果的主要是主盐与络合剂的相对含量，即络合剂的游离量，而不是绝对含量。

（4）缓冲剂。缓冲剂是指用来稳定溶液酸碱度的物质。这类物质一般是由弱酸和弱酸盐或弱碱和弱碱盐组成的，能使溶液遇到碱或酸时，溶液的 pH 值变化幅度缩小。

（5）添加剂。为了改善镀液性能和镀层质量，加入电镀液中的某些有机物一般有以下几类：

①光亮剂：使镀层光亮。

②整平剂：使镀件微观波谷处的镀层更厚。

③润湿剂：降低电极与溶液间的表面张力，使溶液易在电极表面铺展。

④应力消减剂：降低镀层内应力，提高镀层韧性。

⑤镀层细化剂：使镀层结晶细致。

（6）阳极活化剂。镀液中能促进阳极活化的物质称为阳极活化剂。阳极活化剂的作用是提高阳极开始钝化的电流密度，从而保证阳极处于活化状态而能正常地溶解。阳极活化剂含量不足时阳极溶解不正常，主盐的含量下降较快，影响镀液的稳定。严重时，电镀不能正常进行。

9.2.3　实验仪器、设备与材料

（1）实验仪器、设备：直流稳压电镀电源、电子天平、分析天平、金相试样切割机、金相抛光机、金相显微镜。

（2）基底材料和阳极材料：铜板、锌板、镍板等。

（3）辅助器材：导线、鳄鱼夹、金相砂纸、烧杯、量筒、玻璃棒。

（4）化学试剂：蒸馏水、$CuSO_4$、$Na_4P_2O_7$、Na_2HPO_4、H_2SO_4、Na_2CO_3、Na_3PO_4、$NaOH$、Na_2SiO_3、盐酸、肉桂酸等。

9.2.4　实验内容与步骤

每位同学自主设计一种电镀实验方案，基底可以为但不限于铁片，镀层可以为但不限于铜。要求电镀镀层在基底上覆盖均匀且不脱落，厚度在 $10~\mu m$ 以上。

实验内容及步骤如下：

（1）电镀实验方案设计。设计报告经实验指导教师批阅、认可后方可进行后续操作，对于不可行、不完善或实验条件不具备、无法实现的实验方案，须在实验指导教师的指导下修改和完善。

（2）实施实验方案，完成电镀镀层的制备。包括以下几点：

①对基底试样前处理，包括打磨、除油、除锈、清洗和活化。用分析天平称量处理好的基底试样，记为 m_0，并拍照记录处理好的基底表面情况。

②配制电镀液。

③进行电镀。例如，以铜片为阳极，铁片为阴极，接通直流稳压电源，将盛电镀液的烧杯置于恒温水箱中，在 25℃、电流密度为 0.50~0.75 A·dm^{-2}、电镀液 pH 值为 8.5、极板间距为 1.5 cm 的条件下电镀 10 min。然后将镀件取出，用电吹风干燥试样。

（3）用分析天平称量镀件的质量，记为 m；观察镀件表面状态的变化，拍照记录镀好的镀件表面情况。

（4）厚度检测。用金相试样切割机将镀好的试样切开，经金相砂纸和抛光机磨抛后，用金相显微镜观察镀层截面，并利用比例尺计算镀层厚度。

9.2.5 实验记录与数据处理

将实验结果填入表 9−2。

表 9−2 电镀实验数据记录表

记录项目	前处理后电镀前的基底	电镀镀件
表面形貌（照片）		
重量		
镀层厚度	—	
电镀液配方		
工艺参数	电镀温度：_____，电镀时间：_____ 电流密度：_____，电极距离：_____	

9.2.6 实验思考题

（1）电镀镀层的特点及应用有哪些？

（2）电镀过程的控制因素有哪些？对镀层质量有何影响？

参考文献

[1] 姚寿山，李戈扬，胡文彬. 表面科学与技术 [M]. 北京：机械工业出版社，2005.

9.3 实验 3 铝合金的阳极氧化与着色设计性实验

9.3.1 实验目的

(1) 加深理解铝及其合金的阳极氧化和着色的原理。

(2) 了解阳极氧化膜的结构特点。

(3) 掌握铝阳极氧化膜的着色与封闭工艺方法。

9.3.2 实验原理

9.3.2.1 阳极氧化原理

阳极氧化是指在适当的电解液中，以金属作为阳极，在外加电流的作用下使表面生成氧化膜的方法。阳极氧化膜的厚度达几十到数百微米。铝及其合金在大气中会自然形成非晶态的氧化铝膜，厚度为 $4 \sim 5 \, \mu m$，这层膜不致密，耐腐蚀性差。人工形成阳极氧化膜是在一定的电解池中进行的。它是将铝制件作为阳极，其他材料（如铅、铝等）作为阴极，置于电解池中，通上直流电，这时可以观察到在阳极和阴极上都有气体析出：阳极析出氧气，阴极析出氢气。阳极上析出的氧大部分与铝作用生成了 Al_2O_3 氧化膜。

铝是两性金属，铝表面氧化膜的生成既与电位有关，也与溶液的 pH 值有关。铝和铝合金在碱性和酸性两种电解液中都能进行阳极氧化，最常用的是酸性电解液。工业上采用的电解液一般是中等溶解能力的酸性溶液，如硫酸、铬酸、磷酸、草酸等。

铝及铝合金进行阳极氧化时，由于电解质是强酸性的，阳极电位较高，因此，阳极反应首先是水的电解，产生出原子态 $[O]$，氧原子立即对铝发生氧化反应生成氧化铝，即形成薄而致密的阳极氧化膜。阳极发生的反应如下：

$$2H_2O - 2e^- \longrightarrow [O] + 2H^+ \uparrow$$

$$2Al + 3[O] \longrightarrow Al_2O_3$$

阴极只起导电作用和发生析氢反应，在阴极发生的反应如下：

$$2H^+ + 2e^- \longrightarrow H_2 \uparrow$$

同时，酸对铝和生成的氧化膜进行化学溶解，其反应如下：

$$2Al + 6H^+ \longrightarrow 2Al^{3+} + 3H_2 \uparrow$$

$$Al_2O_3 + 6H^+ \longrightarrow 2Al^{3+} + 3H_2O$$

可见，氧化膜的生长与溶解同时进行，只是在氧化的不同阶段两者的速度不同，当膜的生长速度与溶解速度相等时，膜的厚度达到最大值。在硫酸电解液中阳极氧化，作为阳极的铝制品，在阳极氧化初始的短暂时间内，其表面受到均匀氧化，生成极薄而又非常致密的膜，由于硫酸溶液的作用，膜的最弱点（如晶界、杂质密集点、晶格缺陷或结构变形处）发生局部溶解，而出现大量孔隙，即原生氧化中心，使基体金属能与进入孔隙的电解液接触，电流也因此得以继续传导，新生成的氧离子则用来氧化新的金属，并以孔底为中心而展开，最后汇合，在旧膜与金属之间形成一层新膜，使得局部溶解的旧膜如同得到"修补"。

氧化膜厚度可按以下公式测定和计算：

$$\delta = \frac{10(m_1 - m_2)}{\rho A} \qquad (9-1)$$

式中　δ——膜的厚度，单位为 μm；

　　　m_1——成膜后铝片的质量，单位为 mg；

　　　m_2——退膜后铝片的质量，单位为 mg；

　　　ρ——氧化膜的密度，为 2.7 g/cm³；

　　　A——膜表面积，单位为 cm²。

测定方法：①将铝片置于分析天平上称重；②将铝片浸于 363.2～373.2 K 的溶膜液（磷酸和 CrO_3 组成）中煮 10 min；③取出铝片用水冲洗，浸入无水乙醇中，再取出晾干；④用天平称出铝片的质量；⑤计算膜厚 δ 值。

9.3.2.2　阳极氧化膜的多孔特性与着色原理

铝及铝合金的阳极氧化膜呈蜂窝状结构，其微孔垂直于膜基界面，一般而言，孔长度为孔径的 1000 倍以上。由于氧化膜为多孔结构，其比表面积大，具有很高的化学活性，因此氧化膜具有很好的吸附性。利用这一特点，在阳极氧化膜表面可进行各种着色处理，可以提高产品的装饰性和耐蚀性，同时也可以赋予铝制品表面各种功能性。

金属着色是采用化学或电化学方法赋予金属表面不同的颜色并保持金属光泽的工艺。阳极氧化膜着色方法大体有三种类型：吸附着色法（浸渍着色法）、电解着色法和自然显色法。浸渍着色法的原理主要是氧化膜对色素体的物理吸附和化学吸附。无机盐浸渍着色主要是物理吸附作用，即无机颜料分子吸附于膜层微孔的表面，进行填充；有机染料的着色通常认为既有物理吸附，也包括有机染料官能团与氧化铝发生络合反应形成。染色氧化膜必须具有以下基本条件：①有一定的孔隙率和吸附性；②有适当的厚度；③氧化膜本身是无色透明的；④晶相结构上无重大差别。电解着色是把经阳极氧化的铝及其合金放入含有金属盐的电解液中进行电解，通过电化学反应，使进入氧化膜微孔中的重金属离子还原成金属原子，沉积于孔底无孔层而着色。

9.3.2.3　封闭原理

氧化膜的表面是多孔的，这些孔隙可吸附染料，同样也可吸附结晶水。由于吸附性强，如不及时处理，也可能吸附杂质而被污染，所以要及时进行填充处理，从而提高多孔膜的强度等性能。封闭处理的方法有很多，如沸水法、水蒸气法、浸渍金属盐法和水解封闭法等。

沸水法是将铝片放入沸水中煮，其原理是利用无水 Al_2O_3 发生水化作用：

$$Al_2O_3 + H_2O \longrightarrow Al_2O_3 \cdot H_2O$$

$$Al_2O_3 + 3H_2O \longrightarrow Al_2O_3 \cdot 3H_2O$$

由于氧化膜表面和孔壁的水化结果，使氧化物体积增大，将孔隙封闭。沸水封闭时，水的 pH 值应控制在 4.5～6.5 之间，pH 值太高会造成"碱蚀"。煮沸用去离子水，时间一般为 10 min，煮沸后取出，放入无水乙醇中数秒后再晾干。

水蒸气法的封闭原理与沸水法相同，它是在密闭的容器中，通入水蒸气，使 Al_2O_3 发生水化作用形成水合氧化铝（$Al_2O_3 \cdot nH_2O$）而封闭。

重铬酸盐封闭法是在较高的温度下将试样放入具有强氧化性的重铬酸盐溶液中，使氧化膜与重铬酸盐发生化学反应，反应产物为碱式铬酸铝和重铬酸铝，沉淀于膜孔中，同时热溶液使氧化膜表面产生水合，加强了封闭作用。因此，可认为是填充和水合的双重作用。重铬酸盐发生的化学反应式如下：

$$2Al_2O_3 + 3K_2Cr_2O_7 + 5H_2O = 2AlOHCrO_4 + 2AlOHCr_2O_7 + 6KOH$$

通常使用的封闭溶液为 50~70 g/L 的重铬酸钾水溶液，温度为 90℃~95℃，封闭时间为 15~25 min。

水解封闭法是用镍盐、钴盐或二者的混合水溶液作为介质进行阳极氧化膜的封闭处理。封闭过程既包括水合作用，同时还包括镍盐或钴盐在膜孔内生成氢氧化物沉积的水解反应。水解反应如下：

$$Ni^{2+} + 2H_2O = 2H^+ + Ni(OH)_2$$
$$Co^{2+} + 2H_2O = 2H^+ + Co(OH)_2$$

9.3.3　实验仪器、设备与材料

（1）实验仪器、设备：直流稳压电源、电子天平、温度计、显微硬度计、金相显微镜。

（2）基底材料与电极材料：铝片、铅电极。

（3）辅助器材：导线、鳄鱼夹、镊子、万用电表、电炉、电吹风、剪刀、烧杯、胶头滴管、砂纸、电解槽（烧杯）、量筒、烧杯、滴管、pH 试纸。

（4）化学试剂：NaOH、$Na_4P_2O_7$、$CuSO_4$、Na_2HPO_4、NH_4NO_3、Na_2CO_3、Na_3PO_4、Na_2SiO_3、$K_2Cr_2O_7$、肉桂酸、硫酸、翠绿着色液、溶膜液等。

9.3.4　实验内容与步骤

每位同学自主设计一种纯铝或铝合金阳极氧化与着色实验方案。要求阳极氧化膜在基底上覆盖均匀且不脱落，厚度在 10 μm 以上；经着色后，氧化膜颜色明显发生改变。

实验内容及步骤如下：

（1）阳极氧化与着色实验方案设计。设计报告经实验指导教师批阅、认可后方可进行后续操作，对于不可行、不完善或实验条件不具备，无法实现的实验方案，须在实验指导教师的指导下修改和完善。

（2）铝片的前处理，包括打磨、出油和清洗。拍照记录试样表面色泽。

（3）氧化处理。将铅电极挂在阴极，铝片挂在阳极，浸入阳极氧化溶液（如 15% 的 H_2SO_4）中，调节电压为 15 V 左右，使电流密度保持在 15~20 mA·cm³ 之间，氧化 40 min。取出试样后用清水冲洗，干燥。拍照记录试样表面色泽。

（4）着色处理。将氧化处理好的试样放入有机染料或者无机颜料中，着色 10 min

后，用清水冲洗表面并干燥，拍照记录着色后的试样表面色泽。

（5）膜厚测定。按照前述实验原理部分的方法测定膜厚，并代入式（9-1）计算膜厚，记录结果。

9.3.5 实验记录与数据处理

将实验结果填入表 9-3。

表 9-3　铝合金的阳极氧化与着色实验数据记录表

记录项目	前处理后氧化前	阳极氧化后着色前	着色后	溶膜后
表面形貌（照片）				
试样重量	—	$m_i =$	—	$m_s =$
氧化膜厚度	$\delta =$ _____			
阳极氧化溶液				
阳极氧化工艺参数	氧化温度： _____ ，氧化时间： _____ 电流密度： _____ ，氧化电压： _____			
着色颜料				
着色工艺参数	着色时间： _____			

9.3.6 实验思考题

（1）常见的铝合金阳极氧化工艺有哪些类型？各自有何特点？

（2）影响阳极氧化膜层质量的因素有哪些？如何控制？

参考文献

［1］姚寿山，李戈扬，胡文彬. 表面科学与技术［M］. 北京：机械工业出版社，2005.

［2］朱祖芳. 铝合金阳极氧化与表面处理技术［M］. 北京：化学工业出版社，2011.

9.4　实验 4　碳钢磷化处理设计性实验

9.4.1 实验目的

（1）掌握钢铁磷化的基本原理。

（2）掌握磷化处理溶液的配方组成及其作用。

（3）了解磷化膜的特点和性能以及磷化处理的应用意义。

9.4.2 实验原理

磷化处理是指在含有锰、铁、锌的磷酸二氢盐、磷酸和其他化学药品的稀溶液中处理金属，使金属表面发生化学与电化学反应，转变为完整的、具有中等防蚀作用的不溶性磷酸盐保护膜层（即磷化膜）的方法，也叫作金属的磷酸盐处理，简称为磷化。

磷化处理的目的主要是在金属表面形成一层磷化膜，磷化膜外观呈浅灰色至黑灰色。通常采用单位面积的膜层质量（g/m^2）来表示膜厚度。根据膜重一般可分为薄膜（$<1\ g/m^2$）、中等膜（$1\sim10\ g/m^2$）和厚膜（$>10\ g/m^2$）三种。磷化膜的单位膜重测定参考《GB/T 9792—2003 金属材料上的转化膜 单位面积膜质量的测定 重量法》。测量和计算试样表面积，记为 A；并用分析天平称重，质量记为 m_1；然后将试片浸入由每升含 100 g 氢氧化钠、90 g EDTA、4 g 三乙醇胺的水溶液中浸泡 15 min，保持温度在 45℃；立即用清水冲洗后迅速干燥，称重。重复上述操作，直到得到一个稳定的重量为止，该质量记为 m_2。单位面积膜重按以下公式计算：

$$m_A = \frac{10(m_1 - m_2)}{A} \tag{9-2}$$

式中　m_A——单位表面积膜重，单位为 g/m^2；

$\quad\ \ m_1$——有磷化膜试样的质量，单位为 mg；

$\quad\ \ m_2$——脱膜后试样的质量，单位为 mg；

$\quad\ \ A$——试样的表面积，单位为 cm^2。

磷化膜具有多孔性，一般孔隙率为 0.5%～1.5%。磷化膜具有耐蚀性，在一定程度上可防止金属被腐蚀。磷化膜在通常大气条件下比较稳定，与钢的氧化处理相比，其耐蚀性较高，约高 2～10 倍。磷化膜具有良好的吸附性，磷化处理常用于涂漆前打底，提高漆膜层的附着力与防腐蚀能力。磷化膜还具有润滑性能，能与润滑油组合成优良的润滑剂，在金属冷加工工艺中起减摩润滑作用。但是，磷化膜具有脆性，当金属基底变形时容易剥落。

磷化处理有高温（90℃～98℃）、中温（50℃～70℃）和常温（15℃～30℃）三种方法。常用的磷化方法有浸渍法、喷淋法和浸喷组合法。不管采用哪种方法进行磷化处理，其溶液都含有三种主要成分：

（1）磷酸，即 H_3PO_4（游离态），以维持溶液 pH 值。

（2）磷酸二氢盐，即 $M(H_2PO_4)_2$，M=Mn, Zn 等。

（3）催化剂（即氧化剂），NO_3^-，ClO_3^-，H_2O_2 等。

从磷化液的组成和磷化膜的基本成分综合分析，一般认为磷化膜的形成包括电离、水解、氧化、结晶等至少四步反应过程。磷化开始前，磷化工作液中存在游离磷酸的三级电离平衡，以及可溶性重金属磷酸盐的水解平衡：

$$H_3PO_4 \Longrightarrow H_2PO_4^- + H^+$$
$$H_2PO_4^- \Longrightarrow HPO_4^{2-} + H^+$$
$$HPO_4^{2-} \Longrightarrow PO_4^{3-} + H^+$$
$$Me(H_2PO_4)_2 \Longrightarrow MeHPO_4 \downarrow + H_3PO_4$$

$$3MeHPO_4 \rightleftharpoons Me_3(PO_4)_2 \downarrow + H_3PO_4$$

其中，Me 包括 Zn^{2+}、Mn^{2+}、Fe^{2+} 等重金属离子。磷化之前上述电离与水解处于一种动态平衡状态，当被磷化金属（如钢铁）放入磷化液后，随即发生被处理金属表面的阳极氧化过程：

$$Fe + 2H_3PO_4 \rightleftharpoons Fe(H_2PO_4)_2 + H_2$$

在磷化过程中，即磷化膜的形成过程中，氧化性催化剂是非常重要的，它大大缩短了磷化时间。常用的催化剂有氯酸盐、硝酸盐、亚硝酸盐、过氧化物等。由于金属表面氧化过程的产生，从而破坏了磷化液的电离与水解平衡。随着磷化的不断进行，游离的 H_3PO_4 不断消耗，促进了原电离反应和水解反应的进行，Fe^{2+}，HPO_4^{2-} 及 PO_4^{3-} 的浓度不断增大；磷化反应进行到 $FeHPO_4/MeHPO_4$ 等物质浓度分别达到各自的溶解度极限，这些难溶的磷酸盐便在被处理金属表面活性点上形成晶核；以晶核为中心不断向表面延伸长大而形成晶体；晶体不断经过结晶溶解、再结晶的过程，直至在被处理表面形成连续均匀的磷化膜。

为了提高磷化膜的防护能力，磷化后还可对磷化膜进行填充和封闭处理。

填充液及工艺：$30 \sim 50$ g/L 重铬酸钾、$2 \sim 4$ g/L 碳酸钠，温度为 $90℃ \sim 98℃$，时间为 $5 \sim 10$ min。

填充处理的步骤：①称取重铬酸钾和碳酸钠，分别是 30 g 和 2 g；②将重铬酸钾和碳酸钠混合，加水至 500 mL，加热至温度为 $90℃$，10 min 后取出即可。

此外，填充后，可以根据需要在锭子油、防锈油或润滑油中进行封闭。如需涂漆，应在钝化处理干燥后进行，工序间隔不超过 24 h。铬酸盐主要用于进一步提高磷化的耐腐蚀性。

9.4.3　实验仪器、设备与材料

（1）实验仪器、设备：电热恒温水箱、金相试样切割机、抛光机、金相显微镜、电子天平、分析天平。

（2）辅助器材：电吹风、金相砂纸、温度计（$0℃ \sim 100℃$）、量筒、烧杯、玻璃棒、滴管、pH 试纸。

（3）基体材料：铁片。

（4）化学试剂：$Mn(H_2PO_4)_2$、$Zn(H_2PO_4)_2$、$ZnNO_3$、$MnNO_3$、$NaNO_2$、NaF、Na_2O、ZnO、Na_2CO_3、Na_3PO_4、$NaOH$、盐酸、EDTA、三乙醇胺、蒸馏水等。

9.4.4　实验内容与步骤

每位同学自主设计一种铁片磷化处理实验方案。要求磷化膜在基底上覆盖均匀且不脱落，计算磷化膜单位膜重。用硫酸铜滴定试验法和 NaCl 溶液浸泡试验法测定磷化膜的耐蚀性。

实验内容及步骤如下：

（1）试件预处理。使用金相砂纸、抛光机磨制试样，并进行除油、除锈，清水清洗后用电吹风吹干待用。拍照记录试样表面色泽情况。

（2）配制磷化液。

（3）调整磷化液游离酸度和总酸度。配制好的磷化液还需进行酸度调整，当游离酸度低时，可加入硝酸锌。当加入磷酸锰铁盐和磷酸二氢锌为 5~6 g/L 时，游离酸度升高 1 "点"，同时总酸度升高 5 "点"左右；加入硝酸锌为 20~22 g/L，硝酸锰为 40~45 g/L 时，总酸度可升高 10 "点"；加入硝酸锌 0.5 g/L，游离酸度可降低 1 "点"。总酸度可用水稀释来降低（说明："点"是分析游离酸度和总酸度时，用 0.1 mol/L 的氢氧化钠溶液中和磷化液所消耗的氢氧化钠体积。1 "点"是指消耗 0.1 mol/L 氢氧化钠溶液 1 mL）。

（4）磷化处理。将磷化液加热至工作温度时，再把处理好的试件放入溶液中进行磷化，磷化过程中控制温度在规定范围内。磷化之后取出试样，用清水冲洗经干燥后，称量，质量记为 m_1。拍照记录试样表面色泽情况。

（5）溶膜处理。按照前述实验原理部分的方法进行溶膜处理。去膜后试样质量记为 m_2。

（6）计算单位膜重。根据式（9-2）计算单位膜重。

（7）测定耐蚀性能。

①硫酸铜点滴试验。按照 10% $CuSO_4$ 溶液 40 mL、10% NaCl 溶液 20 mL、0.1% NH_4Cl 溶液 1 mL 的比例配制硫酸铜溶液；用滴管在试样上滴 1 滴硫酸铜溶液，记录试样由蓝色变为浅红色的时间，这一时间即为硫酸铜点滴时间。

②氯化钠溶液浸泡试验。把覆盖有磷化膜的试样浸于浓度为 3% 的 NaCl 溶液中，温度为室温，观察其表面生锈的时间。

9.4.5　实验记录与数据处理

将实验结果填入表 9-4。

表 9-4　磷化处理实验数据记录表

状态 / 项目	前处理后磷化前	磷化后溶膜前	溶膜后
表面形貌（照片）			
试样重量	—	$m_1=$＿＿＿	$m_2=$＿＿＿
单位膜重	$m_A=$＿＿＿		
磷化液配方			
磷化工艺参数	磷化温度：＿＿＿＿，磷化时间：＿＿＿＿		
硫酸铜点滴试验	由蓝色变为浅红色的时间：＿＿＿＿		
氯化钠溶液浸泡试验	生锈时间：＿＿＿＿		

9.4.6　实验思考题

（1）高温磷化、中温磷化和常温磷化各自有何特点和用途？
（2）影响磷化膜形成质量的因素有哪些？

参考文献

[1] 姚寿山，李戈扬，胡文彬. 表面科学与技术 [M]. 北京：机械工业出版社，2005.
[2] 唐春华. 金属表面磷化技术 [M]. 北京：化学工业出版社，2009.

9.5　实验 5　物理气相沉积法制备硬质涂层设计性实验

9.5.1　实验目的

（1）学习和掌握真空的获得和测量。
（2）掌握电弧离子镀和磁控溅射制备涂层的原理。
（3）了解物理气相沉积法制备硬质涂层的工艺流程。

9.5.2　实验原理

9.5.2.1　真空的概念

真空是指气体压力低于 1 个标准大气压的特定空间。真空的基本特点：空间气体压力低于 1 个标准大气压，气体分子密度小，气体分子空间自由程长，气体分子之间、气体分子与容器壁之间碰撞概率降低。真空度和压强是表征真空状态气体稀薄程度的物理量。真空度越高，气体压强越低，气体越稀薄，单位体积空间内分子个数越少。一般真空按压力不同分为 4 个区域：粗真空，$10^3 \sim 10^5$ Pa；低真空，$10^{-1} \sim 10^3$ Pa；高真空，$10^{-6} \sim 10^{-1}$ Pa；超高真空，$10^{-10} \sim 10^{-6}$ Pa。

9.5.2.2　真空的获得

真空主要通过各种真空泵来获得。真空泵是应用机械、物理或化学的方法制成能够达到抽气目的的设备或元件。

（1）真空泵的分类。

按其工作条件及作用，真空泵可分为两大类：能直接在大气压下工作的真空泵，称为前级泵（如机械泵、低温吸附泵等），用以产生预备真空；需在一定的前置真空条件下才能开始工作，以继续提高真空度的真空泵，称为次级泵（如扩散泵、分子泵、离子泵、冷凝泵等）。

按照抽气方式，真空泵又可分为两种：外排型和内吸型。外排型是指将气体排出以提高真空度，如机械泵、扩散泵和分子泵等；内吸型是指气体吸附在泵内的某种固体表面上，如吸附泵、离子泵、低温冷凝泵等。

（2）真空泵主要有以下三个性能参量：

①极限真空度：无负载（无被抽容器）时泵入口处可达到的最低压强（最高真空度）。

②抽气速率：在一定的温度、压强下，单位时间从被抽容器中抽除的气体体积。

③启动压强：泵能够开始正常工作的最高压强。

（3）常见真空泵。

①机械真空泵。

机械真空泵按改变空腔容积方式分，有活塞往复式、定片式和旋片式等。它们的工作原理是建立在理想气体的波义耳－马略特定律基础之上的，即 $PV=RT$，在等温过程中，一个容器内的体积和压强的乘积等于常数。这样，只要使容器的体积在等温条件下不断扩大，就可不断降低容器的压强。

旋片式机械泵（图9-2）的主体为圆柱形钢筒定子空腔，内有一转子，偏心安置在钢筒定子内旋转，转速一般为350～750 rpm。装在转子沟槽内的两旋片依靠弹簧力和离心力保持与泵体充分接触。定子上有一个与被抽系统相连的进气口和一个附有单向活塞阀门的出气口。当转子顺时针转动时，由进气口进入转子与定子之间部分空间的体积不断扩大，而出气口与转子、定子间的部分空间体积不断缩小。前者相当于扩大了真空室容积，所以相应的压强不断减小；而后者的体积缩小，其相应的气体压强最终大于大气压而被排入大气。机械泵可以从大气压开始进行工作，常用来获得高真空泵的前级真空和高真空系统的预备真空。上述单级泵一般所能达到的极限真空约为10 Torr。其抽速一般在每秒零点几升到几十升之间。转子转速越快，则抽速越大，但在高的转速下保证密封极为困难。为了保证不漏气，通常采用蒸气压较低的机械泵油作密封填隙，并起润滑作用。

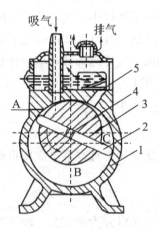

图9-2　旋片式机械泵

1—泵体；2—旋片；3—转子；4—弹簧；5—排气阀

②罗茨泵。

罗茨泵是一种无内压缩的真空泵，通常压缩比很低，故高、中真空泵需要前级泵。罗茨泵是靠泵腔内一对叶形转子同步、反向旋转的推压作用来移动气体而实现抽气的真空泵，如图9-3所示。它的结构和工作原理与罗茨鼓风机相似，工作时其吸气口与被抽真空容器或真空系统主抽泵相接。这种真空泵的转子与转子之间、转子与泵壳之间互不接触，间隙一般为 0.1～0.8 mm；不需要用油润滑。转子型线有圆弧线、渐开线和摆线等。渐开线转子泵的容积利用率高，加工精度易于保证，故转子型线多用渐开线。罗茨泵的转速可高达 3450～4100 rpm；抽气速率为 30～10000 L/s；极限真空：单级为 6.5×10^{-2} Pa，双级为 1×10^{-3} Pa。罗茨泵的极限真空除取决于泵本身结构和制造精度外，还取决于前级泵的极限真空。为了提高泵的极限真空度，可将罗茨泵串联使用。

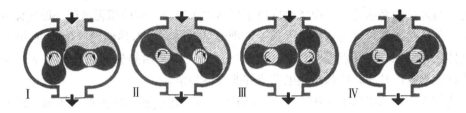

图 9-3　罗茨泵工作原理图

③扩散泵。

扩散泵比机械泵能获得更高的真空度，它的工作压力范围是 10^{-6}～10^{-1} Pa，起始压力正好是机械泵的极限压力。因此，扩散泵通常要利用机械泵作为前级泵，将真空度抽到 10^{-1} Pa 后扩散泵才开始工作。油扩散泵的工作原理如图 9-4 所示。在扩散泵底部装有真空泵油的蒸发器，真空泵底外装有加热用的电炉。当泵内的油经外部电炉加热沸腾后，产生一定的蒸汽压向上部传输，经三级喷嘴向下喷射，同时带动泵内气体分子向下喷射。考虑到油在高温下会发生氧化，必须对扩散泵加上前级泵，使扩散泵内气压先达到 1.33 Pa。热油蒸汽碰到泵壁经过水冷却，再次液化降到底部，其中所夹带气体被释放出，在出气口被前级泵抽走。这个循环不断进行，会形成稳定的上、下压差。使用扩散泵时需注意，必须先由机械泵对扩散泵室抽气，使其达到 1.33 Pa 的预备真空，然后才能打开扩散泵加热电源，同时打开冷却水并持续保持冷却水畅通。停止工作时，应该先关断扩散泵加热电源，继续通冷却水，使扩散泵油继续冷却，大约 30 min 后，再断开冷却水，最后关闭机械泵电源，停止机械泵工作。

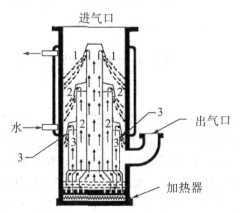

图 9-4　油扩散泵的工作原理

1，2，3—三级喷油嘴

9.5.2.3 真空的测量

测量真空的仪器种类有很多，常见的有热偶真空计和电离真空计。

（1）热偶真空计。

热偶真空计的原理是利用在低气压下气体热导率与压强之间的依赖关系，如图 9-5 所示。在玻璃管中封入加热丝 C，D 及两根不同金属丝 A 与 B 制成的一对热电偶。当 C 和 D 通以恒定的电流时，热丝的温度一定，则金属丝 A 与 B 的温度取决于输入功率与散热的平衡关系，而散热取决于气体的热导率。管内压强越低，即气体分子越稀薄，气体碰撞灯丝带走的热量就越少，则丝温越高，从而热偶丝产生的电动势越大。当气体压强降低时，O 点温度升高，则热电偶 A，B 两端的热电动势 E 增大，由外接毫伏计读出电压升高，压强与热电动势并非线性关系。

热偶真空计的测量范围在 $10^{-1} \sim 100\ \text{Pa}$ 之间，它不能测量再低的压强，这是因为当压强更低时，热偶丝的温度较高，此时气体分子热传导带走的热量很小，而由热偶丝引线本身产生的热传导和热辐射两部分不再与压强有关，因此就达到了测量下限。

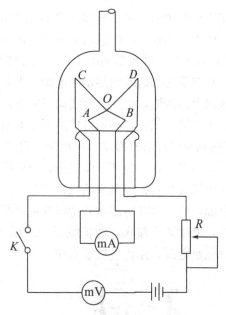

图 9-5　热电偶真空计

（2）电离真空计。

电离真空计是根据气体分子与电子相互碰撞产生电离的原理制成的。从规管阴极的角度分，有热阴极电离计和冷阴极电离计两种。电离真空计用来测量高真空度，可测范围为 $1.33 \times 10^{-6} \sim 0.133\ \text{Pa}$。在压强 $P \leqslant 10^{-1}\ \text{Pa}$ 时，有下列关系成立：$I_+ = KPI_e$（其中 I_e 为栅极电流；P 为气体压强；I_+ 为灯丝发出电子与气体分子碰撞后使气体分子电离产生正离子而被板极收集形成的离子电流；K 为规管灵敏度，与规管结构、所加电压、气体种类有关，它是一特征常数）可见，I_e 不变时（保持在一校准值 5 mA 时），离子流与压强成正比。

低真空范围内，电离真空计的灯丝和阳极很容易被烧掉，所以一定要避免在低真空的情况下使用电离真空计。

9.5.2.4　真空蒸镀

在真空环境中，将材料加热并镀到基片上称为真空蒸镀。真空蒸镀是制备薄膜的一种方法。这种方法是把装有基片的真空室抽成真空，使气体压强达到 10^{-2} Pa 以下，然后加热镀料，使其原子或分子从表面气化逸出，形成蒸汽流，入射到基片表面，凝结形成固态薄膜。

真空蒸镀设备主要由真空镀膜室和真空抽气系统两大部分组成，如图 9-6 所示。近年来，真空蒸镀除提高系统真空度、将抽气改为无油系统、加强工艺过程监控等之外，主要的改进是在蒸发源上，比如，为了抑制或避免镀料与加热器发生化学反应，改用耐用陶瓷坩埚，如 BN 坩埚；为了蒸发低蒸汽压物质，采用电子束加热源或激光加热源；为了制造成分复杂或多层复合薄膜，发展了多源共蒸发或顺序蒸发法；为了制备化学物薄膜或抑制薄膜成分对原材料的偏离，出现了反应蒸镀法等。

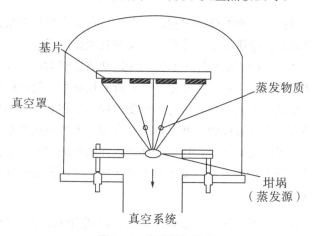

图 9-6　真空蒸镀设备

9.5.2.5　磁控溅射法

磁控溅射的工作原理是电子在电场 E 的作用下，在飞向基片的过程中与氩原子发生碰撞，使其电离产生出 Ar 正离子和新的电子；新电子飞向基片，Ar 离子在电场作用下加速飞向阴极靶，并以高能量轰击靶表面，使靶材发生溅射，如图 9-7 所示。在溅射粒子中，中性的靶原子或分子沉积在基片上形成薄膜，而产生的二次电子会受到电场和磁场作用，产生 $E\times B$ 所指的方向漂移，磁控溅射一条摆线。若为环形磁场，则电子就以近似摆线形式在靶表面做圆周运动，它们的运动路径不仅很长，而且被束缚在靠近靶表面的等离子体区域内，并且在该区域中电离出大量的 Ar 来轰击靶材，从而实现了高的沉积速率。随着碰撞次数的增加，二次电子的能量消耗殆尽，逐渐远离靶表面，并在电场 E 的作用下最终沉积在基片上。由于该电子的能量很低，传递给基片的能量很小，致使基片温升较低。

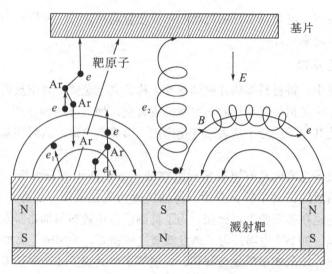

图 9-7 磁控溅射原理示意图

　　磁控溅射是入射粒子和靶的碰撞过程。入射粒子在靶中经历复杂的散射过程，和靶原子碰撞，把部分动量传给靶原子，此靶原子又和其他靶原子碰撞，形成级联过程。在这种级联过程中某些表面附近的靶原子获得向外运动的足够动量，离开靶被溅射出来。

　　磁控溅射包括很多种类。按电源技术分为直流磁控溅射、射频磁控溅射、高功率脉冲磁控溅射等；按靶源磁力线的分布可分为平衡磁控溅射和非平衡磁控溅射，平衡式靶源镀膜均匀，非平衡式靶源镀膜膜层和基体结合力强。不管溅射类型如何，但有一个共同点：利用磁场与电场的交互作用，使电子在靶表面附近成螺旋状运行，从而增大电子撞击氩气产生离子的概率。所产生的离子在电场作用下撞向靶面从而溅射出靶材。

9.5.2.6　电弧离子镀

　　电弧离子镀是真空镀膜工艺的一项新发展。它是利用气体电弧放电或被蒸发物质部分离化，在气体离子或被蒸发物质粒子轰击作用的同时，将蒸发物或反应物沉积在基片上。电弧离子镀把弧光放电现象、等离子体技术和真空蒸发三者有机结合起来，不仅能明显地改进膜质量，而且还扩大了薄膜的应用范围。其优点是薄膜附着力强，绕射性好。

　　电弧离子镀的作用过程：蒸发源接阳极，工件接阴极，当通以 3000～5000 V 高压直流电以后，蒸发源与工件之间产生弧光放电。由于真空罩内充有惰性氩气，在放电电场作用下部分氩气被电离，从而在阴极工件周围形成一等离子暗区。带正电荷的氩离子受阴极负高压的吸引，猛烈地轰击工件表面，致使工件表层粒子和脏物被轰溅抛出，从而使工件待镀表面得到了充分的离子轰击清洗。随后，接通蒸发源交流电源，蒸发料粒子熔化蒸发，进入辉光放电区并被电离。带正电荷的蒸发料离子，在阴极吸引下，随氩离子一同冲向工件，当抛镀于工件表面上的蒸发料离子超过溅失离子的数量时，则逐渐堆积形成一层牢固黏附于工件表面的镀层。

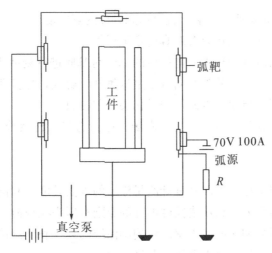

图 9-8　电弧离子镀设备示意图

多弧离子镀与一般的离子镀有着很大的区别。多弧离子镀采用的是弧光放电，而并不是传统离子镀的辉光放电进行沉积。简单地说，多弧离子镀的原理就是把阴极靶作为蒸发源，通过靶与阳极壳体之间的弧光放电，使靶材蒸发，从而在空间中形成等离子体，对基体进行沉积。

9.5.3　实验仪器、设备与材料

（1）实验仪器、设备：等离子体强化多源组合 PVD 多功能涂层设备、洛氏硬度计、显微维氏硬度计、划痕仪、超声波清洗机、抛光机、球痕仪、光学显微镜。

（2）基底材料与靶材料：硬质合金、钢块、单晶 Si 片、Ti 靶、Cr 靶、Zr 靶、TiAl 靶、CrAl 靶、AlTiCr 靶、TiSi 靶、Y 靶、Al 靶、W 靶、Nb 靶、V 靶、氩气、氮气、氢气。

（3）辅助器材：烧杯、刻刀、钢尺。

（4）化学试剂：丙酮、酒精等。

9.5.4　实验内容与步骤

每位同学自主设计一种利用物理气相沉积法制备硬质涂层的实验方案，涂层材料任选。要求硬质涂层在基底上覆盖均匀且不脱落，用显微维氏硬度计检测涂层硬度，分别用压痕法和划痕法测试涂层结合力。

（1）基底试件预处理。使用金相砂纸、抛光机磨制试样，然后依次用丙酮、无水乙醇清洗试样后，再用电吹风吹干待用。单晶 Si 片作基底时，仅需用无水乙醇清洗即可。拍照记录试样表面色泽情况。

（2）装炉。将预处理好的基底试样，放入真空镀膜室内的试样架上，固定，使之能够转动。

（3）抽真空。打开机械泵、罗茨泵、前级阀，抽粗真空；当真空室内压强达到

10^{-1} Pa 时，启动扩散泵抽高真空，直至达到设计的真空度。

（4）加热。打开辅助加热装置对真空室进行加热。

（5）刻蚀。利用氩气的辉光放电产生的 Ar^+ 对基底进行刻蚀清洗。

（6）沉积涂层。按设计的工艺向真空室送氮气、氩气，并打开和调节靶源进行涂层材料的沉积，同时可开启偏压电源。记录相关工艺参数。

（7）冷却。涂层制备结束后，关闭电源，停止送气，自然冷却或吹风冷却 90 min 后，开炉取出试样。

（8）涂层检测。

①硬度检测。利用显微维氏硬度计测量涂层的表面硬度，并记录硬度值。

②压痕法检测结合力。利用洛氏硬度计的金刚石压头在载荷 60 kg 下对涂层打硬度（作压痕），然后利用金相显微镜观察压痕周围涂层的裂纹和剥落情况，并与结合力等级标准图片进行比较，确认结合力等级，并进行记录。

③划痕法检测结合力。利用划痕仪测试涂层与基底的结合力，记录结合力大小。

9.5.5 实验记录与数据处理

将实验结果填入表 9-5。

表 9-5 物理气相沉积法制备硬质涂层实验数据记录表

记录项目	前处理后涂层前	涂层后	进行压痕法后
表面形貌（照片）			
层/基结合力	压痕法等级：_____ ；划痕法临界载荷：_____		
硬度值			
涂层材料			
PVD涂层方法			
涂层制备工艺参数	工作压强：_____ ，氮气流量：_____ ，氩气流量：_____ 转动速率：_____ ，基体偏压：_____ ，沉积时间：_____		

9.5.6 实验思考题

（1）磁控溅射法与电弧离子镀制备涂层的特点各是什么？

（2）磁控溅射法制备硬质涂层的影响因素有哪些？如何控制？

参考文献

［1］王福贞，马文存. 气相沉积应用技术［M］. 北京：机械工业出版社，2007.

［2］姚寿山，李戈扬，胡文彬. 表面科学与技术［M］. 北京：机械工业出版社，2005.

9.6　实验 6　材料表面腐蚀与耐蚀特性检测综合实验

9.6.1　实验目的

（1）了解材料的腐蚀的类型、机理及防护措施。
（2）掌握化学浸泡法测定材料耐蚀性的方法。
（3）掌握用恒电位法测定材料在氯化钠溶液中的极化曲线。

9.6.2　实验原理

金属材料受周围介质的作用而损坏，称为金属腐蚀。金属的锈蚀是最常见的腐蚀形态。腐蚀时，在金属的界面上发生了化学或电化学多相反应，使金属转入氧化（离子）状态。材料腐蚀发生在材料表面。按腐蚀反应进行的方式，腐蚀分为化学腐蚀和电化学腐蚀。前者发生在非离子导体介质中；后者发生在具有离子导电性的介质中，故可通过改变材料的电极电位来改变腐蚀速度。按材料破坏特点，腐蚀分为均匀腐蚀、局部腐蚀和选择性腐蚀。局部腐蚀是材料表面的腐蚀破坏集中发生在某一区域，主要有点蚀、缝隙腐蚀、晶间腐蚀等；选择性腐蚀是金属材料在腐蚀介质中，其活性组元产生选择性溶解，由金属材料合金组分的电化学差异所致。按腐蚀环境，腐蚀又分为微生物腐蚀、大气腐蚀、土壤腐蚀、海洋腐蚀和高温腐蚀等。

耐蚀性是金属材料非常重要的一项性能，准确地评价金属材料的耐蚀性至关重要。常见的方法包括化学浸泡试验法、盐雾腐蚀试验法、电化学测试法等。

9.6.2.1　化学浸泡试验法

化学浸泡试验是把金属材料制成特定形状和尺寸的试片，在选定的介质中浸泡一定时间，取出后，通过称重、表观检查、测量蚀孔深度、考察力学性能或分析溶液成分等方法，评定金属材料的腐蚀行为。这种试验又称挂片试验。根据试片与溶液的相对位置，分为全浸试验、半浸试验和间浸试验三种。

（1）全浸试验。试片完全浸入溶液。此法操作简便，重现性好。在实验室试验时，可以严格控制各种影响因素（如充气状态、温度和流速等），可做模拟试验和加速试验。试验时悬挂于溶液中不同深度的孤立小试片的腐蚀效应与延伸于不同深度的长尺度试片的腐蚀效应是不同的，因为后者由于充气差异而形成宏观腐蚀电池效应。在自然水（海水或淡水）中的全浸试验是把试片安装在框架中，集装于吊笼内，浸入相同深度的水中。试片彼此之间绝缘，并与框架绝缘。试片主平面应平行于水流方向，互不遮蔽。

（2）半浸试验（水线腐蚀试验）。试片的一部分浸入溶液，而且使试片的尺寸（尤其是液面上下的面积比）保持恒定，使气相和液相交界的"水线"长期保持在试片表面的固定位置上，在"水线"附近可以观察到严重局部腐蚀。自然水中的半浸试验往往把装有试片的框架固定在浮筒或浮筏上。

(3) 间浸试验。使试片按照设定的循环程序，重复交替地暴露在溶液和气相中，又称交替浸泡试验。试验时需严格控制环境的温度和湿度，以保证试片表面的干湿变化频率。自然水中的间浸试验则是把安装有试片的框架固定在专用的间浸平台上，或安装在桥桩、码头的固定部位。

化学浸泡试验既可用于评定全面腐蚀行为，也可用于评定局部腐蚀行为。如果是评定局部腐蚀，可用点腐蚀试样、缝隙腐蚀试样或恒变形加载的应力腐蚀试样进行浸泡试验。

腐蚀速率的计算公式如下：

$$R = 8.36 \times 107(M - M_1)/STD \tag{9-3}$$

式中　R——腐蚀速率，单位为 mm/a；

　　　M——试验前的试样质量，单位为 g；

　　　M_1——试验后的试样质量，单位为 g；

　　　S——试样的总面积，单位为 cm^2；

　　　T——试验时间，单位为 h；

　　　D——材料的密度，单位为 kg/m^3。

9.6.2.2　盐雾腐蚀试验法

腐蚀是材料或其性能在环境的作用下引起的破坏或变质。大多数的腐蚀发生在大气环境中，大气中含有氧气、湿度、温度变化和污染物等腐蚀成分和腐蚀因素。盐雾腐蚀就是一种常见和最有破坏性的大气腐蚀。这里讲的盐雾是指氯化物的大气，它的主要腐蚀成分是海洋中的氯化物盐（氯化钠），它主要来源于海洋和内地盐碱地区。盐雾对金属材料表面的腐蚀是由于含有的氯离子穿透金属表面的氧化层和防护层与内部金属发生电化学反应引起的。同时，氯离子含有一定的水合能，易被吸附在金属表面的孔隙、裂缝排挤并取代氯化层中的氧，把不溶性的氧化物变成可溶性的氯化物，使钝化态表面变成活泼表面。造成对产品极坏的不良反应。

(1) 中性盐雾试验（NSS 试验）。它是出现最早、目前应用领域最广的一种加速腐蚀试验方法。它采用 5% 的氯化钠盐水溶液，溶液 pH 值调在中性范围（6~7），作为喷雾用。试验温度均取 35℃，要求盐雾的沉降率在 1~2 mL/80 cm^2·h 之间。

(2) 醋酸盐雾试验（ASS 试验）。它是在中性盐雾试验的基础上发展起来的。它是在 5% 氯化钠溶液中加入一些冰醋酸，使溶液的 pH 值降为 3 左右，溶液变成酸性，最后形成的盐雾也由中性变成酸性。它的腐蚀速度要比 NSS 试验快 3 倍左右。

(3) 铜盐加速醋酸盐雾试验（CASS 试验）。它是国外最近发展起来的一种快速盐雾腐蚀试验，试验温度为 50℃，盐溶液中加入少量铜盐—氯化铜，强烈诱发腐蚀。它的腐蚀速度大约是 NSS 试验的 8 倍。

(4) 交变盐雾试验。它是一种综合盐雾试验，它实际上是中性盐雾试验加恒定湿热试验。它主要用于空腔型的整机产品，通过潮态环境的渗透，使盐雾腐蚀不但在产品表面产生，也在产品内部产生。它是将产品在盐雾和湿热两种环境条件下交替转换，最后考核整机产品的电性能和机械性能有无变化。

9.6.2.3　极化曲线测试法

测定极化曲线实际上是测定有电流流过电极时电极的电位与电流的关系，极化曲线的测定可以用恒电流和恒电位两种方法。恒电流法是控制通过电极的电流（或电流密度），测定各电流密度时的电极电位，从而得到极化曲线。恒电位法是将研究电极的电位恒定地维持在所需的数值，然后测定相应的电流密度，从而得出极化曲线。

用恒电位法测量极化曲线，是将研究电极的电位恒定地维持在所需的数值，然后测定相应的电流密度。由于电极表面状态在未达到稳定状态之前，电流密度会随时间而改变，因此一般测出的极化曲线为暂态极化曲线。电化学恒电位测定装置连接示意图如图 9-9 所示。操作方法如下：

（1）工作电极处理。先用砂纸将碳钢电极粗磨，然后依次用更细的金相砂纸打磨，最后在抛光机上进行抛光，最后用丙酮清洗表面油污，干燥备用。

（2）按图（9-9）连接好线路。

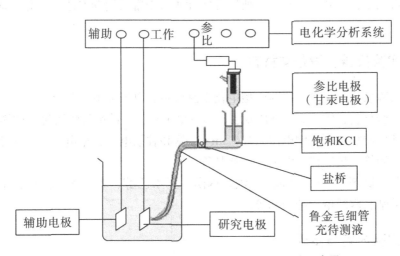

图 9-9　CS300 型电化学恒电位测定装置连接示意图

①向烧杯中倒入 250 mL 质量分数为 3.5％的 NaCl 溶液，并向盐桥中加入饱和 KCl 溶液。

②分别在溶液中放入不锈钢、辅助和参比电极。

③将仪器插孔分别与各电极连接。将碳钢电极和铂电极插入 NaCl 溶液中，将饱和甘汞电极置于饱和 KCl 溶液中，用盐桥连接，并使盐桥的尖嘴接近碳钢电极的表面（大约 2 mm），以减小测量电位时欧姆电位降的影响。

（3）开启电源，仪器预热 20 min。

（4）双击图标，打开 Corrtest 测试系统，设置参数。

①在菜单位置依次选择："测试方法" → "稳态测试" → "恒电位极化"，设置文件名、初始和终止电位（±1.0，相对开路电位）。

②设置电解池参数：电极面积（1 cm²）、材料密度（7.8 g/cm³）和材料化学当量（28 g）。设置完毕，点击开始。

（5）测完极化曲线后，关闭保存。

（6）数据处理：在菜单栏点击"数据处理"→"腐蚀计算"（找到所存的极化曲线）→"计算"→"保存"。

（7）实验结束，将"电源开关"置于"关"。

在实际测量中，常用的恒电位方法有静态法和动态法两种。静态法是将电极电位较长时间地维持在某一恒定值，同时测量电流密度随时间的变化，直到电流基本上达到某一稳定值。如此逐点测量在各个电极电位下的稳定电流密度，以得到完整的极化曲线。动态法是控制电极电位以较慢的速度连续地改变或扫描，测量对应电极电位下的瞬时电流密度，并以瞬时电流密度值与对应的电位作图得到整个极化曲线。改变电位的速度或扫描速度可根据所研究体系的性质而定。一般说来，电极表面建立稳态的速度越慢，电位改变也应越慢，这样才能使所得的极化曲线与采用静态法测得的结果接近。从测量结果的比较看，静态法测量的结果虽然接近稳定值，但测量时间太长。有时需要在某一个电位下等待几个甚至几十个小时，所以在实际测量中常采用动态法。因此，动态法使用较多。

9.6.3　实验仪器、设备与材料

（1）实验仪器、设备：CS300型电化学测试系、电子天平、分析天平。

（2）实验材料：铁片、Ni-P镀层、不锈钢实验、不锈钢盐浴淡化后试样等。

（3）辅助器材：不锈钢电极（1.0 cm²）、饱和甘汞电极、铂电极、KCl盐桥液、烧杯、量筒、滴管、玻璃棒、温度计、烧杯等。

（4）化学试剂：3.5% NaCl溶液、丙酮、无水乙醇、蒸馏水、盐酸、硝酸、氢氧化钠、磷酸钠、碳酸钠、硅酸钠等。

9.6.4　实验内容与步骤

每位同学任选两种相关试样进行化学全浸泡腐蚀试验和极化曲线测试试验，分析两种试样耐蚀性具有差异性的原因，对比两种方法的检测结果并进行评价。

实验内容与步骤：

（1）化学全浸泡腐蚀试验。称量试样重量；配制浸泡溶液，将两种试样放入溶液中，计时，定期观察试样表面的腐蚀情况，并定期称量，绘制腐蚀速率曲线；利用最后一次重量结果和腐蚀前重量进行计算腐蚀速率。记录所有数据。

（2）极化曲线测试试验。将两种试样按前述实验原理部分测定极化曲线的操作方法进行测定。记录所有数据。

9.6.5　实验记录与数据处理

将实验结果填入表9-6。

表 9-6　腐蚀实验数据记录表

	腐蚀时间						
化学全浸泡腐蚀试验	试样重量	A					
		B					
	腐蚀速率图						
	腐蚀速率		$R_A =$ _____； $R_B =$ _____				
	腐蚀溶液						
极化曲线测试试验	极化试验条件						
	极化曲线						
	拟合结果	试样	I_{corr} (A/cm²)	E_{corr} (V)	B_a	B_c	R_p (Ω·cm²)
		A					
		B					

9.6.6　实验思考题

（1）化学浸泡试验法测定材料耐蚀性可能存在的误差有哪些？

（2）极化曲线测定时，为什么要使盐桥尖端与研究电极表面接近？

参考文献

［1］覃奇贤，刘淑兰. 电极的极化和极化曲线（Ⅰ）——电极的极化 ［J］. 电镀与精饰，2008，30（6）：28-30.

［2］覃奇贤，刘淑兰. 电极的极化和极化曲线（Ⅱ）——极化曲线 ［J］. 电镀与精饰，2008，30（7）：29-34.

［3］夏春兰，吴田，刘海宁，等. 铁极化曲线的测定及应用实验研究 ［J］. 大学化学，2003，18（5）：38-41.

9.7　实验 7　涂层/镀层耐磨性与厚度的快速测定综合实验

9.7.1　实验目的

（1）掌握球痕法定性检测涂层/镀层耐磨性的方法。

（2）了解不同类型涂层/镀层的耐磨性及其影响因素。

（3）掌握球痕法测量涂层/镀层厚度的方法和原理。

9.7.2 实验原理

9.7.2.1 涂层/镀层的耐磨性

材料的磨损通常是从表面开始的，在许多情况下，零部件和产品的性能和质量主要取决于材料表面的特性和状态。因此，对材料表面进行涂层或改性处理，成为提高材料耐磨性有效且低成本的途径。由于涂层制备工艺、材料和结构的差异，不同类型的涂层具有不同的耐磨性。涂层本身具有的耐磨性成为衡量涂层性能的重要指标。

目前，涂层耐磨性的检测主要通过专门的摩擦磨损试验机完成，由于这种设备价格昂贵且属于精密仪器，普通实验室不具备条件。球痕法是一种可快速定性检测涂层耐磨性的方法，它通过旋转的小球不断地磨损涂层并在涂层表面形成磨痕，由于磨痕为圆形，可直接在显微镜下测量，通过比较不同涂层的磨痕直径大小即可判断出涂层的相对耐磨性，磨痕直径经过几何换算还可以得到磨损体积。另外，也可以采用失重法表征涂层的耐磨性，通过分析天平称量磨损前后的质量，质量差即为磨损失重。

球痕法的磨损方式为凹环—球—块（试样）磨损方式，如图9-10所示。首先，磨损机主轴与安装在其上的凹圆环同步旋转，旋转的凹圆环带动小球旋转，小球与试块产生相对运动，小球不断地对试块进行磨损。小球自重沿球—块切平面法线方向的分力即作为正压力，无须施加外力，保证压力足够小，以至于涂层不至于瞬间被磨穿。涂层的耐磨性越好，涂层越不易被磨损，相同时间内的磨痕直径和磨损失重也就越小。因此，实验中需要记录的数据包括磨损时间、磨痕直径、磨损前试样重量和磨损后试样重量。

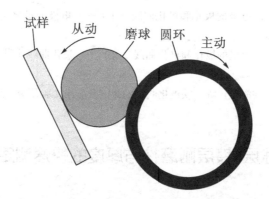

图9-10 凹环—球—块磨损方式的结构布置示意图

9.7.2.2 耐磨性的常用评价方法

耐磨性指材料抵抗磨损的能力，它可以用磨损量或磨损率来定量表征。

（1）磨损量：由于磨损引起材料损失的量称为磨损量，它可通过测量磨痕长度（或深度）、体积或质量的变化而得到，并相应称它们为线磨损量、体积磨损量和质量磨损量。

（2）磨损率：用单位时间内材料的磨损量表示。

$$\delta = \frac{m_{前} - m_{后}}{t} \qquad (9-4)$$

式中　δ——磨损率，单位为 g/s；

　　　$m_{前}$，$m_{后}$——磨损前、后试样的重量，单位为 g；

　　　t——磨损时间，单位为 s。

9.7.2.3　涂层/镀层的厚度

涂层的概念是相对于基体材料而言的，基体表面上新形成的成分、组织、结构异于本体的覆盖层称为涂层。涂层与基体之间存在过渡界面，界面到涂层表面的距离即为涂层的厚度。通常可采用观察截面组织的方法来获取涂层厚度，但准备显露截面试样的工序多、耗时长，不能快速评价涂层的厚度。球痕法可快速表征涂层的厚度，它通过小球不断磨损涂层直至暴露出基体，然后借助金相显微镜拍摄具有圆环特征的磨痕，最后根据磨痕尺寸与小球的几何关系计算出涂层厚度，磨痕和换算几何关系如图 9-11 所示。

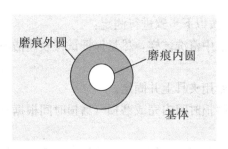

（a）涂层试样的磨痕　　　　　（b）涂层厚度与磨痕直径的几何关系

图 9-11　球痕法表征涂层的厚度

图 9-11 中，t 表示涂层的厚度，R 为磨球半径，d 为磨痕的内圆直径，D 为磨痕的外圆直径。涂层厚度的计算公式如下：

$$t = \sqrt{R^2 - \left(\frac{d}{2}\right)^2} - \sqrt{R^2 - \left(\frac{D}{2}\right)^2} \tag{9-5}$$

其中，磨球半径 R 已知，由选用的磨球决定，仅有 D 和 d 是实验中的检测量。因此，实验过程中需记录好 D 和 d，然后代入公式计算即可。

9.7.3　实验仪器、设备与材料

（1）实验仪器、设备：普通摩擦磨损试验机、自制球痕法磨损和试样夹持装置、金相显微镜、分析天平、超声波清洗机、吹风机。

（2）实验材料：涂层试样、镀层试样若干。

（3）辅助器材：金相砂纸、金刚石研磨膏。

（4）化学试剂：丙酮、无水乙醇等。

9.7.4　实验内容与步骤

9.7.4.1　涂层/镀层耐磨性测定

准备好不同类型的涂层/镀层试样后，按以下步骤进行测定：

（1）用超声波清洗机在丙酮或酒精溶液中清洗试样，尽量保证试样表面洁净，然后用吹风机吹干。

（2）称量试样的重量，记为 $m_{前}$。

（3）将试样装夹在摩擦磨损试验机的专用夹具上并固定。

（4）启动摩擦磨损试验机，磨损时间选定为 5 min。

（5）磨损结束后，立即卸下试样，并将其放在丙酮或酒精溶液中清洗，尽量保证试样表面洁净。

（6）再次称量试样的重量，记为 $m_{后}$。

（7）将试样放在金相显微镜下观察磨痕，并拍摄清晰的照片。

（8）对比显微镜带有的标尺，测量出磨痕的直径 D。

9.7.4.2 涂层/镀层厚度测定

准备好不同类型的涂层/镀层试样后，按以下步骤进行测定：

（1）用超声波清洗机在丙酮或酒精溶液中清洗试样，尽量保证试样表面洁净，然后用吹风机吹干。

（2）将试样装夹在摩擦磨损试验机的专用夹具上并固定。

（3）启动摩擦磨损试验机，在选定的磨损时间内完成磨损（磨损时间根据不同的涂层类型而定，通常为 5~20 min）。

（4）磨损结束后，立即卸下试样，并将其放在丙酮或酒精溶液中清洗，尽量保证试样表面洁净。

（5）将试样放在金相显微镜下观察磨痕，并拍摄清晰的照片。

（6）对比显微镜带有的标尺，测量出磨痕的外径 D 和内径 d。

9.7.5 实验记录与数据处理

将实验结果填入表9-7、表9-8。

9-7　涂层/镀层耐磨性测定实验数据记录表

涂层/镀层材料	磨损时间（T）	磨损前试样质量（$m_{前}$）	磨损后试样质量（$m_{后}$）	磨损失重（Δm）	磨痕直径（D）

表9-8　涂层/镀层厚度测定实验数据记录表

涂层/镀层材料	钢球直径（R）	磨损时间（T）	磨痕外径（D）	磨痕内径（d）	涂层厚度（t）

9.7.6　实验思考题

（1）涂层/镀层的成分和微观结构对涂层/镀层的耐磨性有何影响？

（2）涂层/镀层的厚度是否对涂层/镀层的耐磨性有一定关联和作用？

参考文献

［1］姚寿山，李戈扬，胡文彬. 表面科学与技术［M］. 北京：机械工业出版社，2005.

［2］邓凌超，栾亚，张国君，等. 靶基距对 C/Cr 复合镀层厚度影响的研究［J］. 中国表面工程，2006，19（1）：47—50.

第10章　材料的组织性能检测与控制实验

10.1　实验1　材料静力学性能综合实验

10.1.1　实验目的

（1）掌握布氏硬度、洛氏硬度、维氏硬度的检测方法、特点和适用材料。

（2）掌握通过静拉伸实验检测材料的弹性极限、屈服强度、抗拉强度、弹性模量、塑性等指标的方法。

（3）理解各种静力学性能指标的物理意义，以及塑性变形对材料性能的影响。

10.1.2　实验原理

10.1.2.1　硬度实验

硬度是衡量金属材料软硬程度的一种性能指标，是表示金属抵抗最大塑性变形的能力。硬度不是一个单纯的物理量，而是反映了材料的弹性、塑性、韧性、强度等一系列不同力学性能组成的综合性能指标，所以硬度所表示的量不仅取决于材料本身，还取决于试验方法和试验条件。

1. 布氏硬度（HB）

（1）布氏硬度的试验原理。

布氏硬度试验是材料在金属表面施加一定大小的载荷 P，将直径为 D 的淬硬钢球压入校测材料表面，保持一定时间，然后卸除载荷，根据钢球在金属表面所压出的凹痕面积 F，除载荷所得的商即为布氏硬度，如图10-1所示。其符号用 HB 表示：

$$HB = P/F = P/\pi Dh = 2p/[\pi D(D - \sqrt{D^2 - d^2})](kg/mm^2) \quad (10-1)$$

布氏硬度值的大小就是压痕单位面积上所承受的压力，所以布氏硬度是有量纲的。

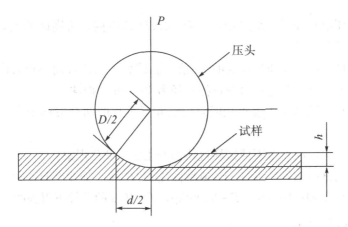

图 10−1　布氏硬度试验方法

（2）布氏硬度测定的技术要求。

①试样表面必须平整光洁，以使压痕边缘清晰，保证精确测量压痕直径 d。

②试验时必须保证所施作用力与试样或试件的试验平面垂直。试验过程中加载荷应平稳均匀，不得受到冲击和震动。

③硬度试验计的示值允许误差为±3%。

④压痕中心到试样边缘的距离应不小于压痕直径的 2.5 倍，而其相邻压痕中心的距离应不小于压痕直径的 4 倍。试验硬度小于 HB 35 的金刚石，上述距离应分别为压痕直径的 3 倍和 6 倍。

⑤根据不同的金属及硬度的大小、试样的厚度确定 P 与 D 的关系见表 10−1。

表 10−1　布氏硬度试验规范表

金属类型	布氏硬度（HB）	试样硬度（mm）	P 与 D 的关系	D（mm）	P（kg）	载荷保持时间（s）
黑色金属	140~450	6~3 4~2 <2	$P=30D^2$	10 5 2.5	3000 750 187.5	10
	<140	>6 6~3 <3	$P=10D^2$	10 5 2.5	1000 250 62.5	10
有色金属	>130	6~3 4~2 <2	$P=30D^2$	10 5 2.5	3000 750 187.5	30
	36~130	9~3 6~3 <3	$P=10D^2$	10 5 2.5	1000 250 62.5	30
	8~35	>6 6~3 <3	$P=2.5D^2$	10 5 2.5	250 62.5 15.6	60

⑥试验后压痕直径的大小应在 $0.25D\sim0.6D$ 范围内，否则试验无效，应选择相应的负荷或压头重新试验。

⑦试样厚度不应小于压痕深度的 10 倍，测试后，试样背面不得有肉眼可见的变形痕迹。当试样厚度足够时应尽可能选择直径为 10 mm 的钢球。

⑧用读数显微镜测量压痕直径时，应从相互垂直的两个方向上进行，取其算术平均值。

⑨制备试样时，注意要不使试样过热和产生加工硬化现象。

⑩为了表明试验条件，可在 HB 值后标注 $D/P/T$。如 400 HB 10/3000/10 即表示此硬度值 400 是在 $D=10$ mm，$P=3000$ kg，$T=10$ s 的条件下得到的。

2. 洛氏硬度（HR）

（1）洛氏硬度的试验原理。

洛氏硬度与布氏硬度一样也是压入法，但它不是测量压痕的面积，而是根据压痕的深度来确定硬度值指标（无纲量）。洛氏硬度的压头采用锥角为 120°的金刚石圆锥或直径为 1.588 mm 的淬火钢球，负载先后两次施加，先加初载荷 P_1（10 kg），后加主载荷 P_2，总载荷为 $P=P_1+P_2$。从图 10-1 可知，h 为压头压入的实际深度，即最大的塑性变形，此值就表示金属材料的软硬程度，即所测的硬度值。

众所周知，在相同的力下，金属越硬，压痕深度 h 越小；反之，压痕深度 h 越大。但人们习惯表达为，金属越硬，数值越大；金属越软，数值越小。所以规定用一常数 K 减去 h 值作为洛氏硬度值的指标，并规定每 0.002 mm 为 1 个洛氏硬度单位，在硬度机上表示为每小格为 0.002 mm，即平常所说的 1 度。

$$HR = (K-h)/0.002 \qquad (10-2)$$

使用金刚石压头，$K=0.2$ mm（HRC）；

使用钢球压头，$K=0.26$ mm（HRB）。

例如，压痕深度 $h=0.08$ mm，HRC $=(0.2-0.08)/0.002=0.12/0.002=60$ HRC。

洛氏硬度试验规范见表 10-2。

表 10-2　洛氏硬度试验规范表

标度	压头	总载荷（kg）	硬度值有效范围	使用范围	表盘刻度
HRA	120°金刚石圆锥	60	70～85	测量硬质合金、表面淬火层、渗碳层	黑色
HRB	1.588 mm 钢球	100	25～100（HB 60～230）	测量有色金属、退货及正火钢	红色
HRC	同 HRA	150	20～67（HB 230～700）	测量调质钢、淬火钢等	黑色

（2）测量洛氏硬度的技术要求。

①根据被测金属材料的硬度，按表 10-2 选定压头和载荷。

②试样试验面和支撑面、压头表面以及载样台面应清洁而无外来污物油腻附着。

③试样厚度应不小于压入深度的 8 倍。

④加载荷时力的作用线必须垂直于试样表面。

⑤两相邻压痕及压痕离试样边缘的距离不应小于 3 mm。

⑥加载荷必须平稳、连续、无冲击，不应有附加震动，加载荷时间采用较长保荷时间 10~30 s 或更长，卸载时应平稳缓慢。

⑦在每次试验时，第一次试验结果无效。

10.1.2.2　洛氏硬度试验机的结构和操作

（1）机体及工作台。

试验机有坚固的铸铁机体，在机体上可安装不同形状的工作台螺杆，其上下移动可使工作台上升和下降。

（2）加载机构。

由加载杠杆（横杆）、挂重架（纵杆）、主轴和砝码等组成，通过杠杆而压入试样，借助操纵手柄的转动可完成加载和卸载任务。

（3）压痕测量机构。

通过百分表指示各种不同的硬度值。

10.1.2.3　操作规程

（1）根据试样预期硬度按表 10-2 确定压头和载荷，并调整。

（2）将符合要求的试样放置在试样台上，顺时针转动手轮，使试样与压头缓慢平稳接触，直至表盘小指针由黑点指到红点。大指针垂直向上，此时即已预加载荷 10 kg。然后将表盘大指针调整到零点（HRA、HRC 零点为 0，HRB 零点为 30）。此时压头处于图 10-2 中 3—3 位置。

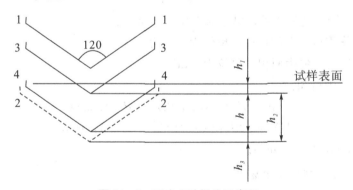

图 10-2　硬度实验操作示意图

h_1—加 P_1 时压痕；h_2—加 P_2 时压痕；h_3—加 P_2 时压痕；h—塑性变形量

（3）缓慢地向后转动手柄到底，平稳地加主载荷。当表盘中大指针向反时针旋转若干格并停止时，持续几秒钟（此时压头位置在图 10-2 中 2—2 处），再平稳地向前转动手柄到底，即卸除主载荷，此时大指针返回若干格，这说明弹性变形得到恢复，指针所指位置反映了压痕的塑性变形，即实际深度（此时压头位置位于图 10-2 中 4—4 处）。由表盘上可直接读出洛氏硬度值，HKA、HRC 读外圈黑刻度，HRB 读内圈红刻度。

（4）逆时针旋转手轮，取出试样（或重新试验），测试完毕。

10.1.2.4 维氏硬度（HV）

1. 维氏硬度的试验原理

维氏硬度试验法是静载压入试验法中较精确的一种，它与布氏硬度试验法不同，它是以相对两棱角为 136° 的金刚石正四棱锥体为压头，在一定负荷作用下，压入被测表面，保持规定时间后卸荷，测量所得压痕的两对角线，取其平均值，然后查表或代入公式计算求得硬度值（图 10-3）。

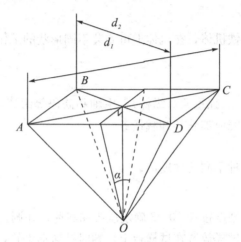

图 10-3　维氏硬度试验方法

维氏硬度值是用压痕表面积上所承受的平均压力来表示的，按下式计算：

$$HV = P/F \tag{10-3}$$

式中　HV——维氏硬度符号，单位为千克力[①]/mm²；

　　　P——作用压头上的负荷，单位为千克力；

　　　F——所得压痕表面积，单位为 mm²。

从图 10-3 中可知：

$$F = d^2/[2\sin(\alpha/2)] = d^2/1.8544 \tag{10-4}$$

$$HV = [2P\sin(\alpha/2)]/d^2 = 1.8544P/d^2 \tag{10-5}$$

其中，$d = (d_1 + d_2)/2$（mm）。

2. 维氏硬度的试验技术要求

（1）试样表面必须精心制备，上下两面应平行，被测试面的光洁度应不低于 ▽9。

（2）试样的厚度不应小于其压痕对角线的 1.5 倍，试样背面不应呈现变形痕迹。试验时压痕中心至试样边缘的距离及两压痕中心的距离对黑色金属应大于压痕对角线平均值 2.5 倍，对有色金属大于压痕对角线平均值的 5 倍。

（3）试验时应尽可能选用大载荷，HV 应附以相应的下标，注明试验载荷值，例如 HV 200=375，即表示在 200 g 载荷下所测得的维氏硬度值为 375。

---

① 1 千克力≈9.8 N。

3. 操作规程

（1）将试样放置于试台上，并应保证被测试面与主轴轴线垂直，将 10 倍物镜转至正前方，然后转动试台升降手轮，使试面离物镜下端 8 mm，再慢慢转动升降手轮，并在目镜中观察，直至看清试样表面的加工痕迹。如果从目镜中观察分划板上的字和线不清晰，可转动目镜，使之清晰为止。

（2）将转动头的主轴转至正前方，按下"加荷"按钮，硬度计即自动完成"加荷—保持—卸荷"的试验过程。卸除试验力后，压头会自动升至初始位置。

（3）使转动头旋转 90°，根据压痕的大小，用 10 倍或 40 倍的物镜测量压痕两对角线的长度，取其平均值，然后用表查出硬度值。

4. 断裂韧性

断裂韧性是通过测维氏硬度的裂纹总长来计算的，本实验采用 HV-50A 型维氏硬度计（华银）测定维氏硬度，载荷为 30 kg，保压时间为 15 s，用目镜光标测定压痕对角线尺寸和压痕四角的总裂纹长度，如图 10-4 所示。由 Palmqvist 压痕断裂韧性试验公式：

$$\text{KIC} = 0.15 \sqrt{\frac{\text{HV } 30}{\sum_{i=1}^{4} l_i}} \tag{10-6}$$

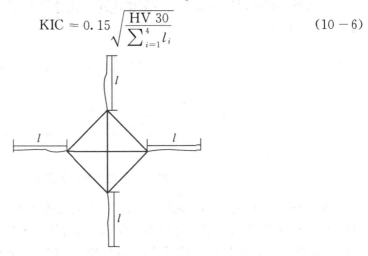

图 10-4　压痕裂纹扩展长度测量示意图

HV 30 计算公式为

$$\text{HV } 30 = 0.1891 \frac{F}{d^2} \tag{10-7}$$

式中　$\sum_{i=1}^{4}$——裂纹总长，单位为 mm；

　　　d——压痕对角线平均值。

根据式（10-6）和（10-7）即可求得断裂韧性 KIC（$\text{MPa} \cdot \text{m}^{\frac{1}{2}}$）。

5. 拉伸实验

本实验主要测定金属材料的 σ_p，σ_s（$\sigma_{0.2}$）和 σ_b，δ，ψ 等性能指标，根据国标《GB 228—2002　金属材料拉伸试验方法》，上述性能指标的测定方法如下：

（1）屈服强度 σ_s。

对于有明显屈服现象的材料可用图解法测定。

对于淬火、低温回火的 45 钢等无明显物理屈服现象的材料，应测其屈服强度 $\sigma_{0.2}$。$\sigma_{0.2}$ 为试验在拉伸过程中标距部分残余伸长达原长度的 0.2% 的应力，用引伸计法测定。

（2）抗拉强度 σ_b。

将试样加载至断裂，断裂前的最大载荷所对应的应力即为抗拉强度 σ_b。

（3）延伸率 δ。

延伸率 δ 为试样拉断后标距长度的增量与原标距长度的百分比，即

$$\delta = [(L_k - L_0)/L_0] \times 100\% \qquad (10-8)$$

式中　L_0，L_k——试样原标距长度和拉断后标距间的长度，单位为 mm。

需要在试样上先刻出标距，并分为 10 分格。

由于断裂位置对 δ 有影响，其中以断在正中的试样伸长率为最大。

部分长度 L_k 分为两种情况：

①如果拉断处到邻近标距端点的距离大于 $1/3 L_0$，可直接测量断后两端点的距离 L_k。

②如果拉断处到邻近标距端点的距离小于或等于 $1/3 L_0$，则要用移位法换算 L_k，如图 10-5 所示。

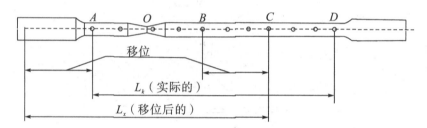

图 10-5　拉伸试验示意图

先在长段上从断口处 O 截取一段 OC，其长度等于 1/2 或稍大于 1/2 标距的总格数；再由 C 向断口方向截取一段 CB，令 CB 的格数等于 C 到邻近标距端点 D 的格数 CD；则 $AC + CB$ 便是断后的长度 L_k。这样处理就相当于把 CB 移到试样的另一端，接到 A 处，变为断口在正中。

（4）断面收缩率 ψ。

断面收缩率 ψ 为试样拉断后缩颈处横截面面积的最大缩减量与原截面积的百分比，即

$$\psi = [(F_0 - F_k)/F_0] \times 100\% \qquad (10-9)$$

式中　F_0，F_k——试样原始横截面面积和拉断后缩颈处的最小横截面面积，单位为 mm²。

10.1.3　实验仪器、设备与材料

（1）实验仪器、设备：洛式硬度计、布氏硬度计、维式硬度计、万能材料试验机、金相抛光机、游标卡尺。

（2）实验材料：硬质合金、不锈钢、铝合金、碳钢。

10.1.4　实验内容与步骤

10.1.4.1　硬度实验

（1）试样准备。通过切割、打磨、抛光等工序处理不同材料的试样，确保其达到三种硬度检测方法对试样的要求。

（2）硬度计操作学习。通过观察和练习，熟悉三种硬度计的操作。

（3）硬度测试。根据试样的特征，选择恰当的硬度检测方法进行检测，并做好记录。

10.1.4.2　拉伸实验

（1）试样准备。通过切割、表面处理、标记等工序，对试样做好处理，以达到拉伸试验要求。

（2）万能材料实验机操作学习。通过观察和练习，熟悉万能材料试验机的操作。

（3）拉伸实验。进行拉伸实验，做好各种原始数据的记录，观察断口特征。

（4）试样切割。对拉伸后的试样进行切割，获得不同位置的拉伸试样。

（5）硬度检测。对拉伸后不同位置试样进行硬度检测。

10.1.5　实验记录与数据处理

（1）记录详细的硬度实验中的参数和硬度检测结果（表 10−2）。

表 10−2　硬度实验数据记录表

试样名称	洛氏硬度			布氏硬度				维氏硬度			
	载荷	标度	硬度值	试样厚度	载荷	球径	硬度值	D_1	D_2	载荷	硬度值

（2）根据拉伸实验获得相关的 σ_p，σ_s 强度性能指标，作拉伸试样示意图并计算 δ 和 ψ（表 10−3）。

表 10−3　拉伸实验数据记录表

试样名称	σ_p	σ_s	L_0	L_k	δ	F_0	F_k	ψ

（3）检测距离标距端点不同距离的位置的被试表面在拉伸后硬度的变化（表10-4）。

表 10-4　拉伸后硬度变化数据记录表

试样名称	拉伸前硬度	距标距端点距离 1（mm）	拉伸后硬度 1	距标距端点距离 2（mm）	拉伸后硬度 2	距标距端点距离 3（mm）	拉伸后硬度 3

10.1.6　实验思考题

（1）简述不同硬度检测方法的特点和适用范围。
（2）分析材料的强度与比强度对材料应用范围的影响。
（3）结合材料科学知识，分析塑性变形对材料的硬度等力学性能的影响机理。

参考文献

[1] 刘芙，张升才主编. 材料科学与工程基础实验指导书. 杭州：浙江大学出版社，2011.08.

10.2　实验2　材料在动载下的力学性能综合实验

10.2.1　实验目的

（1）掌握冲击韧性、摩擦磨损性的检测方法、特点。
（2）理解各种 KIC、低温脆性、磨损性等动载力学性能的物理意义。

10.2.2　实验原理

10.2.2.1　冲击韧性

高速作用于物体上的载荷称为冲击载荷。许多机器零件在服役时往往受冲击载荷的作用，如飞机的起飞和降落；内燃机膨胀冲程中气体爆炸推动活塞和连杆，使活塞和连杆间发生冲击；金属件的冲压和锻造加工等。这些零件之间的冲击，常常使它们发生过早的损坏，因此在机械设计中必须考虑冲击问题，尽可能地使零件不受冲击载荷的作用。当然，生产上有时也要利用冲击载荷来实现静载荷难以实现的效果，如在凿岩机中，活塞以 6~8 m/s 的速率冲击钎杆并传递至钎头，从而使岩石破碎；反坦克武器的长杆穿甲弹，以 1.5~2.0 km/s 的速率着靶后实现侵切穿孔等。为评定材料传递冲击载荷的能力，揭示材料在冲击载荷作用下的力学行为，就需要进行冲击载荷下的力学性能试验。

1. 加载速率与应变速率

冲击载荷与静载荷的主要区别在于加载速率不同。加载速率是指载荷施加于试样或机件时的速率，用单位时间内应力增加的数值表示。由于加载速率提高，变形速率也随之增加，因此可用变形速率间接地反映加载速率的变化。变形速率是单位时间内的变形量。变形速率有两种表示方法：$v = \mathrm{d}l / \mathrm{d}tl$，其中是试样长度，$t$ 是时间；单位时间内应变的变化量，称为应变速率，$\varepsilon = \mathrm{d}\varepsilon / \mathrm{d}t$，其中 ε 是试样的真应变，由于 $\varepsilon = \mathrm{d}l / l$，故有 $\varepsilon = v / l$。

现代机器中，各种不同机件的应变速率范围为 $10^{-6} \sim 10^{6} \ \mathrm{s}^{-1}$。如静拉伸试验的应变速率为 $10^{-5} \sim 10^{-2} \ \mathrm{s}^{-1}$（称为准静态应变速率），冲击试验的应变速率为 $10^{2} \sim 10^{4} \mathrm{s}^{-1}$（称为高应变速率），此外，还有应变速率处于 $10^{-2} \sim 10^{2} \ \mathrm{s}^{-1}$ 的中等应变速率试验，如落锤、旋转飞轮等。实践表明，当应变速率在 $10^{-4} \sim 10^{-2} \ \mathrm{s}^{-1}$ 内时，材料的力学性能没有明显变化，可按静载荷处理；当应变速率大于 $10^{-2} \ \mathrm{s}^{-1}$ 时，材料的力学性能将发生显著变化，这就必须考虑由于应变速率增大而带来的力学性能的一系列变化。

2. 冲击载荷的能量性质

承受静载荷的零件，进行强度计算是很方便的。而在冲击载荷下，由于它本身是冲击功，必须测量载荷作用的时间及载荷在作用瞬间的速率变化情况，才能按公式 $F \Delta t = m(v_2 - v_1)$ 计算出作用力 F，这些数据是很难准确测量的，并且在 Δt 时间内，F 是一个变力。因此，总是把冲击载荷作为能量而不是作为力来处理，故冲击载荷具有能量的性质。机件在冲击载荷下所受的应力，通常是假定冲击能全部转换成机件内的弹性能，再按能量守恒法进行计算的。

静载荷下零件所受的应力取决于载荷和零件的最小断面面积。而冲击载荷具有能量特性，故在冲击载荷下，冲击应力不仅与零件的断面面积有关，而且与其形状和体积有关。若零件不含缺口，则冲击能被零件的整个体积均匀地吸收，从而应力和应变也是均匀分布的；零件体积越大，单位体积吸收的能量越小，零件所受的应力和应变也越小；若零件含有缺口，则缺口根部单位体积将吸收更多的能量，使局部应变和应变速率大大升高，所以受冲击的零件要尽量避免断面尺寸的变化。

3. 冲击载荷下材料变形与断裂的特点

在冲击载荷作用下，零件的变形与破坏过程与静载荷一样，仍分弹性变形、塑性变形和断裂三个阶段。所不同的只是由于加载速率的不同，对这三个阶段会产生影响。

众所周知，弹性变形是以声速在介质中传播的。在金属介质中声速是相当大的，如在钢中为 4.982 m/s；而普通摆锤冲击试验时，绝对变形速率只有 5～5.5 m/s，即使高速冲击试验中变形速率只有 10^{3} m/s 以下。在这样的冲击载荷下，弹性变形总能紧跟上冲击外力的变化，因而应变速率对金属材料的弹性行为及弹性模量没有影响。

在塑性变形阶段，随着加载速率的增加，变形的增长比较缓慢，因而当载荷速率很快时，塑性变形来不及充分进行，这就表现为弹性极限、屈服强度等微量塑性变形抗力的提高。同时还发现在冲击载荷下，塑性变形比较集中在某些局部区域，这反映了塑性变形是极不均匀的。这种不均匀的情况也限制了塑性变形的发展，使塑性变形不能充分进行，导致屈服强度（和流变应力）、抗拉强度提高，且屈服强度提高得较多，抗拉强度提高得较少。

低碳钢的应变速率试验表明，其下屈服点与应变速率之间有如下的半对数关系：

$$\sigma_0 = K_1 + K_2 \lg\varepsilon \tag{10-10}$$

冲击载荷对塑性和韧性的影响比较复杂。在冲击载荷下，材料以正断方式断裂时，塑性和韧性显著下降；而以切断方式断裂时，塑性和韧性变化不大，有时还会有所增加。因此，变形速率增加时，材料的塑性和韧性不一定总是下降的。

4. 缺口试样的冲击试验和冲击韧性

为了显示加载速率和缺口效应对材料韧性的影响，需要进行缺口试样的冲击弯曲试验，以测定材料的冲击韧性。冲击韧性是指材料在冲击载荷作用下吸收塑性变形功和断裂功的能力，常用标准试样的冲击吸收功 A_k 表示。

用于冲击试验的标准试样常为 10 mm×10 mm×55 mm 的 U 型或 V 型缺口试样，分别称为夏比（Charpy）U 型缺口试样和夏比 V 型缺口试样。习惯上前者又简称为梅氏试样，后者称为夏氏试样。两种试样的尺寸及加工要求，如图 10-6 和图 10-7 所示。另外，对陶瓷、铸铁或工具钢等脆性材料，冲击试验常采用 10 mm×10 mm×55 mm 的无缺口试样，详细规定见国家标准（GB/T 229—1994 和 GB/T 2106—1980）。试样开缺口的目的是使试样在承受冲击载荷时在缺口附近造成应力集中，使塑性变形局限在缺口附近不大的体积范围内，并保证试样一次就被冲断且使断裂就发生在缺口处。缺口越深、越尖锐，冲击吸收功越低，材料的脆化倾向越严重。

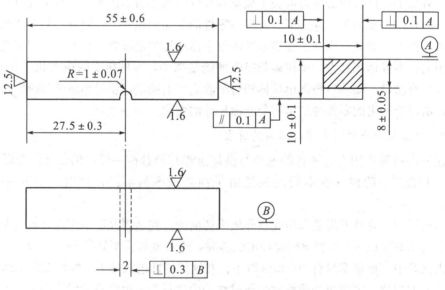

图 10-6 Charpy U 型缺口冲击试样的尺寸

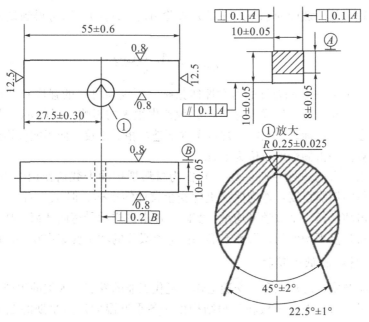

图 10-7　Charpy V 型缺口冲击试样的尺寸

缺口冲击弯曲试验的原理，如图 10-8 所示。试验在摆锤式冲击试验机上进行。试验时，先将试样水平放在试验机支座上，缺口位于冲击相背方向，并使缺口位于支座中间，然后将具有一定重量的摆锤举至一定的高度 H_1，使其获得一定位能 mgH_1，最后释放摆锤冲断试样，摆锤的剩余能量为 mgH_2，则摆锤冲断试样失去的势能为 mgH_1-mgH_2，这就是试样变形和断裂所消耗的功，成为冲击吸收功 A_k，单位为 J。根据试样缺口形状不同，冲击功分别为 A_{kU} 和 A_{kV}。A_{kV} 可用 CVN 和 CV 表示。

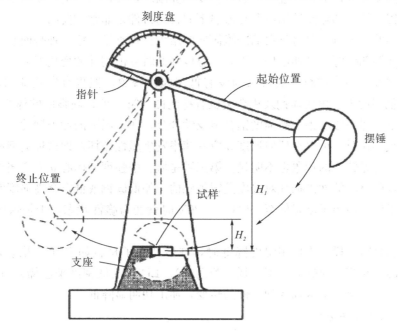

图 10-8　冲击弯曲试验的原理

用试样缺口处的截面面积 S_n（cm^2）去除 A_{kV}（A_{kU}），即可得到试样的冲击韧性或冲击值：

$$\alpha_{kV}(\alpha_{kU}) = \frac{A_{kV}(A_{kU})}{S_n} \qquad (10-11)$$

α_{kV}（α_{kU}）是一个综合性的力学性能指标，不仅与材料的强度和塑性有关，而且试样的形状、尺寸、缺口形式等都会对 α_k 值产生很大的影响，因此 α_k 只是材料抗冲击断裂的一个参考性指标。它只能在规定条件下进行相对比较，而不能代换到具体零件上进行定量计算。冲击韧性的单位为 J/cm^2。

长期以来，人们一直将 α_{kV}（α_{kU}）视为材料抵抗冲击载荷作用的力学性能指标，用来评定材料的韧脆程度，作为保证机件安全设计的指标。但 α_{kV}（α_{kU}）表示单位面积的平均冲击功，是一个数学平均量。实际上冲击试样承受弯曲载荷，缺口截面上的应力、应变分布是极不均匀的，塑性变形和试样所吸收的功主要集中在缺口附近。

10.2.2.2 材料的低温脆性

随着能源开发、海洋工程、交通运输等近代工业的发展，人类的生产活动扩大到寒冷地带，大量的野外作业机械和工程结构由于冬季低温而发生早期的低温脆性断裂事故，造成了重大的经济损失和人员伤亡。据统计，在历年来发生的断裂事故中，30%～40%是由于低温的影响。目前，机械和结构正朝着大型化和轻量化的方向发展，对材料的强度要求日益增高，高强度材料的低温脆性显得更加突出。

1. 低温脆性现象

材料因温度的降低由韧性断裂转变为脆性断裂，冲击吸收功明显下降，断裂机理由微孔聚集型变为穿晶解理，断口特征由纤维状变为结晶状的现象，称为低温脆性或冷脆。转变温度称为韧脆转变温度或脆性转变临界温度，也称为冷脆转变温度。低温脆性对压力容器、桥梁和船舶结构以及在低温下服役的机件是非常重要的。

从材料的角度看，可将材料的冷脆倾向归结为三种类型。第一种是面心立方金属及其合金，如铜和铝等，其冲击韧性很高，温度降低时冲击韧性的变化不大，不会导致脆性破坏，这种类型的材料一般可认为没有低温脆性现象。但也有实验证明，在 4.2～20 K的极低温度下，奥氏体钢及铝合金也有冷脆性。第二种是高强度的体心立方合金，如高强度钢、超高强度钢、高强度铝合金及钛合金，在室温下的冲击韧性就很低，当材料内有裂纹存在时，可以在任何温度和应变速率发生脆性破坏，即这种类型材料本身就是较脆的，韧脆转变的现象也不明显。第三种是低、中强度的体心立方金属以及铍、锌等合金，这些材料的冲击韧性对温度是很敏感的，如低碳钢或低合金高强度钢在室温以上时韧性很好，但当温度降低至−40℃～−20℃时就变为脆性状态，于是这些材料常称为冷脆材料。

与金属材料一样，当使用温度降低时，许多高分子材料如 PVC（聚氯乙烯）、PS（聚苯乙烯）、ABS（丙烯腈－丁二烯－苯乙烯）、LDPE（低密度聚乙烯）、PA－6（聚己内酰胺）等也会发生从韧性到脆性的转变，冲击功明显降低。

2. 低温脆性的本质

实验证明，低温脆性是材料屈服强度随温度下降急剧增加的结果。材料在低温下的韧—脆转变过程由材料的屈服强度 σ_s 和断裂强度 σ_f 控制。材料的屈服强度 σ_s 随温度下降升高较快，但材料的断裂强度 σ_f 却随温度的变化较小，因为热激活对裂纹扩展的力学条件没有显著作用。于是屈服强度 σ_s 和断裂强度 σ_f 两条曲线相交于一点，交点对应的温度即为 t_k。当温度大于 t_k 时，材料受载后先屈服再断裂，为韧性断裂；当温度低于 t_k 时，应力先达到断裂强度，材料表现为脆性断裂。

事实上，由于材料化学成分的统计性，韧—脆转变温度不是一个确定的温度，而是一个温度区间。体心立方金属的低温脆性还可能与迟屈服现象有关。迟屈服即对低碳钢施加一高速载荷，达到高于 σ_s 时，材料并不立即产生屈服，而需要经过一段孕育期（称为迟屈服时间）才开始塑性变形。在孕育期中只产生弹性变形，由于没有塑性变形消耗能量，故有利于裂纹的扩展，从而易表现为脆性破坏。

对于体心立方或某些密排六方金属或合金具有低温冷脆现象，而面心立方金属及其合金没有低温脆性的现象，是由于面心立方金属的屈服强度随温度的变化比体心立方金属小得多，当温度从室温降至 $-196℃$ 时，体心立方金属的 σ_s 增加 $3\sim8$ 倍，而面心立方金属只增加 2 倍。因此，在比较大的温度范围内，面心立方金属的断裂强度高于屈服强度，故低温脆性现象不显著。

10.2.2.3　材料磨损性能

1. 磨损的概念

磨损是相互作用的固体表面在相对运动中，接触表面层内材料发生转移和损耗的过程，它是伴随摩擦而产生的必然结果。磨损是工业领域和日常生活中的常见现象，是造成材料和能源损失的一个重要原因。

磨损所造成的损失是十分惊人的。据统计，在机械零件的三种主要失效方式（磨损、断裂和腐蚀）中，磨损失效占 $60\%\sim80\%$。因而研究材料的磨损机理和提高材料的耐磨性，对有效地节约材料和能量、提高机械设备的使用性能和寿命、减少维修费用具有重大的经济意义。

2. 磨损的分类

材料表面的磨损不是简单的力学过程，而是物理过程、力学过程和化学过程的复杂综合。要了解磨损现象，研究磨损机制和磨损规律，必须首先对磨损进行分类。

磨损分类方法表达了人们对磨损机理的认识，不同的学者提出了不同的分类观点，至今还没有普遍公认的统一的磨损分类方法。按表面接触性质，可将磨损分为金属磨料磨损、金属—金属磨损、金属—流体磨损三类；按环境和介质，可将磨损分为干磨损、湿磨损和流体磨损三类；根据摩擦表面的作用，可将磨损分为由摩擦表面机械作用产生的机械磨损（包括磨粒磨损、表面塑性变形、脆性剥落等）、由分子力作用形成表面黏着结点，再经机械作用使黏着结点剪切所产生的分子—机械磨损（黏着磨损）和由机械与介质共同作用引起的腐蚀—机械磨损（如氧化磨损和化学腐蚀磨损）等；根据表面破坏的方式，可将磨损分为擦伤、点蚀、剥落、胶合、凿削、咬死等类型；根据磨损的程度，可将磨损分为轻微磨损和严重磨损等。

根据近年来对磨损的研究和认识，普遍认为按照不同的磨损机理来分类是比较恰当的。目前，比较常见的磨损分类方法就是按照磨损机理来进行分类的。它将磨损分为 6 种基本类型。

（1）黏着磨损，即接触表面相互运动时，由于固相焊合作用使材料从一个表面脱落或转移到另一表面而形成的磨损。

（2）磨粒磨损，即由于摩擦表面间硬颗粒或硬突起，使材料产生脱落而形成的磨损。

（3）疲劳磨损，即由于摩擦表面间循环交变应力引起表面疲劳，导致摩擦表面材料脱落而形成的磨损。

（4）腐蚀磨损，即在摩擦过程中，由于固体界面上的材料与周围介质发生化学反应导致材料损耗而形成的磨损。

（5）微动磨损，即在两物体接触面间由于振幅很小的相对振动引起的磨损。

（6）冲蚀磨损，即含有固体颗粒的流体介质冲刷固体表面，使表面造成材料损失的磨损，又称为湿磨粒磨损。

在实际的磨损现象中，通常是几种形式的磨损同时存在，而且一种磨损发生后往往诱发其他形式的磨损。例如，疲劳磨损的磨屑会导致磨粒磨损，而磨粒磨损所形成的新净表面又将引起腐蚀或黏着磨损。微动磨损就是一种典型的复合磨损。在微动磨损过程中，可能出现黏着磨损、氧化磨损、磨粒磨损和疲劳磨损等多种磨损类型。

另外，磨损类型还随工况条件的变化而转化。如对钢与钢的磨损，当滑动速率很低时，摩擦是在表面氧化膜之间进行的，所产生的磨损为氧化磨损，磨损量小；随着滑动速率增加，磨屑增多，表面出现金属光泽且变得粗糙，此时已转化为黏着磨损，磨损量也增大；当滑动速率再增高，由于温度升高，表面重新生成氧化膜，又转化为氧化磨损，磨损量又变小；若滑动速率继续增高，再次转化为黏着磨损，磨损剧烈而导致失效。当滑动速率保持恒定、载荷较小时，会产生氧化磨损，磨屑主要是 Fe_2O_3；当载荷达到后，磨屑是 FeO，Fe_2O_3 和 Fe_3O_4 的混合物，载荷 W_c 超过以后，便转为危害性的黏着磨损。

3. 磨损过程

根据磨损的定义和分类，可将磨损划分为三个过程，具体如下：

（1）表面的相互作用。两个摩擦表面的相互作用，可以是机械的或分子的两类。相互作用包括弹性变形、塑性变形和犁沟效应，它可以是由两个表面的粗糙峰直接啮合引起的，也可以是三体摩擦中夹在两表面间的外界磨粒造成的。而表面分子作用包括相互吸引和黏着效应两种，前者的作用力小，而后者的作用力较大。

（2）表面层的变化。在摩擦表面的相互作用下，表面层将发生机械的、组织结构的、物理的和化学的变化，这是由于表面变形、滑动速率、摩擦温度和环境介质等因素的影响造成的。表面层的塑性变形使金属变形强化而变脆，如果表面经受反复的弹性变形，则将产生疲劳破坏。摩擦热引起的表面接触高温可以使表层金属退火软化，接触以后的急剧冷却将导致再结晶或固溶体分解。外界环境的影响主要是介质在表层中的扩散，包括氧化和其他化学腐蚀作用，因而改变了金属表面层的组织结构。

（3）表面层的破坏。经过磨损后，表面层的破坏主要有擦伤、点蚀、剥落、胶合几种。擦伤，即由于犁沟作用在摩擦表面产生沿摩擦方向的沟痕和磨屑；点蚀，即在接触应力反复作用下，使金属疲劳破坏而形成的表面凹坑；剥落，即金属表面由于变形强化而变脆，在载荷作用下产生微裂纹随后剥落；胶合，即由黏着效应形成的表面黏结点具有较高的连接强度，使剪切破坏发生在表层内一定深度，因而导致严重磨损。

4. 磨损过程曲线

与磨损的三个过程相对应，典型的磨损曲线也可分为三个阶段：

（1）磨合磨损阶段。磨合是磨损过程的非均匀阶段，在整个磨损过程中所占比例很小，其特征是磨损率（单位时间的磨损量，即磨损曲线的斜率）随时间的增加而降低。磨合磨损出现在摩擦副开始运行时期，由于加工装配后的新摩擦副表面的真实接触面积很小，应力很高，磨损很快。在良好的工作条件下，经过一段时间或经过一定摩擦路程以后，表面逐渐磨平，表面粗糙度减小，使摩擦系数和磨损率随之降低，逐渐过渡到稳定磨损阶段。磨合过程是一个有利的过程，其结果为以后机械的正常运转创造了条件。磨合过程是机械设备必经的过程，选择合适的磨合规范和润滑剂等，可以缩短磨合过程，提高机器的使用寿命。

（2）稳定磨损阶段。摩擦表面经磨合以后达到稳定状态，实际接触面积始终不变，磨损率保持不变，这是摩擦副正常的工作时期。该阶段在整个磨损过程中所占比例越大，表明设备的寿命越长。

（3）剧烈磨损阶段。在稳定工作达到一定时间后，由于磨损量的积累或者外来因素（工况变化）的影响，使摩擦副的摩擦系数增大，磨损率随时间而迅速增加，从而使工作条件急剧恶化而导致完全失效。

在不同的摩擦副中，上述三个阶段在整个摩擦过程中所占的比例不完全相同，任何摩擦副都要经过上述三个过程，只是程度和经历的时间上有所区别。

10.2.3　实验仪器、设备与材料

（1）实验仪器、设备：冲击试验机、摩擦磨损试验机、游标卡尺、低温槽、干燥箱、电子天平。

（2）实验材料：钢、铝合金、硬质合金。

10.2.4　实验内容与步骤

（1）检测不同材料的冲击韧性，并观察断口形貌。

（2）将材料在不同温度下保温，检测不同材料在不同温度下的冲击韧性和断裂韧性，并观察断口形貌。

（3）检测不同材料的摩擦磨损性能。

10.2.5　实验记录与数据处理

（1）记录不同材料在不同温度下的冲击韧性、断裂韧性（表 10-5）。

表 10-5　不同材料在不同温度下冲击韧性、断裂韧性记录表

序号	材料	温度	冲击韧性	D_1	D_2	载荷	断裂韧性
1							
2							
...							

（2）记录不同材料在摩擦磨损实验中的失重和摩擦系数（表10-6）。

表 10-6　摩擦磨损实验数据记录表

序号	摩擦副材料1	摩擦副材料2	载荷	转速	时间	摩擦系数	失重
1							
2							
...							

（3）根据实验结果分析温度对材料断裂行为的影响。

10.2.6　实验思考题

试说明材料磨损性能的影响因素。

参考文献

［1］王吉会. 材料力学性能［M］. 天津：天津大学出版社，2006.

10.3　实验 3　热电偶的制作、校验与测温

10.3.1　实验目的

（1）通过实验掌握热电偶的焊接方法。
（2）掌握热电偶的标准和检验方法。

10.3.2　实验原理

10.3.2.1　热电偶测温原理

热电偶是工业上最常用的一种测温元件，其测温原理基于热电效应。将两种不同材料的导体丝 A 和 B 组成一个闭合回路，当两接合点温度 t 和 t_0 不同时，在该回路中就会产生热电势，这种现象称为热电效应，相应的电动势称为热电势。这两种不同材料的导体的组合就称为热电偶，导体 A，B 称为热电极。两个接点中，一个称为测量端，又称为热端或工作端，测温时将其置于校测介质（温度场）中；另一个称为参考端，又称为冷端或自由端，它通过导线与显示仪表或测量电路相连。电动势只与热电偶两种导体

材料的性质和两端的温度有关，与金属丝的长度、截面大小无关。当热电偶材料一定时，热电势只与热电偶两端温度 t 和 t_0 有关。如果参考端的温度 t_0 保持不变，则两端之间热电势的大小就可以用来表示测量端温度的高低。将焊接的未标定或待检测热电偶与标准热电偶置于同一温度场，通过检测显示仪表测出两热电偶在不同温度时的温度值（或 mV 值），并进行比较，对未标定或待检测热电偶进行标定或检验。

10.3.2.2　热电偶的制作

制作热电偶时，应根据测温范围和工作条件选择偶丝材料和线径。热电偶长度应根据工作端在介质中的插入深度来决定，通常为 350～2000 mm。

热电偶测量端的焊接方法有很多，如电弧焊、水银焊接、盐水焊接、锡焊等。但无论采用何种方法，焊接前均需仔细去掉热电偶丝靠近待焊端部的绝缘层，然后将这两根被焊的热电极绞缠成如图 10-9 所示的麻花状（续编圈数不宜超过 3 圈）或使两顶端并齐。为减小传热误差和滞后，焊接点宜小，其直径不应超过金属丝直径的两倍。

图 10-9　热电极处理

电弧焊是利用高温电弧将热电偶测量端熔化成球状。常用的方法有交流电弧焊和直流电弧焊两种。交流电弧焊的装置如图 10-10 所示。这种装置一般用来焊接金属热电偶。热电偶的制作方法为：调节变压器，将输出电压为 20～30 V 交流电源作为焊接电源。然后用金属夹子（铜板电极）夹住待焊端作为一个电极，用碳棒（石墨电极）作为另一个电极。当碳棒与被焊热电偶丝的顶端接近时，产生的瞬间电弧将两根热电极顶部熔接在一起形成一个小圆球，制作即完成。制作合格热电偶的标准是：焊接牢固，具有金属光泽，结点直径约为偶丝直径的两倍，电极不允许有折损、扭曲现象。焊后应检查结点是否符合球状、光洁对称，否则应重焊。

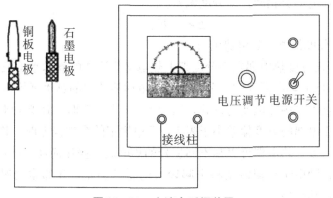

图 10-10　交流电弧焊装置

10.3.2.3 热电偶的校验

热电偶使用一段时间后，其热电特性会发生变化，尤其在高温下测量腐蚀性气氛、冶金熔体温度的过程中，这种变化就更为明显，以致热电偶指示失真，用此种热电偶测量得出的各种物理化学数据就缺乏必要的准确性与可靠性。热电偶不仅使用前要进行检定，而且在使用一段时间后还要进行检定，才能确保热电偶的精度。

热电偶的校验，就是将热电偶置于若干给定温度下测定其热电动势，并确定热电动势与温度的对应关系。校验方法有比较法、纯金属定点法、熔丝法与黑体空腔法等。在有标准热电偶的情况下，比较法尤为方便。当无标准热电偶时，多采用熔丝法与纯金属定点法。对于高温热电偶常用熔丝法与黑体空腔法分度。

比较法也称双极法，它是将被校验的热电偶和标准热电偶的测量端捆扎后，置于检定炉内温度均匀的温域。参考端分别插入 $0\,℃$ 的恒温器中，在各检定点比较标准与被检热电偶的热电势值（线路示意图见图 10—11）。标准化工业用热电偶对分度表的偏差 Δt 为

$$\Delta t = t' - t \qquad (10-12)$$

式中　t'——被分度热电偶在某分度点热电动势读数的算术平均值，在分度表上所对应的温度数值；

　　　t——标准热电偶在同一分度点热电动势读数的算术平均值，经修正后（对分度表的修正），从分度表查得相应的温度数值。

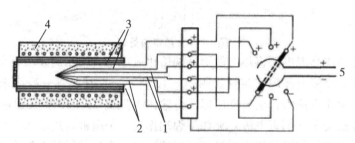

图 10—11　双极法分度路线示意图

1，2—被检定热电偶；3—标准热电偶；4—检定炉；5—接电位差计

当被检定热电偶与标准热电偶型号相同时，计算方法可简化为将被分度的热电偶与标准热电偶的热电动势相减，即分度偏差。

$$\Delta e = E_{被} - E_{标} \qquad (10-13)$$

式中　Δe——分度偏差（热电势值）；

　　　$E_{被}$——被分度热电偶在某分度点上热电动势读数的算术平均值；

　　　$E_{标}$——标准热电偶在同一分度点上热电动势读数的算术平均值。

对于标准化工业用热电偶的校验，当参考端不是 $0\,℃$ 时，还必须对参考端温度进行修正。当被检热电偶的分度偏差小于表 10—7 中规定的允许误差时，检定合格。比较法的优点是标准与被检热电偶可以是不同型号的热电偶，操作简便；缺点是检定炉炉温控制要求严格，否则由于炉温波动将引起较大的测量误差，在通常情况下，测量时间较长，难以进行自动化检定。

表 10—7　标准化热电偶的主要性能（JB/T 9238—1999，JB/T9238—2002）

名称		铂铑 10—铂 铂铑 13—铂	铂铑 30—铂铑 6	镍铬—镍硅 镍铬硅—镍硅镁	镍铬—康铜	铁—康铜	铜—康铜	钨铼 5—钨铼 26 钨铼 3—钨铼 25
分度号		S，R	B	K，N	E	J	T	C（WRe5/26） D（WRe3/25）
稳定性		φ0.5 1400℃/200h 1084.62℃ 变化≤±12μV （约 1℃）	φ0.5 1600℃/200h 1600℃ 变化≤±47μV （约 4℃）	φ0.3/800℃ φ0.5/900℃ φ0.8　1.0/1000℃ φ1.2　1.6/1100℃ φ2.0　2.5/1200℃ φ3.2/1200℃ 200h 变化≤±0.75%t	φ0.3　0.5/450℃ φ0.8　1.0 1.2/550℃ φ1.6　2.0/650℃ φ2.5/750℃ φ3.2/850℃ 200h 变化≤±0.75%t	φ0.3　0.5/400℃ φ0.8　1.0 1.2/500℃ φ1.6　2.0/600℃ φ2.5　3.2/750℃ 200h 变化≤±0.75%t	φ0.2/200℃ φ0.3　0.5/250℃ φ1.0/300℃ φ1.6/400℃ 200h 变化≤±0.4%t	
允差	I	0~1100℃±1℃ 1100~1600℃± [1+0.003(t−1100)]℃	—	−40~375℃±1.5℃ 375~1000℃±0.4%t	−40~375℃±1.5℃ 375~800℃±0.4%t	−40~375℃±1.5℃ 375~750℃±0.4%t	−40~125℃±0.5℃ 125~250℃±0.4%t	0~400℃ ±4.0℃ 400~2300℃ ±1%t
	II	0~600℃±1.5℃ 600~1600℃±0.25%t	600~1700℃±0.25%	−40~333℃±2.5℃ 333~1200℃±0.75%t	−40~333℃±2.5℃ 333~900℃±0.75%t	−40~333℃±2.5℃ 333~750℃±0.75%t	−40~133℃±1℃ 133~350℃±0.75%t	
	III	—	600~800℃±4℃ 800~1700℃±0.5%t	−167~40℃±2.5℃ −200~−167℃±1.5%t	−167~40℃±2.5℃ −200~−167℃±1.5%t	—	−67~40℃±1℃ −200~−67℃±1.5%t	
最高 使用 温度 (长期→ 短期) /℃		φ0.5 1300~1600	φ0.5 1600~1800	φ0.3 700~800 φ0.5 800~900 φ0.8　1.0 900~1000 φ1.2　1.6 1000~1100 φ2.0　2.5 1100~1200 φ3.2 1200~1300	φ0.3 350~450 φ0.8　1.0　1.2 450~550 φ1.6　2.0 550~650 φ2.5 650~750 φ3.2 750~900	φ0.3　0.5 300~400 φ0.8　1.0　1.2 400~500 φ1.6　2.0 500~600 φ2.5　3.2 600~750	φ0.2 150~200 φ0.3　0.6 200~250 φ1.0 250~300 φ1.6 350~400	φ0.5 0~2300

注：t 为某一测量温度

当参考端温度不等于 0℃时，但恒定不变或变化很小时，可采用计算法（或称为热电动势修正法）进行修正。此时热电偶实际的热电动势应为测量值与修正值之和：

$$E_{AB}(t,t_0) = E_{AB}(t,t_1) + E_{AB}(t_1,t_0) \tag{10-14}$$

式中 $E_{AB}(t, t_1)$ ——当参考端温度为 t_1 时，测温仪表的读数；

$E_{AB}(t_1, t_0)$ ——参考端温度为 t_1 时的修正值。

因为 t_1 恒定，可由相应的分度表查得 $E_{AB}(t_1, t_0)$ 值，用上式求得修正后的读数，即可由相应的分度表查得热电偶所测的真实温度。

热电偶的校验方法如下：

（1）将控温用的工作热电偶插入管式炉内均热体（应在炉膛中心位置）的一侧，标准热电偶和待检测热电偶（1 或 3 个）插入均热体的另一侧，并将这些热电偶连接好。工作热电偶与仪表箱的相应引出线相连接，标准热电偶和待检测热电偶连接到仪表箱面板上相应的接线端子上，红色为"＋"极，黑色为"－"极。

（2）检查仪表箱面板上各开关的初始状态，把电源加热开关扳向右方断电状态，将调压旋钮逆时针旋到底。

（3）上述准备工作完成后即可接通电源，供电进行试验。

（4）将温控调节仪的温度调到设定值（如 100℃），打开电源加热开关，调节调压旋钮，输出一定电压给管式炉供电。

（5）在温度基本稳定的条件下，通过温度巡检仪依次读出各点的温度值，填入记录表中。

（6）根据要求调节到不同的温度点。重复上述步骤进行检测（对 E 型被校热电偶，温度不高于 300℃时，允许偏差为±3℃；温度高于 300℃时，允许偏差为所测热电势的±1％）。

10.3.3 实验仪器、设备与材料

（1）实验仪器、设备：电阻炉、直流电位差计、转换开关。

（2）实验材料：标准热电偶和被检热电偶、补偿导线。

10.3.4 实验内容与步骤

（1）热电偶的焊接。

（2）测试热电偶的热电势随温度的变化。

（3）采用标准热电偶对电阻炉的热电偶进行校验。

10.3.5 实验记录与数据处理

（1）记录热电偶的热电势随温度的变化，并作热电势—温度曲线，并比较不同热电偶的热电势—温度曲线。

（2）记录热电偶校验的结果，并对热电偶是否合格进行判定。

10.3.6 实验思考题

分析热电偶自由端温度改变对测温的影响。

参考文献

[1] 张明远. 冶金工程实验教程 [M]. 北京：冶金工业出版社，2012.
[2] 王常珍. 冶金物理化学研究方法 [M]. 北京：冶金工业出版社，2013.

10.4 实验 4 差热分析实验

10.4.1 实验目的

（1）掌握 TG、DTA 热分析的原理和实验技术。
（2）测量化学分解反应过程中的分解温度。
（3）测量反应过程中的质量变化，从而研究材料的反应过程。

10.4.2 实验原理

10.4.2.1 热重法

热重法（Thermogravimetry，TG）是指在程序控制温度下，测量物质的质量与温度的关系的一种技术。为了能够实时并自动地测量和记录试样质量随温度的变化，一台热重分析仪至少应由以下几部分组成：①装有样品支持器并能实现实时记录的自动称量系统；②记录器；③炉子和炉温程序控制器。其中装有样品支持器并能实现实时记录的自动称量系统是热天平最为重要的部分。热天平按试样与天平导线之间的相对位置划分，有上皿式、下皿式和水平式三种。现在大多数的热天平都是根据天平梁的倾斜与重量变化的关系进行测定的。通常测定重量变化的方法有变位法和零位法两种。热天平以上皿式零位型的天平应用最为广泛。这种热天平在加热过程中，当试样无质量变化时，仍能保持初始平衡状态；当试样有质量变化时，天平就失去平衡，发生倾斜，立即由传感器检测并输出天平失衡信号，这一信号经测重系统放大，用以自动改变平衡复位器中的电流，使天平又回到平衡状态，即所调的零位。平衡复位器的线圈电流与试样质量变化成正比，因此，记录电流的变化即能得到加热过程中试样质量连续变化的信息。而试样温度同时由测温热电偶测定并记录。于是得到试样质量与温度（或时间）关系的曲线。

物质在加热或冷却过程中会发生物理变化或化学变化，与此同时，往往还伴随吸热或放热现象。伴随热效应的变化，有晶型转变、沸腾、升华、蒸发、熔融等物理变化，以及氧化还原分解、脱水和离解等化学变化。另有一些物理变化，虽无热效应发生，但比热容等某些物理性质也会发生改变，如玻璃化转变等。物质发生焓变时质量不一定改变，但温度是必定会变化的，差热分析正是在物质这类性质的基础上建立的一种技术。往往能给出比热重法更多的关于试样的信息，是应用最广的一种热分析技术。

10.4.2.2 差热分析法

差热分析（Differential Thermal Analysis，DTA）是指在程序控制温度下，测量物质和参比物之间的温度差与温度（或时间）关系的一种技术，用数学式表达为

$$\Delta T = T_s - T_r，(T \text{ 或 } t) \tag{10-15}$$

式中 T_s，T_r——试样和参比物温度；

T——程序温度；

t——时间。

试样和参比物的温度差主要取决于试样的温度变化。

DTA 仪由以下几部分组成：①样品支持器；②程序控温的炉子；③记录器；④检测差热电偶产生的热电势的检测器和测量系统；⑤气氛控制系统。

若将呈热稳定的已知物质（即参比物）和试样一起放入一个加热系统中，并以线性程序温度对它们加热，在试样没有发生吸热或放热变化且与程序温度间不存在湿度滞后时，试样和参比物的温度与线性程序温度是一致的，即 $T_s - T_r$（ΔT）为零时，两温度线重合，在 ΔT 曲线上则为一条水平基线。若试样发生放热变化，由于热量不可能从试样瞬间导出，于是试样温度偏离线性升温线，且向高温方向移动，而参比物的温度始终与程序温度一致，$\Delta T>0$，在 ΔT 曲线上是一个向上的放热峰；反之，在试样发生吸热变化时，由于试样不可能从环境瞬间吸收足够的热量，从而使试样温度低于程序温度，$\Delta T<0$，在 ΔT 曲线上是一个向下的吸热峰。只有经历一个传热过程，试样才能回复到与程序温度相同的温度。由于是线性升温，得到的 ΔT—t（或 T）图即是差热曲线或 DTA 曲线，表示试样和参比物之间的温度差随时间或温度变化的关系。

测量温度差的系统是 DTA 仪中的一个基本组成部分。试样和参比物分别装在两只坩埚内，其温度差是由两副相同热电偶反接构成的差热电偶测定的，用毫克级试样时，ΔT 通常是一个很小的值，产生的热电势为几十至数百微伏。由差势电偶输出的微伏级直流电势，需经电子放大器放大后与测温热电偶测得的温度信号同时由记录器记录下来，于是得到差热曲线。

一般来说，每种热分析技术只能了解物质性质及其变化的某一或某些方面，在解释得到的结果时往往也有局限性，综合运用多种热分析技术，则能获得有关物质及其变化的更多知识，还可以相互补充和相互印证，对所得实验结果的认识也就全面深入和可靠得多。现在广泛采用的联用技术就是以多种热分析技术联合使用为主的一种新技术。最常见的联用技术是 TG—DTA（或 DSC）联用，使用这种兼有两种功能的热分析仪，实现了同一时间对同一试样的 TG 和 DTA（或 DSC）测试。

本实验采用的是德国耐弛公司生产的 STA409c 综合热分析仪，它采取了 TG—DTA（或 DSC）联用技术。由于上皿式热天平有许多优点，所以当 TG 和 DTA（DSC）联用时，多采用这种方式。它把原有 TG 样品支持器换成了能同时适用于 TG 和 DTA（或 DSC）测试的样品支持器，实现了同时记录质量、温度和温度差。这不仅能自动实时处理 TG 和 DTA（或 DSC）数据，还能利用分析软件得到外推起始温度、差热峰和峰顶温度、峰面积和热效应数据，以及动力学参数，并能得到 TG 的微熵。

10.4.3　实验仪器、设备与材料

TG—DTA 综合热分析仪、草酸钙、坩埚。

10.4.4　实验内容与步骤

(1) 预热与样品准备。测量前 2 h 打开总电源和分电源，打开恒温器开关；测量前 30 min，打开 TA 控制器和计算机开关。让天平旋钮处于锁定状态，即"Arrest"位置。

(2) 装样。打开测量部分，上移并旋转炉子，根据测量要求，选取 TG—DTA (DSC) 联用支架；准备样品草酸钙，称取 10 mg 左右的草酸钙放入刚玉坩埚中。分别把空坩埚和装有草酸钙样品的坩埚放在支架座内；旋转并下移炉子，关闭测量部分。打开天平保护气体 Ar 50 mL/min 和载气阀门，放开天平至测量状态，即"Release"位置。

(3) 软件操作。打开操作软件"STA409c on18"。设置样品文件的名称和质量，以及控温曲线和气氛。调整天平，设置初始、终止温度，30℃ ~ 700℃，升温速度为 20℃/min。等 TG 信号稳定且达到预热时间后，选择"Start"，开始测量。

(4) 数据处理。测量过程中可从计算机屏幕上直接观察样品质量、样品吸（放）热与温度关系曲线，可以进行即时分析、计算。达到最终温度后，样品测量完毕，计算机控制自动断开加热电源，自动开始降温。通过分析软件进行修正和处理，计算反应的几个阶段的失重量、起始反应温度、热效应的变化，并输出测量数据。

(5) 结束操作。等炉温降到低于 250℃ 时，关上天平旋钮，即"Arrest"位置，打开测量部分，并旋转炉子，取出样品。关掉保护气阀门，关掉计算机、TA 控制器、恒温器、分电源、总电源开关，实验结束。

10.4.5　实验记录与数据处理

(1) 绘出实验设备示意图和 TG—DTA 联用分析仪的原理图。

(2) 列出全部的实验条件、原始数据及结果，如样品的名称、质量和尺寸，起始温度，升温速率，天平室气氛，坩埚尺寸和材料。

(3) 通过 TG 曲线计算反应过程中的反应失重量，通过 DTA 曲线计算反应的热效应和起始反应温度。

(4) 结合以上计算结果判断各级反应中的产物，写出各级反应的方程式。

10.4.6　实验思考题

(1) 如果在 CO_2 气氛下，草酸钙分解温度会发生怎样的变化？

(2) 如果升温速度增大，每一阶段草酸钙分解质量会发生怎样的变化？

(3) 如果升温速度增大，草酸钙分解温度会发生怎样的变化？

(4) 如果样品室内混有氧气，DTA 曲线会发生怎样的变化？

参考文献

[1] 陈伟庆. 冶金工程实验技术 [M]. 北京：冶金工业出版社，2004.

10.5　实验5　材料物相结构分析实验

10.5.1　实验目的

掌握 XRD 数据分析软件——Jade 的使用方法，利用该软件进行物相定性和定量分析。

10.5.2　实验原理

10.5.2.1　X 射线定性分析

X 射线入射到多晶体上，产生衍射的充要条件是

$$2d\sin\theta = n\lambda \tag{10-16}$$

$$I_{hkl} = |F(hkl)|^2 \text{ 且 } F(hkl) \neq 0 \tag{10-17}$$

式（10-16）确定了衍射方向，在一定的实验条件下，衍射方向取决于晶面间距 d，而 d 是晶胞参数的函数。式（10-17）表示衍射强度与结构因子 $F(hkl)$ 的关系，衍射强度正比于 $F(hkl)$ 模的平方。$F(hkl)$ 的数值取决于物质的结构，即晶胞中原子的种类、数目和排列方式。因此，决定 X 射线衍射谱中衍射方向和衍射强度的一套 d 和 I 的数值是与一个确定的晶体结构相对应的。这就是说，任何一个物相都有一套 d—I 特征值，两种不同物相的结构稍有差异，其衍射谱中的 d 和 I 将有区别，这就是应用 X 射线衍射分析和鉴定物相的依据。

若被测试样包含多种物相时，每个物相产生的衍射将独立存在，互不相干。该试样的衍射结果是各个单相衍射图谱的简单叠加。因此，应用 X 射线衍射可鉴别出多相样品中的每一个物相。

一种物相衍射谱中的 d—I/I_1（I_1 是衍射图谱中最强峰的强度值）的数值取决于该物质的组成与结构，其中 I/I_1 称为相对强度。当两个样品的 d—I/I_1 数值都对应相等时，这两个样品就是组成与结构相同的同一种物相。因此，当一未知物相的样品的衍射谱上的 d—I/I_1 的数值与其一已知物相 M 的数据相吻合时，即可认为未知物即是 M 相。由此看来，物相定性分析就是将未知物的衍射实验所得的结果，考虑各种偶然因素的影响，经过去伪存真，获得一套可靠的 d—I/I_1 数据后与已知物相的 I/I_1 相对照，再依照晶体和衍射的理论对所属物相进行肯定与否定。目前，已测量了大约 290000 种物相的 I/I_1 数据，每个已知物相的 d—I/I_1 数据制作成一张 PDF 卡片，若待测物是在已知物相的范围之内，物相分析工作即是实际可行的。

现代 X 射线衍射系统都配备有自动检索系统，通过图形对比方式检索样品中的物相（如 Jade、EVA 软件等）。

一般来说，判断一个物相是否存在有三个条件：

（1）PDF 卡片中的峰位与测量谱的峰位是否匹配。换句话说，一般情况下 PDF 卡片中出现的峰的位置，在样品谱中必须有相应的峰与之对应。即使三条强线对应得非常好，但有另一条较强线位置明显没有出现衍射峰，也不能确定存在该相。除非能确定样品存在某种明显的择优取向，此时需要另外考虑择优取向问题。所以，三强线匹配是物相检索的必要而非充分条件。但是，对于一些固溶样品，峰位可能会向某一衍射角方向偏移，此时只要峰位移动后是匹配的，也应当确定有该物相存在。

（2）卡片的峰强比与样品峰的峰强比要大致相同。例外的情况：如加工态的金属块状样品，由于择优取向存在，导致峰强比不一致。因此，峰强比仅可作参考，特别是一些强织构样品、薄膜样品，某些衍射峰的强度匹配出现异常，甚至某些方向的衍射不会出现。

（3）检索出来的物相包含的元素在样品中必须存在。例如，如果检索出一个 WC 相，但样品中根本不可能存在 W 元素，则即使其他条件完全吻合，也不能确定样品中存在该相，此时可考虑样品中存在与 WC 晶体结构大体相同的某相。

对于无机材料和黏土矿物，一般参考"特征峰"来确定物相，而不要求全部峰的对应，因为一种黏土矿物中包含的元素可能不同，结构上也可能存在微小的差距。

10.5.2.2　定量分析

1. K 值法

如果混合物中有两相 i，j，两相的衍射强度之比可写成

$$\frac{I_j}{I_i} = \frac{K_j}{K_i} \cdot \frac{w_j}{w_i} \qquad (10-18)$$

当 $w_i = w_j$ 时，有

$$\frac{I_j}{I_i} = \frac{K_j}{K_i} = K_i^j \qquad (10-19)$$

K_i^j 具有常数的意义，根据式（10-18）和（10-19），可以设计一种求解物相质量分数的实验方法：若有 j 相和 i 相这两种物质的纯样品，可按 $w_i = w_j$ 的比例制作一个 i+j 的混合物样品，测量两相的衍射强度，即可求出 K_i^j。

假设被测混合物中含多个相，且包括 j 相，但不含有 i 相，可在混合物中加入 i 相的物质混合成一个新样品，由于加入到混合物中的 i 相的质量分数是已知的。根据

$$\frac{I_j}{I_i} = K_i^j \cdot \frac{w_j}{w_i} \qquad (10-20)$$

可求出 w_j。不过式（10-20）中的 w_j 是 j 相在新混合物中的质量分数。而 j 相在原样品中的质量分数 w_{j0} 可由下式求得：

$$w_{j0} = \frac{w_j}{1 - w_i} \qquad (10-21)$$

w_i 是原待测样品中加入 i 相的质量分数，如称取原样品 10 g，加入 i 相 1 g 后，总质量变成 11 g，则 $w_i = 1/11 = 0.0909$。

对 K 值简单的理解就是两相质量分数相等时两相的衍射强度比。因此，说某物相的 K 值时，总要提到另一个用来作比较的物质，称为参考物相。因为刚玉的结构稳定，

常用来作参考物相。K 值就是某物相的强度与参考物相的强度比，简称为参比强度（Reference Intensity Ratio，RIR），在 PDF 卡片上通常表示为 I/I_{col}。

2. 绝热法

在一个含有 N 相且无非晶相的多相体系中，若全部为已知相，且每一个相的 K 值（RIR）均为已知，测量出每一个相的衍射强度，并选定其中的某相 i 作为内标相，可列出 $N-1$ 个方程：

$$\frac{I_j}{I_i} = K_i^j \cdot \frac{w_j}{w_i}(j = 1,\cdots,N-1;j \neq S) \qquad (10-22)$$

由于 $\sum_{j=1}^{N} w_j = 1$，可求出每个相的质量分数：

$$w_j = \frac{I_i}{K_i^j \sum_{i=1}^{N} \frac{I_j}{K_i^j}} \qquad (10-23)$$

这就是绝热法的定量方程。

10.5.2.3 点阵常数

为了精确测定晶胞参数，必须得到精确的衍射角数据。衍射角测量的系统误差很复杂，通常用下述两种方法进行处理：

（1）用标准物质进行校正。现在已经有许多可以作为"标准"的物质，其晶胞参数都已经被十分精确地测定过。因此，可以将这些物质掺入被测样品中制成试片，应用它已知的精确衍射角数据和测量得到的实验数据进行比较，便可求得扫描范围内不同衍射角区域中的 2θ 校正值。这种方法简便易行，通用性强，但其缺点是不能获得比标准物质更准确的数据。

（2）外推法精确计算点阵常数。这是修正晶胞参数的方法。假定实验测量的系统误差已经为零，那么从实验的任一晶面间距数据求得的同一个晶胞参数值在实验测量误差范围内应该是相同的，但实际上每一个计算得到的晶胞参数值里都包含了由所使用的 θ 测量值系统误差所引入的误差（例如，若被测物质是立方晶系，其 θ 角测定十分准确，那么依据任何一个 θ 数据所计算的 a_0 值都应在测量误差范围之内，而与 θ 值无关，然而实际上 a_0 的计算值是与所依据的 θ 值相关的），大多数引起误差的因素在 θ 趋向 90° 时其影响都趋向于零，因此可以通过解析或作图的方法外推求出接近 90° 时的 θ 数据，从而利用它计算得到晶胞参数值。Nelson-Riley 外推法计算时，以晶格常数 a 为 Y 轴，以 Nelson-Riley 外推函数 $1/2(\cos^2\theta/\sin\theta + \cos^2\theta/\theta)$ 为 X 轴作图，用最小二乘法作直线拟合，当 $X=0$，即 $\theta=90°$ 时，在纵坐标上的截距即为晶格常数。

10.5.2.4 微观应力与亚晶尺寸

XRD 衍射峰的宽化主要来源于三方面的贡献：一是晶粒尺寸（crystalline size）导致的展宽，晶粒度变小，导致倒易球变大，而使衍射峰加宽。二是晶格应力（lattice strain）导致的展宽，由于材料被加工或热冷循环等，在晶粒内部产生了微观的应变。通常材料被加工后存在残余应力和应变，在整个工件（测试）范围内的大尺度上的应变称为宏观应变，而在晶粒内部（或者几个晶粒范围内）存在的与宏观尺度上的应变对应的称为微观应变。三是仪器展宽（instrumental broadening），由于仪器和 X 射线衍射方法原理本身的原因，即使是标准样品（无晶粒细化和晶格畸变），其衍射峰也有一定的宽度，这与 X 射线源、接受狭缝（RS）、试样吸收、平板样品和垂直发散等因素有关。

对于由晶粒尺寸变小引起的宽化，可以根据谢乐公式（Scherrer formula）计算晶粒的大小。

$$D = \frac{K\lambda}{\beta\cos\theta} \tag{10-24}$$

式中　β——扣除仪器宽化后的半峰宽（FWHM），单位为 rad；

　　　D——晶粒尺寸，单位为 Å；

　　　K——Scherrer 常数，一般取 0.89；

　　　λ——X 射线波长（1.5406 Å）；

　　　θ——衍射角。

应力引起的宽化可以用下式表示：

$$\varepsilon = \frac{\beta}{\tan\theta} \tag{10-25}$$

式中　ε——晶粒的应变；

　　　β——扣除仪器宽化后的半峰宽；

　　　θ——衍射角。

若材料中同时存在晶粒尺寸宽化和应变宽化，Williamson—Hall 方法提出将半峰宽视为 2θ 的函数，并建立了数学关系式：

$$\beta = \frac{K\lambda}{D\cos\theta} + 4\varepsilon\tan\theta \tag{10-26}$$

式（10-26）可变化为

$$\beta\cos\theta = \frac{K\lambda}{D} + 4\varepsilon\sin\theta \tag{10-27}$$

因此，根据衍射数据，以 $\frac{\beta\cos\theta}{\lambda}$ 为 Y 轴，$\frac{\sin\theta}{\lambda}$ 为 X 轴作图，用最小二乘法作直线拟合，直线的斜率为微观应变的 4 倍，直线在纵坐标上的截距即为晶粒尺寸的倒数。

10.5.3　实验仪器、设备与材料

Jade 5.0 软件、电脑。

10.5.4　实验内容与步骤

10.5.4.1　基本操作

（1）数据输入。

不同的 X 射线衍射仪输出的数据类型不同，但都可以将数据转换成 txt 文档或 ASCII 格式的文档（文件名为 ∗.txt 或 ∗.asc），Jade 5.0 提供了以 txt 文档或 ASCII 格

式输入数据。中间的窗口用于选择需打开的文件，左侧选择文件路径与资源管理器的操作相同，右侧选择打开文件的类型，一般选择 XRD Pattern files（＊．＊），这时在右下方的窗口中将显示左侧被选择文件夹中所有能被该软件识别的文件，然后选择需要分析的数据文件，点击菜单栏"Read"进入主窗口，此选择窗口可以通过主窗口中"File/Patterns"进入。

（2）背景及 K_{a2} 线扣除。

在主菜单栏中选择"Analyze/Fit background"，进入用于设置扣除背景时的参数的窗口，一般选择默认值，直接选择"Apply"，回到主窗口，此时软件自动运行"Edit Bar/B. E"按钮，用于手动修改背景，此工具栏提供了放大、标定峰位等操作，当鼠标移动到按钮上时软件将自动提示。在该软件中的所有按钮对鼠标左右键操作都有不同效果，一般左键为确定或正向操作，右键为取消或反向操作。

（3）确定峰位。

在主菜单栏中选择"Analysis/Find peaks"，进入确定峰位所需的参数设置窗口，一般选择默认值，选择"Apply"回到主窗口，选择"Edit bar"左第三个按钮可手动编辑。在手动编辑过峰个数或峰位后，同样可以选择"Analyze/Find peaks"，选择"Report"，在窗口中显示以上操作中所确定的峰位置、强度、半峰宽（FWHM）等参数，其中 FWHM 将是计算晶粒度的主要参数。选择"Analyze/Find peaks"，在此窗口中选择"Labeling"标签，可以选择峰的标示方式。

（4）PDF 数据库加载。

在做定性及定量分析之前需要将 PDF 数据库载入软件，在主窗口中选择"PDF/Setup"，在显示窗口中选择 PDF 数据库所存储的位置及所需加载 PDF 卡片的种类。载入 PDF 数据库后选择主菜单"Identify/Search match setup"进行测试数据与标准图库匹配过程，将显示"Search /Match display"窗口，在其中选择相匹配的相。

10.5.4.2 物相检索

有一未知粉体样品，经化学分析，样品中含有金属元素 Ca 和 Zn，需要鉴定物相。

（1）选择扫描范围为 $20°\sim30°$，用连续扫描方式扫描，得到样品的"全谱"。

（2）用 Jade 软件打开测量图谱。

（3）用鼠标右键单击常用工具栏中的"S/M"按钮，显示物相检索参数设置窗口。

（4）勾选"Use Chemistry Filter"，显示出一个元素周期表，单击可能存在的元素阳离子仅为 Zn 和 Ca，阴离子可以全部选上。

（5）系统自动检索出与样品衍射谱最匹配的 100 种 PDF 片，并列表显示。

（6）在检索结果列表中，根据谱线角度匹配情况，参考强度匹配情况，选择最匹配的 PDF 卡片作为物相鉴定结果。

（7）选择"Report/Phase ID report"命令，打印输出物相鉴定结果。

10.5.4.3 定量分析

（1）市购 ZnO 和 $CaCO_3$ 粉末试剂，按质量分数 1：1 的比例称量，混合均匀作为待测试样。

（2）用慢速（2°/min）扫描，测量其 X 射线衍射谱。

（3）打开 Jade 软件，对物相进行鉴定。

（4）选择两相的最强峰或者主要峰（相对强度大于 80%）进行拟合，得到两相衍射强度的准确数据。

（5）选择菜单命令"Options/Easy quantitative"，在弹出窗口中按下"Calc wt%"按钮，计算结果。

10.5.4.4　点阵常数

（1）采用步进扫描方式扫描，实验条件为扫描范围 $2\theta = 35° \sim 140°$，步进宽度为 0.02°，步进时间为 1 s，狭缝系统为 0.15°，发散狭缝 0.15 mm 或 0.3 mm。

（2）进入 Jade 软件，打开数据文件。

（3）检索物相，扣除背景和 K_{a2}，平滑。

（4）获得各个衍射峰准确的衍射角，选择合适的峰形函数，对图谱反复进行拟合，直到拟合误差 R 值不再变小，一般 $R < 9\%$。

（5）晶胞精修：选择"Options/Cell refinement"。按下"Refine"按钮，软件自动进行晶胞参数的校正处理，得到准确的晶胞参数。

10.5.4.5　微观应力与亚晶尺寸

（1）实验参数与点阵常数精确测量的实验条件相同，扫描样品的全谱，用 Jade 软件打开，进行物相鉴定。

（2）分峰。选择较强的峰进行拟合。

（3）查看拟合报告。选择菜单"Report/Peak profile report"。报告中的 FWHM 是样品衍射峰宽度；X_s（nm）是根据谢乐公式，在假定不存在微观应变的条件下，计算出来的晶粒尺寸。

（4）查看 Size & Strain Plot。单击"Size & Strain Plot"按钮，窗口左下角显示 X_s 和 Strain，分别为晶粒尺寸和微观应变。很显然，这些数据点并不围绕一条水平线波动，而是可以拟合成一条斜线（说明存在微观应变）。

10.5.5　实验记录与数据处理

记录物相定性分析、定量分析、晶格常数、微观应力与亚晶尺寸分析的原始图片和数据处理过程。

10.5.6　实验思考题

某物相与标准卡片相比，峰位出现左移，试分析其原因。

参考文献

[1] 黄继武. 李周多晶材料 X 射线衍射实验原理、方法与应用 [M]. 北京：冶金工业出版社，2012.

[2] 潘清林. 材料现代分析测试实验教程 [M]. 北京：冶金工业出版社，2011.

［3］邱平善. 材料近代分析测试方法实验指导［M］. 哈尔滨：哈尔滨工程大学出版社，2001.

［4］PECHARSKY V K, ZAVALIJ P Y. Fundamentals of powder diffraction and structural characterization of materials［M］. New York：Springer，2003.

［5］HINDELEH A M, JOHNSON D J. An empirical estimation of Scherrer parameters for the evaluation of true crystallite size in fibrous polymers［J］. Polymer, 1980，21（8）：929－935.

［6］YOGAMALARA R, SRINIVASAN R, VINU A, et. al. X－ray peak broadening analysis in ZnO nanoparticles［J］. Solid State Communications，2009，149（43－44）：1919－1923.

［7］VENKATESWARLU K, CHANDRABOSE A, RAMESHBABU N. X－ray peak broadening studies of nanocrystalline hydroxyapatite by Williamson－Hall analysis［J］. Physica B，2010，405（20）：4256－4261.

［8］BURTON A W, KENNETH O, THOMAS R, et al. On the estimation of average crystallite size of zeolites from the Scherrer equation：A critical evaluation of its application to zeolites with one－dimensional pore systems［J］. Microporous and Mesoporous Materials，2009，117（1－2）：75－90.

10.6　实验6　利用扫描电镜观察材料微观组织

10.6.1　实验目的

（1）了解扫描电镜的构造、原理和功能在材料形貌分析中的作用。

（2）学会使用扫描电镜观察样品微观组织。

10.6.2　实验原理

扫描电子显微镜（简称扫描电镜）是目前较先进的一种大型精密分析仪器，它在材料科学、地质、石油、矿物、高分子科学、催化剂研究、半导体及集成电路的研究等方面得到广泛应用。

10.6.2.1　扫描电镜的基本原理

由电子枪发射出来的电子束经过两级汇聚镜和一级物镜聚焦后，直径可缩小到4 nm，当电子束在样品表面扫描时，与样品发生作用，激发出各种信号，如二次电子、背散射电子、吸收电子、俄歇电子、特征X射线，等等，在较大的样品室内装有各种探测器，以检测各种信号，例如，二次电子探测器用以检测二次电子，背散射电子探测器用以检测背散射电子，X射线探测器用以检测特征X射线等，使反映样品形貌、成分及其他物化性能的各种信号都能得到检测，然后经放大和信号处理，得到各种信息的样品图像，并能得到样品的成分。

10.6.2.2　扫描电镜的功能

（1）形成二次电子像。二次电子是样品原子被入射电子轰击出来的核外电子，它主要来源于表层5～10 nm的深度范围，分辨率较高，其强度与原子序数无明确关系，但对微区刻面相对于入射电子束的位向却十分敏感，适用于显示形貌衬度。由于扫描电镜的景深大，倍率范围大且连续，故可清晰地显示样品表面三维立体形态。金属陶瓷断口二次电子相如图 10-12 所示。

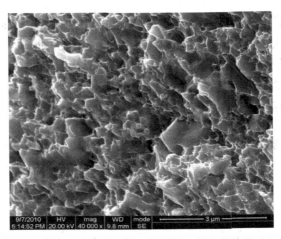

图 10-12　金属陶瓷断口二次电子相

（2）形成背散射电子像。背散射电子是被固体样品原子反射回来的一部分入射电子，又叫作反射电子或初级背散射电子，它对样品微区原子序数或化学成分的变化敏感，可显示原子序数衬度形成背散射电子像。原子序数大则背散射电子信号强度大，在背散射电子像上显示较亮的衬度。据背散射电子像的明暗衬度可判断相应区域原子序数的相对高低，对金属及其合金进行显微组织的分析。

（3）电子探针 X 射线显微分析。

波长分散谱仪（简称波谱仪或 WDS）分析技术：主要利用晶体对 X 射线的布拉格衍射，对试样发出的特征 X 射线的波长进行检测，对分析区域所含元素做定性和定量分析。WDS 可检测从 Be 到 U 的元素，特征 X 射线波长范围从几埃到几十埃。

X 射线能量分散谱仪（EDS，能谱仪）分析技术：应用于微区成分分析。能谱仪用作元素的定性分析是快速的，因为它能接收和检测所有的不同能量的 X 射线光子信号，而且元素与能谱峰有简单的对应关系，不存在分光谱仪中的高级反射线条纹。能谱仪能在几分钟内对原子序数大于 11 的所有元素进行快速定性分析。探头可置于离放射源很近的地方，也不需要经过晶体衍射，信号强度（近 100%）几乎无损失，故灵敏度高。能谱仪无聚焦要求，适于较粗糙表面的分析工作。

10.6.3　实验仪器、设备与材料

扫描电镜、合金试样。

10.6.4　实验内容与步骤

（1）观察材料显微组织的二次电子像、背散射电子像，并保存照片。

（2）分析材料的微区成分。

（3）观察材料的断口形貌。

10.6.5　实验记录与数据处理

（1）保存材料显微组织的二次电子像、背散射电子像照片，标明材料名称、状态、组织、放大倍数、浸蚀剂，并将组织组成物用箭头引出标明。

（2）记录材料的微区成分分析的结果，试分析其形成原因。

（3）保存材料的断口形貌照片，标明材料名称、状态、组织、放大倍数，并将组织组成物用箭头引出标明，试分析其断裂模式。

10.6.6　实验思考题

比较扫描电子图像与光学金相图像照片的区别。

参考文献

［1］姜江. 机械工程材料实验教程［M］. 哈尔滨：哈尔滨工业大学出版社，2003.